Technologieorientierte Unternehmensgründungen und Mittelstandspolitik in Europa

Wirtschaftswissenschaftliche Beiträge

Informationen über die Bände 1–110 sendet Ihnen auf Anfrage gerne der Verlag.

Band 111: G. Georgi, Job Shop Scheduling in der Produktion, 1995, ISBN 3-7908-0833-4

Band 112: V. Kaltefleiter, Die Entwicklungshilfe der Europäischen Union, 1995, ISBN 3-7908-0838-5

Band 113: B. Wieland, Telekommunikation und vertikale Integration, 1995, ISBN 3-7908-0849-0

Band 114: D. Lucke, Monetäre Strategien zur Stabilisierung der Weltwirtschaft, 1995, ISBN 3-7908-0856-3

Band 115: F. Merz, DAX-Future-Arbitrage, 1995, ISBN 3-7908-0859-8

Band 116: T. Köpke, Die Optionsbewertung an der Deutschen Terminbörse, 1995, ISBN 3-7908-0870-9

Band 117: F. Heinemann, Rationalisierbare Erwartungen, 1995, ISBN 3-7908-0888-1

Band 118: J. Windsperger, Transaktionskostenansatz der Entstehung der Unternehmensorganisation, 1996, ISBN 3-7908-0891-1

Band 119: M. Carlberg, Deutsche Vereinigung, Kapitalbildung und Beschäftigung, 1996, ISBN 3-7908-0896-2

Band 120: U. Rolf, Fiskalpolitik in der Europäischen Währungsunion, 1996, ISBN 3-7908-0898-9

Band 121: M. Pfaffermayr, Direktinvestitionen im Ausland, 1996, ISBN 3-7908-0908-X

Band 122: A. Lindner, Ausbildungsinvestitionen in einfachen gesamtwirtschaftlichen Modellen, 1996, ISBN 3-7908-0912-8

Band 123: H. Behrendt, Wirkungsanalyse von Technologie- und Gründerzentren in Westdeutschland, 1996, ISBN 3-7908-0918-7

Band 124: R. Neck (Hrsg.) Wirtschaftswissenschaftliche Forschung für die neunziger Jahre, 1996, ISBN 3-7908-0919-5

Band 125: G. Bol, G. Nakhaeizadeh/ K.-H. Vollmer (Hrsg.) Finanzmarktanalyse und -prognose mit innovativen quantitativen Verfahren, 1996, ISBN 3-7908-0925-X

Band 126: R. Eisenberger, Ein Kapitalmarktmodell unter Ambiguität, 1996, ISBN 3-7908-0937-3

Band 127: M.J. Theurillat, Der Schweizer Aktienmarkt, 1996, ISBN 3-7908-0941-1

Band 128: T. Lauer, Die Dynamik von Konsumgütermärkten, 1996, ISBN 3-7908-0948-9

Band 129: M. Wendel, Spieler oder Spekulanten, 1996, ISBN 3-7908-0950-0

Band 130: R. Olliges, Abbildung von Diffusionsprozessen, 1996, ISBN 3-7908-0954-3

Band 131: B. Wilmes, Deutschland und Japan im globalen Wettbewerb, 1996, ISBN 3-7908-0961-6

Band 132: A. Sell, Finanzwirtschaftliche Aspekte der Inflation, 1997, ISBN 3-7908-0973-X

Band 133: M. Streich, Internationale Werbeplanung, 1997, ISBN-3-7908-0980-2

Band 134: K. Edel, K.-A. Schäffer, W. Stier (Hrsg.) Analyse saisonaler Zeitreihen, 1997, ISBN 3-7908-0981-0

Band 135: B. Heer, Umwelt, Bevölkerungsdruck und Wirtschaftswachstum in den Entwicklungsländern, 1997, ISBN 3-7908-0987-X

Band 136: Th. Christiaans, Learning by Doing in offenen Volkswirtschaften, 1997, ISBN 3-7908-0990-X

Band 137: A. Wagener, Internationaler Steuerwettbewerb mit Kapitalsteuern, 1997, ISBN 3-7908-0993-4

Band 138: P. Zweifel et al., Elektrizitätstarife und Stromverbrauch im Haushalt, 1997, ISBN 3-7908-0994-2

Band 139: M. Wildi, Schätzung, Diagnose und Prognose nicht-linearer SETAR-Modelle, 1997, ISBN 3-7908-1006-1

Paul J. J. Welfens · Cornelius Graack (Hrsg.)

Technologieorientierte Unternehmensgründungen und Mittelstandspolitik in Europa

Probleme – Risikokapitalfinanzierung – Internationale Erfahrungen

Mit 17 Abbildungen
und 22 Tabellen

Physica-Verlag
Ein Unternehmen
des Springer-Verlags

Reihenherausgeber
Werner A. Müller

Herausgeber
Prof. Dr. Paul J.J. Welfens
Dr. Cornelius Graack

Europäisches Institut für Internationale
Wirtschaftsbeziehungen (EIIW) e.V.
August-Bebel-Str. 89
D-14482 Potsdam
http://www.euroeiiw.de

ISBN 3-7908-1211-0 Physica-Verlag Heidelberg

Die Deutsche Bibliothek – CIP-Einheitsaufnahme
Technologieorientierte Unternehmensgründungen und Mittelstandspolitik in Europa: Probleme – Risikokapitalfinanzierung – internationale Erfahrungen / Hrsg.: Paul J.J. Welfens; Cornelius Graack. – Heidelberg: Physica-Verl., 1999
 (Wirtschaftswissenschaftliche Beiträge; Bd. 172)
 ISBN 3-7908-1211-0

Dieses Werk ist urheberrechtlich geschützt. Die dadurch begründeten Rechte, insbesondere die der Übersetzung, des Nachdrucks, des Vortrags, der Entnahme von Abbildungen und Tabellen, der Funksendung, der Mikroverfilmung oder der Vervielfältigung auf anderen Wegen und der Speicherung in Datenverarbeitungsanlagen, bleiben, auch bei nur auszugsweiser Verwertung, vorbehalten. Eine Vervielfältigung dieses Werkes oder von Teilen dieses Werkes ist auch im Einzelfall nur in den Grenzen der gesetzlichen Bestimmungen des Urheberrechtsgesetzes der Bundesrepublik Deutschland vom 9. September 1965 in der jeweils geltenden Fassung zulässig. Sie ist grundsätzlich vergütungspflichtig. Zuwiderhandlungen unterliegen den Strafbestimmungen des Urheberrechtsgesetzes.

© Physica-Verlag Heidelberg 1999
Printed in Germany

Die Wiedergabe von Gebrauchsnamen, Handelsnamen, Warenbezeichnungen usw. in diesem Werk berechtigt auch ohne besondere Kennzeichnung nicht zu der Annahme, daß solche Namen im Sinne der Warenzeichen- und Markenschutz-Gesetzgebung als frei zu betrachten wären und daher von jedermann benutzt werden dürften.

Umschlaggestaltung: Erich Kirchner, Heidelberg
SPIN 10727010   88/2202-5 4 3 2 1 0 – Gedruckt auf säurefreiem

Inhaltsverzeichnis

Vorwort   IX

A. Internationaler Technologiewettlauf, Arbeitsmarktprobleme und Unternehmensgründungsdynamik bei verschärfter Standortkonkurrenz   1
Cornelius Graack und Paul J.J. Welfens

1. Einführung   1
2. Internationalisierung der Wirtschaftsbeziehungen und Standortwettbewerb   3
    2.1 Technologiedynamik und verschärfte Technologiekonkurrenz   5
    2.2 Arbeitsmarktdynamik und Lohnstrukturen   9
    2.3 Kapitalmarktprobleme und Unternehmensgründungsdynamik   10
3. Unternehmensgründungen aus nationaler Sicht   14
    3.1 Einflußfaktoren auf Unternehmensneugründungen auf nationaler Ebene   15
    3.2 Unternehmensneugründungen und nationale Wettbewerbsposition   21
4. Wirtschaftspolitische Perspektiven   23
Anhang   34

B. Neue Technologietrends als Herausforderung für die Beschäftigungs- und Standortpolitik   37
Hariolf Grupp

1. Technischer Fortschritt und Beschäftigung - ein Reizthema?   37
2. Mutmaßungen über die langfristige Entwicklung von Wissenschaft und Technik   40
3. Zukünftige disziplinäre Anforderungen an höherqualifizierte Erwerbspersonen   44
4. Schlußfolgerungen   49

C. Ansätze zur Innovationsbeschleunigung in mittelständischen Unternehmen   55
Erich Staudt und Michael Krause

1. Innovation: Grundlage der Wettbewerbsfähigkeit und Voraussetzung für neue Arbeitsplätze   55
2. Innovationsbeschleunigung durch Technologietransfer?   56
    2.1 Bandbreite des Technologietransfers   56
    2.2 Grundlagen und Konzepte für Transferaktivitäten   57
    2.3 Funktionsfähiger Transfer   59

3. Innovationstransfer für kleine und mittlere Unternehmen - empirische
 Befunde 61
 3.1 Hintergrund der Untersuchung 61
 3.2 Kompatibilität von Angebot und Nachfrage 62
 3.3 Kooperation von Anbietern und Nachfragern 63
4. Ansatzpunkte zur Aktivierung und Intensivierung des Innovationstransfers 67
 4.1 Inhalte des Innovationstransfers: Akzentuierung des Angebotes 67
 4.2 Akteure im Transfersystem: Organisation von Transferprozessen 68
 4.3 Innovationslotsen als Promotoren im Transfer 70

D. **Die Standortkrise und die Rolle von kleinen und mittleren Unternehmen in der deutschen Wirtschaftspolitik** 75
 David Audretsch

E. **Zur aktuellen Diskussion über den "Standort Deutschland"** 87
 Michael Heise

1. Einleitung 87
2. Lohnpolitik 89
3. Finanzpolitik 90
4. Schlußbemerkung 91

F. **Standortfaktoren in Deutschland** 93
 Utta Ott

G. **Mittelstandspolitik und Unternehmensgründungen in Deutschland** 95
 Bernhard Lageman

1. Erwartungen an die staatliche Gründungsförderung 95
2. Mittelstandspolitik und -förderung in Deutschland 97
 2.1 Förderpolitiken vs. rahmenorientierte Mittelstandspolitik 97
 2.2 Das deutsche Fördersystem 99
3. Unternehmensgründungen als Objekt der Politik 103
 3.1 Ein Defizit an Unternehmensgründungen in Deutschland? 103
 3.2 Zur Ratio der Gründungsförderung 107
 3.3 Schwerpunkte und Praxis der deutschen Gründungsförderung 110
 3.4 Die Förderung technologieorientierter Neugründungen 114
 3.5 Die "Risikokapitalfrage" aus mittelstandspolitischer Sicht 116
 3.6 Die Wirksamkeit der Gründungsförderung 119
4. Ansätze für eine förderpolitische Neuorientierung 122

H. Firmengründungsprobleme in Deutschland aus unternehmerischer Sicht: Regulierungsdichte, kommunale Effizienzprobleme und Eigenkapitaldefizite 129
Wolfgang Mainz

1. Einleitung 129
2. Regulierungsdichte 129
3. Kommunale Effizienzprobleme 130
4. Eigenkapitaldefizite 131

I. Ideen suchen Kapital - Kapital sucht Ideen: Die Rolle liberalisierter Aktienbörsen bei der Beschaffung von Risikokapital 133
Reto Francioni

J. Die Rolle der Bürgschaftsbanken bei der Förderung von Existenzgründungen 137
Gabriele Knödgen

K. Neue Ansätze zur Förderung innovativer Unternehmen 141
Manfred Boersch

L. Die Technologie- und Gründerzentren in Nordrhein-Westfalen: Partner für technologieorientierte Existenzgründer und junge Unternehmen 147
Bernd Rosenfeld

1. Der Aufbau einer technologischen Infrastruktur in Nordrhein-Westfalen 147
2. Die nordrhein-westfälischen Technologie- und Gründerzentren als Partner der Gründungsoffensive "GO!" 149

M. Technologietransfer in den neuen Bundesländern 153
Klaus Pohl

M. Unternehmensdynamik in Deutschland aus Sicht in- und ausländischer Investoren am Beispiel kleiner und mittlerer Technologieunternehmen in den Neuen Bundesländern 161
Michael Groß

1. Einführung 161

2. Probleme des Aufbaus einer wettbewerbsfähigen technologieorientierten
   Wirtschaftsstruktur in den Neuen Bundesländern 161
   2.1 Ausgangsbedingungen und Entwicklung des technologischen
       Potentials 161
   2.2 Technologisches Potential und daraus resultierende Finanzierungs-
       erfordernisse 163
   2.3 Anforderungen an Kapitalgeber 163
3. Anforderungen an die Wirtschaftspolitik des Bundes und der Länder zur
   Erhaltung der Wettbewerbsfähigkeit des Standortes Deutschland 164

O. Modernisierung der regionalen Wirtschaftsstruktur? High-Tech-Gründungen in Österreich 167
Jürgen Egeln und Peter Schmidt

1. Zur Bedeutung technologieorientierter Unternehmensneugründungen ... 167
2. Abgrenzung technologieorientierter Wirtschaftszweige 168
3. Die Datenbasis 171
4. Die regionale Verteilung 172
   4.1 Die verwendeten Regionstypen 172
   4.2 Die technologieorientierten Gründungen insgesamt 172
   4.3 Differenzierte Technologiegruppen 173
5. Strukturwandel zu mehr Technologieorientierung? 175
6. Determinanten technologieorientierter Neugründungen 179
7. Schlußbemerkungen 182

P. The Revival of Entrepreneurship in the Netherlands 185
Sander Wennekers

1. Introduction 185
2. Has There Been a Revival? 185
   2.1 The Number of Entrepreneurs 1972-1993 185
   2.2 Birth Rates 1987-1994 187
   2.3 Conclusions 188
3. Possible Causes of the Revival 188
   3.1 Introduction 188
   3.2 Entrepreneurship Culture 189
   3.3 Other International Trends 189
   3.4 Labour Market Situation 190
   3.5 Institutions and Policies 190
   3.6 Conclusions 191

Abbildungsverzeichnis 195
Tabellenverzeichnis 197
Autorenverzeichnis 199

Vorwort

Westeuropa steht wirtschaftlich und wirtschaftspolitisch vor großen Herausforderungen in einer Zeit, in der im Zeichen von Globalisierung und Euro-Kapitalmarktbildung die Zahl der Unternehmenszusammenschlüsse von Großunternehmen – mit nachfolgenden Entlassungen – zugenommen hat. Diese Tendenz verschärft die in den meisten EU-Ländern am Anfang des Euro-Starts ohnehin schon hohen Arbeitslosenquoten, so daß sich die Frage nach dem Entstehen neuer Arbeitsplätze mit doppelter Dringlichkeit stellt. Die verschärfte Standortkonkurrenz in Europa ist dabei eingebunden in einen zunehmenden globalen Standortwettbewerb, der zudem durch massive regionale Wirtschafts- bzw. Abwertungskrisen in Asien und der Ex-UdSSR verschärft wird.

Neue Arbeitsplätze entstehen zwar auch in einigen expandierenden Großunternehmen in der EU, vor allem aber sind mittelständische Unternehmen der treibende Faktor für mehr Beschäftigung, zudem auch für Innovation und Anpassungsflexibilität. Neben mittelständischen Unternehmen bzw. Newcomern im Dienstleistungsbereich sind solche mit deutlicher Technologieorientierung für Wachstum, Strukturwandel und Beschäftigung von besonderer Bedeutung. Die Gruppe der technologieorientierten mittelständischen Unternehmen ist ihrerseits heterogen, sie genießt – vor allem wenn es um technologieorientierte Neugründungen geht – traditionell eine besondere, häufig allerdings eher deklamatorische Unterstützung durch die Wirtschaftspolitik. Die Großunternehmen, die das Unternehmerbild in Politik bzw. Medien prägen, sind auf ein dynamisches Mittelstandsumfeld, etwa im Zulieferbereich, durchaus angewiesen. In den Industrieverbänden wird hingegen überwiegend Großunternehmenspolitik betrieben, so daß die Probleme und Chancen einer adäquaten Mittelstandspolitik vielfach in der Diskussion zu kurz kommen.

Ende der 90er Jahre, zu einer Zeit, in der sich die globale zivile Innovationskonkurrenz intensiviert hat und zahlreiche neue Wachstumsfelder - Biotechnologie, Software, Internet – entstanden sind, stellt sich aus EU-Sicht in besonderer Weise die Frage nach dem Stellenwert technologieorientierter Unternehmensgründungen und einer effizienten Mittelstandspolitik im allgemeinen, aber auch nach aufschlußreichen Politikmodellen im speziellen: also nach Ländern mit besonders erfolgreicher Mittelstandspolitik.

Vor diesem Hintergrund ist die vom Europäischen Institut für internationale Wirtschaftsbeziehungen (EIIW) an der Universität Potsdam 1997 durchgeführte Tagung zu sehen, deren überarbeitete Beiträge in diesem Band vorliegen. Anliegen der Konferenz war es, einerseits eine pointierte Bestandsaufnahme wichtiger Probleme der Mittelstandsentwicklung zu leisten und dabei die besondere Rolle der Risikokapitalfinanzierung zu untersuchen; andererseits auch ausgewählte internationale Erfahrungen für eine effiziente Mittelstandspolitik zu beleuchten.

In ihrem Einleitungsbeitrag diskutieren **Cornelius Graack** und **Paul J.J. Welfens** die neueren Internationalisierungstendenzen und die zunehmende

Standortkonkurrenz, die einhergeht mit einer verschärften Technologiekonkurrenz. Zudem werden grundlegende Arbeitsmarktprobleme in der EU bzw. Deutschland thematisiert sowie Kapitalmarktfragen und wichtige Aspekte der Unternehmensgründungsdynamik diskutiert. Für eine hohe Gründungsdynamik sind einerseits intrinsische Motivationsfaktoren, andererseits wirtschaftspolitische oder auch kulturelle Rahmenbedingungen zu beachten. Betont werden weiterhin die positiven Auswirkungen von Unternehmensneugründungen für die internationale Wettbewerbsfähigkeit eines Landes. Hinsichtlich der wirtschaftspolitischen Weichenstellungen sind in Deutschland bzw. Euroland erhebliche Defizite in der Mittelstandspolitik festzustellen, und zwar insgesamt in bezug auf positive Rahmenbedingungen für technologieorientierte Unternehmensgründungen. Die EU weist sowohl in den besonders technologiedynamischen Sektoren als auch insgesamt im Vergleich zu den USA ein bedenkliches Defizit an Risikokapital auf. Auch auf der Instrumentenebene der Wirtschaftspolitik sind Ineffizienzen erkennbar, also demnach auch bestimmte Reformoptionen sinnvoll. Keineswegs kann es darum gehen, undifferenziert mehr Unternehmensneugründungen zu fördern oder eine mittelständische Unternehmen spezifisch begünstigende Wirtschaftspolitik umzusetzen. Immerhin wäre ein Nachteilsausgleich in eine moderne Mittelstandspolitik einzubauen, d.h. ein bewußtes Austarieren der Wirtschaftspolitik gegenüber der inhärenten politischen Verzerrung zugunsten von Großunternehmen, die im Zuge der zunehmenden internationalen Kapitalmobilität ihre Interessen stärker noch als früher durchsetzen können.

Hariolf Grupp untersucht die neuen Technologietrends in ihrer Bedeutung für die Beschäftigungs- und Standortpolitik. Der Beitrag geht von dem latenten Gegensatz von technischem Fortschritt und Vollbeschäftigung aus und diskutiert im weiteren die jüngeren Charakteristika moderner Innovationsentwicklungen. Aus den stärker vernetzten Wissens- und Fortschrittselementen in einer dynamischen internationalen Umwelt ergeben sich neue Qualifizierungsanforderungen. Von daher muß eine zukunftsfähige Beschäftigungspolitik in innovativer Weise auch Bildungs- und Weiterbildungspolitik sein. Die Tendenz zu verkürzter Beschäftigungsdauer in Unternehmen – gegenüber den 70er und 80er Jahren – dürfte gerade in den mittelständischen Unternehmen die Anreize eben nicht zugunsten von mehr Qualifizierungsanstrengungen gestärkt haben, so daß sich auch Fragen nach staatlichen Bildungs- bzw. Weiterbildungsimpulsen sowie einer Modernisierung des Bildungssystems ergeben.

In der sich verschärfenden europäischen Standortkonkurrenz haben mittelständische Unternehmen in Deutschland seit vielen Jahren durch Produkt- und Prozeßinnovationen zur internationalen Wettbewerbsfähigkeit des Standorts beigetragen. **Erich Staudt** und **Michael Krause** untersuchen in ihrem Beitrag Ansätze zur Innovationsbeschleunigung in mittelständischen Unternehmen. Ausgehend von Problemen bzw. Fragen zu Optionen einer Innovationsbeschleunigung durch Technologietransfer werden Bedingungen für einen funktionsfähigen Transfer herausgearbeitet. Die Autoren berichten über eine Fülle von empirischen

Befunden zur Analyse des Innovationstransfers in kleinen und mittleren Unternehmen, wobei sich bestimmte Erfolgsmuster identifizieren lassen. Von daher ergeben sich Ansatzpunkte einer empirisch fundierten praxisrelevanten Unternehmensberatung einerseits sowie Eckpunkte einer adäquaten Mittelstandspolitik mit Innovationsorientierung andererseits. Hierbei wird deutlich, daß die Politik einer theoretisch-empirischen Fundierung und zugleich einer adäquaten Differenzierung bedarf, um die Innovationsfähigkeit von mittelständischen Unternehmen zu verbessern. In den Unternehmen selbst kommt es neben organisatorischen und finanziellen Aspekten immer auch auf neuerungsfreundliche Informationskanäle und Anreizsysteme an, zudem auf eine innovationsförderliche Vernetzung mit Zulieferern bzw. innovationsfordernden Kunden.

David Audretsch betont in seinem Beitrag zur Standortkrise und zur Rolle von kleinen und mittleren Unternehmen, daß die Wirtschaftspolitik eine Neigung hat, die besondere Bedeutung des Mittelstands zu übersehen. Vielmehr ist für Politiker – gerade auch im Zuge der zunehmenden Internationalisierung der Wirtschaftsbeziehungen – häufig ein Eintreten für Ziele von Großunternehmen attraktiv. Der Eigendrang von Managern von Großunternehmen zu externem Wachstum, und zwar gerade in oligopolistischen Industrien, ist verständlich und wird im übrigen bei überzogenen, nämlich wenig profitablen Expansionsprojekten meist nicht unmittelbar vom Kapitalmarkt sanktioniert. Da in Deutschland die Gesellschaft bzw. die Politik für die neuesten Expansionsfelder – etwa Biotechnologie oder Software – nicht besonders offen war, ist der denkbare Expansionsraum gerade für Jungunternehmen in Deutschland politisch beschränkter als in den USA. Daß dies auch nachteilig für neue Beschäftigungsmöglichkeiten ist, ergibt sich unmittelbar.

Deutschland hat in den 90er Jahren eine unklare Standortdebatte erlebt, wobei von einigen Gruppen auf massive Kostenprobleme und ein Zuwenig an Direktinvestitionen verwiesen wurde, während andere Beschäftigungsprobleme vor allem aus unzureichender Nachfrage zu erklären versuchten. **Michael Heise** rückt die Koordinaten der Debatte zurecht und beleuchtet die Grundprobleme der Lohnpolitik und der Finanzpolitik, und zwar auch mit dem Euro als Hintergrund. Lohnpolitik betrifft neben der Lohnhöhe das notwendige Maß an sektoraler und unternehmensbezogener Differenzierung, aber auch die Lohnnebenkosten, die z.T. von der Wirtschaftspolitik mit festgelegt werden. Die Finanzpolitik sieht sich im Euro-Umfeld – vor dem EZB-Start wie zu Beginn von Euroland – wichtigen Beschränkungen ausgesetzt, die aber durchaus den Standort über eine Rückführung der Staatsquote stärken könnten.

Utta Ott untersucht in einer differenzierten Betrachtung, und zwar aus Sicht der Erfahrungen der Kreditanstalt für Wiederaufbau, zahlreiche Facetten der Mittelstandspolitik. An dieser wirken in Deutschland eine Reihe von Institutionen und Programmen sowie Akteuren mit, wobei mehr Transparenz und eine stärkere Fokussierung von Programmen wünschenswert wäre. Eine gleichermaßen innovations- und beschäftigungsförderliche Mittelstandspolitik ist schwierig zu konzipieren, zumal für viele Sektoren differenzierte Programme erwägenswert sind.

Von besonderer Bedeutung für ein Mehr an Beschäftigung in Deutschland und der EU ist eine gezielte und effiziente Politik zugunsten von Unternehmensgründungen. **Bernhard Lageman** analysiert vor dem Hintergrund deutscher Erfahrungen und Probleme dieses wichtige Politikfeld. Hierbei erfolgt zunächst eine Bestandsaufnahme der Föderansätze und -strategien, die außerordentlich vielfältig und politisch selten konsistent begründet erscheinen; dabei zeigt sich, daß über die Jahrzehnte die Zahl der Programme stetig gewachsen ist. Diskutiert wird die Ratio der Gründungsförderung, zudem werden die Schwerpunkte und die Praxis der Gründungsförderung im allgemeinen und die Förderung technologieorientierter Unternehmen im besonderen thematisiert. Es zeigt sich, daß man zum einen nicht undifferenziert von einem Risikokapitaldefizit mittelständischer Unternehmen sprechen kann und daß es zum anderen Effizienzprobleme der Gründungsförderung – etwa Mitnahmeeffekte oder sektorale Verzerrungsimpulse – gibt, woraus sich Fragen nach einer förderpolitischen Neuorientierung ergeben. Hier dürfte sich bei knapper werdenden öffentlichen Finanzmitteln künftig ein verstärkter Druck hin zu effizienzförderlichen Reformen in der regionalen und nationalen Mittelstandspolitik ergeben. Nicht ausgeschlossen scheint auch, daß auf der EU-Ebene Elemente der Mittelstandspolitik langfristig an Bedeutung gewinnen könnten, auch wenn sich auf der supranationalen Politikebene bei diesem Politikfeld verschärfte Ineffizienzprobleme stellen dürften – dies mag auch von einer eigenständigen europäischen Mittelstandslobby mit hinreichender politischer Durchschlagskraft in Brüssel (wo Großunternehmen schon relativ gut "verankert" sind) abhängen.

Wolfgang Mainz beleuchtet in seinem Beitrag eine Reihe von praktischen Aspekten der Mittelstandspolitik, insbesondere erkennbare Defizite kommunaler, regionaler und nationaler Politik. Eine überzogene Regulierungsdichte wird als gründungs- und wachstumsschädlich für den Mittelstand betrachtet, zugleich wird auf Verzerrungen der Kommunalpolitik gegenüber dem Mittelstand aufmerksam gemacht. Hierbei wird deutlich, daß wirtschaftliche Eigeninteressen des Staates häufig einer mittelstandsfreundlichen bzw. beschäftigungsförderlichen Politik entgegenstehen. Im übrigen sind Eigenkapitaldefizite vielfach unübersehbar, wobei steuerliche Reformprobleme als besonders dringlich und relevant erscheinen.

Reto Francioni thematisiert die Rolle von Börsen bzw. des Neuen Marktes für Gründung und Wachstum von Unternehmen. Dabei wird deutlich, wie wichtig angemessene Publizitäts- und Auswahlstandards für eine dynamische Jungbörse mit wachstumsträchtigen Unternehmen sind. Deutschland bzw. einige EU-Länder haben mit neuen Börsensegmenten einen zukunftsweisenden Weg beschritten. Auch wenn die Zulassungskriterien relativ streng sind bzw. nicht auf sehr junge Neugründungen abstellen, gehen von den erfolgreichen zugelassenen Jungunternehmen wichtige Signale an aktuelle und potentielle Unternehmensgründer aus. Die Wirtschaftspolitik täte gut daran, durch Weichenstellungen in der Steuer- und Sozialpolitik sowie der Kapitalmarktpolitik das Interesse der privaten Haushalte an Aktienmärkten zu stärken und den Zufluß sowohl von institutionellem Risikokapital als auch von Kleinanlegern in das neue Börsensegment zu stärken.

Die Rolle von Bürgschaftsbanken bei der Förderung von Existenzgründungen wird von **Gabriele Knödgen** beleuchtet. Zu den in den neuen Bundesländern – aber auch in den alten Ländern – wichtigen Gründungshilfen des Staates gehören nämlich auch die vielfach vernachlässigten Bürgschaftsbanken. Es bleibt abzuwarten, ob diese beim Aufbau Ost künftig eine noch verstärkte Rolle spielen werden.

In den altindustriellen Ballungsgebieten Westdeutschlands kam es im Zuge des Strukturwandels immer wieder zu scharfen regionalen Beschäftigungseinbrüchen, wenn Großunternehmen schließen mußten oder Betriebsstätten in rascher Folge verlagert wurden. Im Ruhrgebiet und seinem Umfeld gab es eine Fülle derartiger Probleme, gleichzeitig zeigt sich jedoch – wenn auch wenig beachtet – eine ganze Reihe von erfolgreichen Re- und Umstrukturierungen einerseits und Unternehmensneugründungen andererseits. **Manfred Boersch** beschreibt in seinem Beitrag anhand ausgewählter Fallbeispiele derartige Prozesse und verweist auf die wichtige Rolle neuer Ansätze zur Förderung innovativer Unternehmen. Es kommt, so zeigt sich, in besonderer Weise auf ein sinnvolles Zusammenspiel von Banken, Risikokapitalgebern und kommunalen Entscheidungsträgern zugunsten unternehmerischen Neuanfangs an. Risikobewußtsein gehört allerdings bei innovativen Projekten zu einer soliden und realistischen Geschäftsgrundlage; positiv gesehen heißt dies auch gezielte Risikobegrenzung und zugleich Risikomanagement bzw. -streuung im Rahmen einer Gesamtstrategie.

Nordrhein-Westfalen hat – wie einige andere Bundesländer auch – in den 90er Jahren verstärkt Anreize für unternehmerische Aktivitäten gesetzt und dabei versucht, den regionalen Standortvorteil einer Vielzahl von Hochschulstandorten beschäftigungsförderlich bzw. zugunsten von neuem Unternehmertum auszuspielen. In einem Bundesland mit ehedem dominanten, auch regional konzentrierten schrumpfenden Altindustrien ist eine Reihe von Initiativen zugunsten eines neuen und modernen Mittelstands entstanden. **Bernd Rosenfeld** beschreibt die Rolle der Technologie- und Gründerzentren in Nordrhein-Westfalen. Hierbei wird deutlich, daß ein partnerschaftliches Eigenverständnis des Staates gegenüber jungen bzw. technologieorientierten Unternehmen wesentlich für pragmatische neue Politikansätze ist.

In den neuen Bundesländern gibt es noch erhebliche Innovationsdefizite, denn personalmäßig ist die Ex-DDR nach der Wiedervereinigung auf der Forscherseite durch Abwanderung nach Westdeutschland ausgedünnt. Zudem fehlt ein adäquater Besatz mit Unternehmenszentralen bzw. zentralen Forschungseinrichtungen. Darüber hinaus sind bei ausgedünnter Industrie die Möglichkeiten zu innovationsförderlicher regionaler und intersektoraler Vernetzung von Unternehmen noch beschränkt. **Klaus Pohl** und **Michael Groß** thematisieren die Problematik des Technologietransfers in den neuen Bundesländern einerseits und die Bedeutung einer erhöhten Unternehmensdynamik in Ostdeutschland andererseits. **Michael Groß** verweist dabei auf mögliche Reformanforderungen der Wirtschaftspolitik.

Kleine offene Volkswirtschaften sind traditionell stark in die internationale Arbeitsteilung eingebunden, wobei erfolgreiche Unternehmen häufig auf Basis innovationsstarker Nischen – im Einklang mit regionalen Standortvorteilen – agieren. **Jürgen Egeln** und **Peter Schmidt** untersuchen die Frage der Modernisierung der regionalen Wirtschaftsstruktur und die Rolle von High-tech-Gründungen am Beispiel von technologieorientierten Neugründungen in Österreich. In dieser theoretisch fundierten und empirisch orientierten Analyse wird deutlich, daß man zwischen Regionstypen und Technologiegruppen differenzieren muß. Im übrigen ist nicht ohne weiteres zu belegen, daß der Strukturwandel zu einer allgemein zunehmenden Technologieorientierung führt. Schließlich werden die Bestimmungsgründe technologieorientierter Neugründungen untersucht. Die vorgelegte Studie kann als sinnvoller Prototyp für andere EU-Länder gelten, wobei weitere künftige Vergleichsstudien zu einem für die Wirtschaftspolitik und die Wirtschaft sinnvollen Benchmarking führen könnten.

Schließlich thematisiert **Sander Wennekers** in seinem Beitrag das Wiederaufleben des Unternehmertums in den Niederlanden. Die Niederlande haben – vielfach wahrgenommen – in den 80er und frühen 90er Jahren ein Beispiel für eine beschäftigungsförderliche Reform der Lohn- und Sozialpolitik entwickelt. Mindestens ebenso wichtig – und bislang wenig beachtet - ist jedoch eine wirtschaftspolitisch abgestützte Erneuerung des unternehmerischen Potentials und der wirtschaftlichen Innovationsbasis. Pragmatische neue Politikansätze haben in den Niederlanden den Wandel zugunsten einer verstärkten Mittelstandsbasis, und zwar bei zunehmender Technologieorientierung und zugleich wachsender Internationalisierung, begünstigt und neue unternehmerische Kreativität stimuliert.

Zwar vermag dieser Tagungsband naturgemäß nur ausgewählte, als besonders wichtig erachtete Fragen der Mittelstandspolitik aufzugreifen. Es wurde jedoch das Ziel verfolgt, wichtige Anstöße für eine zukunftsweisende und -fähige Mittelstandspolitik zu geben und die Fachdiskussion um neue theoretische Fundierungen und Ansatzpunkte zu bereichern. Euroland wird in der Wirtschaftspolitik nicht umhin können, die positive Rolle unternehmerischer Kreativität und von Risikokapital stärker als früher zu betonen. Die Mittelstandspolitik gehört im Interesse der Standortsicherung und der Beschäftigungsförderung in der EU, vor allem aber in Deutschland, auf den Prüfstand gestellt. Die eigentliche Mittelstandspolitik bedarf – bei allen denkbaren Reformen – aber auch eines konsistenten Politikumfelds, d.h. daß andere Politikfelder, aber auch die Tarifpolitik die Chancen für neues Unternehmertum und das Entstehen neuer Arbeitsplätze nicht leichtfertig gefährden und konterkarieren dürfen.

Es versteht sich, daß im Zuge eines erfolgreichen unternehmerischen Evolutionsprozesses aus manchen mittelständischen Unternehmen am Ende neue Großunternehmen werden, die ihrerseits über Outsourcing oder das Auflegen eines Gründungsfonds zur Mittelstandsdynamik beitragen. So gesehen ist Mittelstandsdynamik von heute die Basis von global erfolgreichen Großunternehmen von morgen, wobei jeder Wandel mit Anpassungserfordernissen verbunden ist. Es bleibt zu hoffen, daß die verschärfte Standort- und Politikkonkurrenz in Euroland nicht nur die Rahmenbedingungen für die bestehenden Großunternehmen stärkt, sondern auch die Gründungs- und Wachstumschancen für junge Unternehmen. Unternehmerische Kreativität und Selbständigkeit – gepaart mit Innovationsbereitschaft und sozialer Verantwortung – waren ein Markenzeichen erfolgreicher westeuropäischer Wachstumspolitik in den 60er und frühen 70er Jahren. Angesichts eines durch Euroland verbesserten Zugriffs auf Risikokapital und des politischen Drucks zur Schaffung neuer Arbeitsplätze könnten sich zu Ende der 90er Jahre verbesserte Bedingungen für eine unternehmerische Renaissance in Europa ergeben. Daß eine solche Renaissance nur gegen Widerstände und in der Auseinandersetzung mit Stagnationsstrategien umzusetzen ist, macht die große Herausforderung für die Wirtschaftspolitik aus.

Die Herausgeber des Buches schulden besonderen Dank dem Wissenschaftsfonds der DG Bank, Frankfurt/M., und der InvestitionsBank des Landes Brandenburgs, Potsdam, ohne deren großzügige finanzielle Unterstützung die Konferenz nicht hätte durchgeführt werden können. Zu danken ist weiterhin zahlreichen Mitarbeitern am Europäischen Institut für internationale Wirtschaftsbeziehungen (EIIW), Potsdam, insbesondere Herrn Rainer Hillebrand, Frau Antje Wenk und Herrn Ralf Wiegert, für ihr persönliches Engagement im Rahmen der Konferenzorganisation und -nachbereitung.

Potsdam, im Februar 1999

Paul J.J. Welfens und Cornelius Graack

A. Internationaler Technologiewettlauf, Arbeitsmarktprobleme und Unternehmensgründungsdynamik bei verschärfter Standortkonkurrenz

von Cornelius Graack und Paul J.J. Welfens

1. Einführung

Die internationale Standortkonkurrenz hat sich im Gefolge stark wachsender Außenhandelsbeziehungen und - vor allem seit den 80er Jahren - steigender Direktinvestitionen verschärft. Multinationale Unternehmen haben verstärkt im Ausland Gesellschaften übernommen oder neue Unternehmen gegründet. Multinationale Unternehmen leisten damit zwar einen wichtigen Beitrag zur Gründerdynamik, die meisten Unternehmensneugründungen werden allerdings in OECD-Staaten von Inländern vorgenommen. Bemerkenswert ist dabei der große Unterschied in der Gründerdynamik in Westeuropa und den USA, wo neben Großunternehmen vor allem auch eine Vielzahl von Unternehmensneugründungen die Firmenstruktur in den 80er Jahren prägte.

Die USA haben einen seit 1982 über 15 Jahre anhaltenden langfristigen Wirtschaftsaufschwung - mit großem Beschäftigungswachstum - nicht zuletzt auf eine hohe Zahl von Unternehmensneugründungen aufgebaut. Neben den Großunternehmen im ersten Börsensegment ist so mit zunehmender Bedeutung die NASDAQ mit etwa 5000 Unternehmen getreten; dabei ist eine Vielzahl dieser Firmen als technologieorientierte Unternehmen bzw. Gründungen anzusehen. Großbritannien, das ohnehin im Vergleich zu kontinentaleuropäischen Ländern eine hohe Börsenkapitalisierung und eine Vielzahl von Aktiengesellschaften im ersten Markt aufweist, hat seit Juni 1995 ein AIM-Marktsegment, wo Anfang 1997 260 Gesellschaften, darunter 18 ausländische, gehandelt wurden (Marktkapitalisierung 6 Mrd. Pfund). Dabei gelangen mehr als 10% der gelisteten Unternehmen der Börsengang mit Hilfe von Venture-Capital-Firmen. Der US-Unternehmensdynamik steht, sieht man von Großbritannien ab, in Westeuropa wenig Vergleichbares gegenüber. Bemerkenswert ist dabei insbesondere auch, daß die USA in den besonders dynamischen Sektoren Telekommunikation, Computer, Chips und Internetdienstleistern weltweit eindeutig den Ton angeben, und zwar vielfach auch dank entsprechender Unternehmensneugründungen.

Der internationale Technologiewettbewerb hat sich in den 80er und frühen 90er Jahren nachhaltig intensiviert, da Anbieter aus Schwellenländern in den 80er Jahren hinzutraten, während in der Folgedekade die USA, Großbritannien, Frankreich und Rußland ihre bis dahin dominante militärische Forschung zugunsten massiv verstärkter ziviler Orientierung in der Forschungspolitik veränderten. Die traditionelle Sonderrolle Deutschlands und Japans sowie einiger anderer technologisch führender OECD-Länder, die seit Jahrzehnten auf eine dominant zivile Forschungspolitik setzten, ist damit vorbei. Dem Zugang zu Risikokapital kommt in den 90er Jahren eine verstärkte Bedeutung zu, da gerade Innovationen durch Risikokapital - wegen der bekannten Informationsasymmetrien zwischen Innovator und Kapitalgeber - finanziert werden müssen.

Auch die heute führenden Großunternehmen in Deutschland und anderen OECD-Staaten haben einmal als Start-ups angefangen - viele US-Computer- und -Softwarefirmen erst vor wenigen Jahren. Wenn man in Westeuropa heute ein Gründerdefizit feststellt, so besteht vor diesem Hintergrund auch die Gefahr einer langfristigen Lücke bei international konkurrenzfähigen Großunternehmen in Europa.

Unternehmensneugründungen wurden in Deutschland zur Jahrhundertwende und in den Jahrzehnten bis 1933 überwiegend durch die Börse und eine Vielzahl von Privatbanken gefördert. Wegen der Vertreibung und Ermordung vieler jüdischer Bankiers im Dritten Reich startete die Bundesrepublik Deutschland nach 1945 mit einem verengten Angebot an Risikokapital und entwickelte eine stark fremdkapitallastige Finanzierungsstruktur, was zudem steuerlich begünstigt wurde. Nachdem man in den 60er Jahren den Wiederaufbau weitgehend abgeschlossen und in den 70er Jahren den ökonomisch-technologischen Aufholprozeß gegenüber den USA relativ erfolgreich forciert hatte, geriet die westdeutsche Industrie Ende der 70er Jahre an drei Wachstumsgrenzen:

(1) Mit der Annäherung an internationales Top-Technologieniveau, die nicht zuletzt dank hoher US-Direktinvestitionen und der Übernahme von US-Managementmethoden erfolgte, entfielen die für global rückständige Innovationsländer zeitweise besonders günstigen Aufhol- bzw. Wachstumsmöglichkeiten. Deutschland hielt bis in die 80er Jahre gegenüber den USA den Status eines "Aufhollandes".

(2) Der zweite Ölpreisschock entwertete - ähnlich wie der von 1974 - zahlreiche energieintensive Produkte, Standorte und Produktionsverfahren.

(3) Es begann der rasante Anstieg des internationalen Kapitalverkehrs und insbesondere der Direktinvestitionen, die Standortschwächen vor allem von Hochlohnländern zunehmend offenlegten.

In den 80er Jahren wurden in Deutschland nicht nur verstärkt relative Standortnachteile offenbar - oftmals auch energische Aufholprozesse bei der Infrastrukturausstattung in EU-Partnerländern reflektierend -, sondern die reale Aufwertung der DM verteuerte für ausländische Investoren zudem den Erwerb von deutschen Unternehmen bzw. die Gründung von Unternehmen in Westdeutschland. Zugleich verbilligte sich aus Sicht westdeutscher Unternehmen insbesondere ein Investitionsengagement im Dollarraum und in einigen Ländern des EWS-Raums. Die Investitionsquote in Deutschland fiel, gleichzeitig sank in den 80er Jahren bei wachsenden weltweiten Direktinvestitionen der Anteil der Bundesrepublik Deutschland an den weltweiten Direktinvestitionsflüssen. Schließlich wurde in den frühen 90er Jahren die mittelfristige Wachstumsdynamik Deutschlands durch die Wiedervereinigungsbelastungen, die zeitweise Verunsicherung von Wirtschaft und Wählern durch eine unstetige und inkonsistente Wirtschaftspolitik, die

Unsicherheiten über den Kreis der EWWU-Startländer und schließlich durch die anhaltend hohe bzw. auf Rekordniveau steigende Arbeitslosigkeit beeinträchtigt. Sieht man von den Sonderaspekten der deutschen Wiedervereinigung ab, dann gelten die drei letztgenannten Aspekte ähnlich auch für Frankreich.

Bei den Direktinvestitionszuflüssen konnten in den frühen 90er Jahren nur die Niederlande, Spanien, Portugal, Schweden, Großbritannien und Irland relativ zur Bruttokapitalbildung hohe Zuflüsse verzeichnen. Im Zug einer Privatisierungswelle in den 90er Jahren, die vor allem Großbritannien, Frankreich, Spanien und Schweden betraf, hat sich das Akquisitionsmenü für Investoren erweitert. Mit den Privatisierungen verbunden sind häufig unter dem Druck der Kapitalmärkte unvermeidliche Rationalisierungen, die auch zu Entlassungen und damit zu einer weiteren Belastung des Arbeitsmarktes führen. Die Schaffung neuer Arbeitsplätze durch Existenzgründer einerseits und einen expandierenden Mittelstand andererseits erscheint aus dieser Sicht dringend geboten.

2. Internationalisierung der Wirtschaftsbeziehungen und Standortwettbewerb

Die Internationalisierung der Wirtschaft ist seit den 70er Jahren beschleunigt vorangeschritten (WELFENS, 1990), wie man anhand steigender Ex- und Importquoten von OECD-Ländern und Schwellenländern ersehen kann. Dabei hat sich, von Nordamerika abgesehen, eine Tendenz zur verstärkten Regionalisierung der Handelsbeziehungen ergeben (Tab. A1)

Tab. A1: Handel und Direktinvestitionen im OECD-Raum

	Durchschnittliche Wachstumsrate				Prozentualer Anteil am OECD BIP			
	Internationale Investitionsströme[1]	Handel[2]	BIP	OECD		Internationale Sröme von Direktinvestitionen	Handel	GFCF
1970-80	15.9	18.9	13.8	14.1	1970	0.5	13.0	22.1
1980-89	16.3	6.2	7.2	6.8	1980	0.6	20.0	22.8
1989-90	-2.6	16.6	11.9	10.6	1990	1.2	18.9	21.8
1990-91	-21.7	1.9	5.3	1.8	1991	0.9	18.3	21.1
1991-92	-8.3	7.2	6.8	4.0	1992	0.8	18.4	20.5
1992-93	7.2	-3.6	0.7	-0.5	1993	0.8	17.6	20.3

[1] Durchschnittliche OECD Zu- und Abflüsse
[2] Durchschnittswert von Importen und Exporten

Quelle: OECD (1995): National Accounts and International Direct Investment Statistics; Nominalwerte mit Hilfe des durchschnittlichen US$ Devisenkurses ermittelt

Der internationale Kapitalverkehr ist in den 80er Jahren geradezu explosionsartig angestiegen (Tab. A2). Der zunehmend mobile Faktor Kapital entzieht sich verstärkt der nationalen Besteuerung, was eine größere Steuerlast für den Faktor Arbeit, oder aber einen Abbau des Wohlfahrtsstaats in Europa verlangt.

Tab. A2: Kapitalverkehr in den OECD-Ländern*

	1980	1985	1990	1991	1992	1993	1994	1995
	in Prozent des Bruttoinlandsprodukts							
USA	9,0	35,1	89,0	95,6	106,6	128,8	131,1	135,5
Japan	7,7	63,0	120,0	91,9	71,8	77,8	60,0	65,7
Deutschland	7,5	33,4	57,3	55,6	85,2	170,8	159,3	168,3
Frankreich	-	21,4	53,6	78,7	121,8	186,8	201,4	178,2
Italien	1,1	4,0	26,6	60,3	92,1	191,9	206,8	250,9
Kanada	9,6	26,7	64,4	81,3	113,2	152,9	209,7	192,0

*Bruttowertpapierkäufe und -verkäufe (brutto) zwischen Gebietsansässigen und Gebietsfremden.

Quelle: BIS (1996), 66th Annual Report, Basel, S. 98.

Seit den 80er Jahren sind im Bereich der internationalen Wirtschaftsbeziehungen neben den rasch wachsenden Außenhandel zunehmend Direktinvestitionen getreten; Ergebnis ist, daß multinationale Unternehmen verstärkt wichtige Märkte über Tochterunternehmen bedienen. Zugleich haben sich internationale Firmenkooperationen der Zahl nach intensiviert. Im Gegensatz zu den USA und Japan, die ihre Direktinvestitionen zunehmend außerhalb der eigenen Nachbarregionen lenken, hat die EU bei Direktinvestitionen in den 80er und frühen 90er Jahren eine verstärkte Konzentration auf die eigene Region und neuerdings auch Osteuropa vorgenommen.

Standort Deutschland
Von den weltweit $ 350 Mrd. Direktinvestitionen in 1995 entfielen auf Deutschland kaum $ 10 Mrd. Obwohl sich der Inlandsmarkt der Bundesrepublik Deutschland dank der Wiedervereinigung 1990 deutlich vergrößert hat, ist die Bundesrepublik zum Verlierer in der internationalen Konkurrenz um mobiles Realkapital geworden. Überzogene Regulierungen, relativ zu anderen EU-Standorten recht hohe Infrastrukturkosten (Telekom, Energie und Transport) sowie hohe Steuersätze und Arbeitskosten haben die Attraktivität des Standorts geschwächt. Hinzu kommt, daß Deutschlands Unternehmer verstärkt im Ausland investieren. Das könnte man als normale Tendenz zur Internationalisierung in einem Land mit international ausgerichteten Großunternehmen einstufen, aber das rasche Wachstum deutscher Investitionen im Ausland und die Höhe dieser Investitionen - 1995 DM 50 Mrd., das entspricht in etwa 15% der Ausrüstungsinvestitionen in Deutschland -, sind zusammen mit den versiegenden Zuflüssen an Direktinvestitionen ein Alarmsignal. US-Unternehmen investierten 1995 in den Niederlanden $ 12 Mrd., was für

Deutschland bei gleichen Pro-Kopf-Zahlen auf eine Sollgröße von $ 50 Mrd. hinausliefe. Der Ist-Wert Deutschlands lag in 1995 gerade bei einem Zehntel dieses Werts. 1996/97 hat sich die Entwicklung leicht verbessert.

Da multinationale Unternehmen typischerweise technologieintensive Sektoren repräsentieren, wird das Fehlen von Direktinvestitionszuflüssen heute für die Zukunft eine verminderte Rate an Prozeß- und Produktinnovationen in Deutschland bedeuten. Immerhin wurden Anfang der 90er Jahre 15% der Forschungsausgaben in Deutschland von Tochterunternehmen multinationaler Firmen durchgeführt, was auch ein wesentlicher Beitrag zur internationalen Wettbewerbsfähigkeit bzw. zur Angebotsdynamik ist. Solche Unternehmen zahlen überdurchschnittlich hohe Löhne und Gehälter, was auch nachfrageseitig eine Stütze für die inländische Wirtschaftsentwicklung ist.

2.1 Technologiedynamik und verschärfte Technologiekonkurrenz

Mit der zunehmenden weltwirtschaftlichen Integration haben sich die Möglichkeiten verbessert, hohe F&E-Fixkosten über eine große Anzahl von Nachfragern international zu verteilen. Dank neuartiger, preiswerter globaler Kommunikationsnetzwerke diffundiert der technische Fortschritt international schneller als früher, was zu einer Verkürzung der Innovationszyklen beiträgt. Schließlich erleichtert auch das wachsende Netzwerk multinationaler Unternehmen den Prozeß der Wissensdiffusion. Verkürzte Innovationszyklen und eine seit Jahrzehnten allmählich ansteigende F&E-Intensität des Wirtschaftens bedeuten, daß der Verfügbarkeit von Risikokapital verstärkte Bedeutung für die internationale Wettbewerbsfähigkeit zukommt. Denn die natürliche Wissensasymmetrie zwischen Innovator und Kapitalgeber nimmt in Ihrer Bedeutung bei steigender F&E Intensität der Produktion zu: Können Innovationsprojekte über beträchtliches Eigenkapital - quasi ein vertrauensgebendes Signal in Richtung Kapitalgeber - mitfinanziert werden, dann werden mehr Innovationen bzw. Investitionen realisierbar als bei geringerer (und abnehmender) Eigenkapitalquote.

Da die Märkte für technisches Wissen sehr unvollkommen sind, findet internationaler Technologiehandel fast nur in Form von konzerninternem Handel statt, oder aber als Cross-licensing zwischen multinationalen Unternehmen (UNCTC, 1988). Von daher hängt die technologisch-ökonomische Wettbewerbsfähigkeit eines Landes wesentlich davon ab, daß auch kleine und mittlere Unternehmen Fähigkeiten zur Multinationalisierung entwickeln. Aus theoretischer Sicht müßten hierfür Innovationsvorteile oder andere firmenspezifische Vorteile entwickelt werden, die eine erfolgreiche Auslandsproduktion erleichtern.

Newcomer aus den asiatischen Schwellenländern und aus Osteuropa dringen zunehmend auf die EU-Märkte vor, so daß sich dort ein beschleunigter Strukturwandlungsdruck ergibt. Traditionell haben sich mittelständische Unternehmen bei einem Strukturwandel als besonders flexibel und anpassungsfähig erwiesen. Ungünstige Standortbedingungen insbesondere für mittelständische

Unternehmen wirken sich somit doppelt negativ auf den Strukturwandel und Unternehmensneugründungen in Europa aus. Für den Fall der USA hatte BIRCH (1981) schon frühzeitig auf die wichtige Rolle von Klein- und Mittelunternehmen für den Strukturwandel und Arbeitsplätze hingewiesen.

Deutschland gibt, wenn man zur Erfassung der Subventionen die Definition der führenden Forschungsinstitute verwendet, erheblich mehr für passive bzw. Erhaltungssubventionen aus als für die Förderung von Forschung und Technologie. Seit 1985 haben zudem die Subventionsanteile für schrumpfende Altindustrien zugenommen. Schrumpfende Altindustrien sind relativ gut lobbymäßig organisiert, so daß es ihnen auf Kosten von technologieorientierten Newcomern tendenziell leicht gelingt, Erhaltungssubventionen zu sichern. Diese sind volkswirtschaftlich schädlich, während F&E-Subventionen aus ökonomischer Sicht in dem Maß zu rechtfertigen sind, wie mit F&E bzw. Innovationen positive externe Effekte verknüpft sind (KLODT, 1987).

Die OECD-Staaten, aber auch die Schwellenländer geben 1-3% ihres Bruttoinlandsprodukts für die Forschung aus, wobei Japan mit 3% führt. Deutschlands F&E-Quote stieg in den 80er Jahren - bis 1989 auf 2,9% - an, war aber in den 90er Jahren rückläufig und fiel 1996 auf das Tief von 2,3%. Die F&E-Ausgaben der EU betrugen 1995 1,9% des EU-Bruttoinlandsproduktes, was wesentlich weniger als der US-Wert von 2,5% bzw. 3% in Japan war (Tab. A3).

Tab. A3: F&E-Ausgaben in der Triade

	Summe der F&E-Ausgaben (in % des BIP) in 1995	F&E-Ausgaben der Industrie (in % des BIP) in 1995
EU	1,9	1,0
USA	2,5	1,6
Japan	3,0	2,2

Quelle: EUROPEAN COMMISSION, (1996), Benchmarking the Competitiveness of European Industry, Brussels, COM(96) 463 final, S.8.

Angesichts des Vordringens der Schwellenländer auf die OECD-Märkte mit Produkten mittlerer und höherer Technologieintensität und der generellen Tendenz zur Erhöhung der zivilen F&E-Quote - bei erhöhter Forschungstransparenz weltweit - ist eine Verschärfung und Internationalisierung des Technologiewettlaufs eingetreten. Produktinnovationen können neue Nachfrage bzw. Märkte kreieren, während Prozeßinnovationen durch Kosten- und letztlich auch Preissenkungen zu weltweiten Realeinkommensgewinnen bzw. einer wachsenden Nachfrage nach den kostengünstiger hergestellten Produkten führen. Von daher hat die Innovationsdynamik einen großen Einfluß auf die Beschäftigungs- und Einkommensperspektiven der EU (WELFENS/ADDISON/AUDRETSCH/GRUPP, 1997).

**Tab. A4: Branchenbezogene Spezialisierung bei Innovationen
(Summe der absoluten Anteilsunterschiede 1982-1992[a])**

Ursprungsland	Periode		Durchschnitt p.a.
	1982/92	1987/92	1982-1992
Deutschland	6,5	4,0	2,8
EU (12)	10,0	5,5	2,1
USA	16,4	10,9	3,1
Japan	11,8	4,5	3,6
Welt insgesamt	12,4	5,7	2,1

a) Summe (A) der absoluten Anteilsunterschiede von beim internationalen Patentanmeldung eingereichten und Sektoren zugeordneten Inventionen in den Jahren 1982 bzw. 1987 und 1992.

$$A = \sum_i \left| \frac{p_{it}}{p_t} - \frac{p_{iT}}{p_T} \right|$$; p_{it} = Patente in Sektor i in Periode t; T = Referenzjahr

Quelle: FAUST, K. (1996), Internationale Patentstatistik: Technologische Positionen und strukturelle Probleme der deutschen Industrieforschung, Ifo-Schnelldienst 12/96, S. 12.

Bei verschärftem globalen Technologiewettlauf kommt es stärker als bisher auf eine optimale Spezialisierung der Wirtschaftsräume und -unternehmen an. Die EU und speziell die Bundesrepublik Deutschland hat in den 80er Jahren jedoch im Gegensatz zu den USA und Japan keine weitere Spezialisierung in innovationsintensive Bereiche vorgenommen (Tab. A4 und Tab. A5).

**Tab. A5: Grad der technologischen Spezialisierung in Branchen
(Herfindahlindex* anhand internationaler Patentanmeldungen)**

Ursprungsland	Jahr der Anmeldung	
	1992	Veränderungen 1992/82
Deutschland	13,8	0,09
EU (12)	12,9	-0,15
USA	16,0	1,25
Japan	23,2	2,40
Welt insgesamt	14,9	0,83

* Summe der quadrierten Anteile der jeweiligen Industriezweige an den gesamten Erfindungen . mit 100 multipliziert. Der Herfindahl-Index ist ein Maß der Konzentration. Bei diversifiziertem Muster der Erfindungen tendiert das Maß gegen null, bei Konzentration gegen 100%.

Quelle: FAUST, K. (1996), Internationale Patentstatistik: Technologische Positionen und strukturelle Probleme der deutschen Industrieforschung, Ifo-Schnelldienst 12/96, S. 12.

Die zunehmende Internationalisierung des Wirtschaftslebens läßt sich auch an den wachsenden bzw. hohen Patentanteilen ermessen, die von Tochtergesellschaften multinationaler Unternehmen im Inland bzw. von Tochtergesellschaften im Ausland erzielt wurden. Gleichfalls ist eine zunehmende Internationalisierung von Forschungsprozessen zu konstatieren (Tab. A6), wozu auch eine verbesserte und kostengünstigere Telekommunikationsinfrastruktur beiträgt.

Tab. A6: Indikatoren für die Internationalisierung der Produktion und von F&E-Leistungen bei Industrieunternehmen in ausgewählten Ländern (1992, in %)

Indikatoren	Deutschland	USA	Japan	Frankreich	Großbritannien	Kanada
Aktivitäten im Ausland						
Anteil der Exporte am Bruttoproduktionswert (Exportabhängigkeit)	29,9	12,3	11,6	30,2	29,7	44,8
Relation der Beschäftigten im Ausland zu den Beschäftigten im Inland	23,5	22,4	8,1	32,5	..	..
Direktinvestitionen[a] im Ausland in Relantion zu den Exporten	26,2	51,7	32,6	30,9[b]	59,0	34,1
F.u.E.-Aufwand der Unternehmen im Ausland in Relation zum F.u.E.-Aufwand im Inland	15,0	10,0	2,0	..	..	..
Anteil der Patente einheimischer Unternehmen mit Erfindungsort Ausland (US-Patentamt, 1985-1990)	14,9	7,8	1,0	14,3	42,1	33,0
Aktivitäten im Inland						
Anteil der Importe an der inländischen Nachfrage[c] (Importquote)	25,4	15,9	5,7	28,8	33,7	46,2
Anteil der Beschäftigten in Unternehmen von Ausländern an den Beschäftigten im Inland	15,9	11,6	1,1	23,9	16,2[d]	48,0
Ausländische Direktinvestitionen[a] in Relation zu den Importen	19,5	32,2	10,3	20,9	31,7	48,4
Anteil des F.u.E.-Aufwands der Unternehmen von Ausländern am F.u.E.-Aufwand im Inland	15,8	14,9	8,2	15,2	25,8	40,8
Anteil der Patente ausländischer Unternehmen mit Erfindungsort Inland (Europäisches Patentamt, 1990)	17,0	..	..	18,0	41,0	..

a) Bestand zum Jahresende; *b)* Direktinvestitionsbestand von 1992
c) Importe in % des Bruttoproduktionswerts abzgl. Exporte und zuzgl. Importe; *d)* 1990

Quelle: DIW (1996), DIW Wochenbericht 16/96, S. 263.

2.2 Arbeitsmarktdynamik und Lohnstrukturen

Mit der außenwirtschaftlichen Öffnung Chinas und Osteuropas in den 80er bzw. 90er Jahren werden arbeitsintensiv hergestellte Produkte auf den Weltmärkten verstärkt preiswert angeboten. Als Konsequenz hieraus müßte die relative Entlohnung von Geringqualifizierten in Westeuropa gemäß dem ökonomischen Gesetz von Angebot und Nachfrage sinken. In Deutschland ist aber, ganz im Gegensatz zu den USA und Großbritannien, in den 80er und frühen 90er Jahren die Lohnrelation von Qualifizierten zu Ungelernten bzw. Hoch- zu Niedriglohngruppen konstant geblieben. Die Tarifvertragsparteien ignorieren damit schon zwei Jahrzehnte die Weltmarktentwicklungen. Die Lohnrelationen in Deutschland (und in den meisten kontinentaleuropäischen Ländern) sind als nicht knappheitsgerecht und als direkt arbeitslosensteigernd anzusehen. Die Langzeitarbeitslosigkeit von Ungelernten steigt. Rationalisierungsinvestitionen werden durch die falschen Lohnstrukturen massiv stimuliert. Die populäre, aber ökonomisch verhängnisvolle Sockellohnpolitik einiger Gewerkschaften, die für die Niedriglohngruppen der Geringqualifizierten überdurchschnittliche Lohnzuwächse in den 80er Jahren herausholten, erweist sich arbeitsmarktpolitisch als unverantwortlich. Dies gilt nicht nur, weil die Niedriglohngruppen mittelfristig unter dem Lohnstrukturdruck beschleunigt wegrationalisiert werden. Vielmehr wird auch der Anreiz zu produktivitätssteigernden Weiterbildungsanstrengungen vermindert - ein durch die stark progressive Einkommenssteuer verschärftes Problem.

Während die USA einen massiven Beschäftigungszuwachs in den 80er und frühen 90er Jahren erreichten und dabei die Erwerbstätigenquote um 10 Prozentpunkte steigerten, war diese Quote in der EU leicht rückläufig. Zugleich stiegen die Arbeitslosenquoten in den meisten EU-Ländern erheblich an (Abb. A1), nicht zuletzt, weil die im verschärften globalen Wettbewerb agierenden Großunternehmen Standortverlagerungen außerhalb der EU vornahmen.

Die Ursachen der hohen Dauerarbeitslosigkeit in Westdeutschland sind leicht erkennbar, wenn man sich einerseits die Strukturmerkmale der Arbeitslosigkeit vor Augen führt und andererseits die erfolgreiche Beschäftigungspolitik Großbritanniens und vor allem der USA ansieht. Die Vereinigten Staaten steigerten die Beschäftigungsquote zwischen 1960 und 1996 - bei steigender Frauenerwerbstätigkeit - um beeindruckende 13 Prozentpunkte auf fast 80%. Allein zwischen 1984 und 1995 entstanden 22 Mio. neue Jobs. Mit einer Arbeitslosenquote von 5% wurde in 1996 Vollbeschäftigung erreicht, und zwar bei Preisniveaustabilität. In Deutschland stieg die Beschäftigungsquote nur geringfügig an, die Arbeitslosenquote lag Ende der 90er Jahre bei 10%.

Abb. A1: Arbeitslosenrate in ausgewählten Regionen, 1970-1995

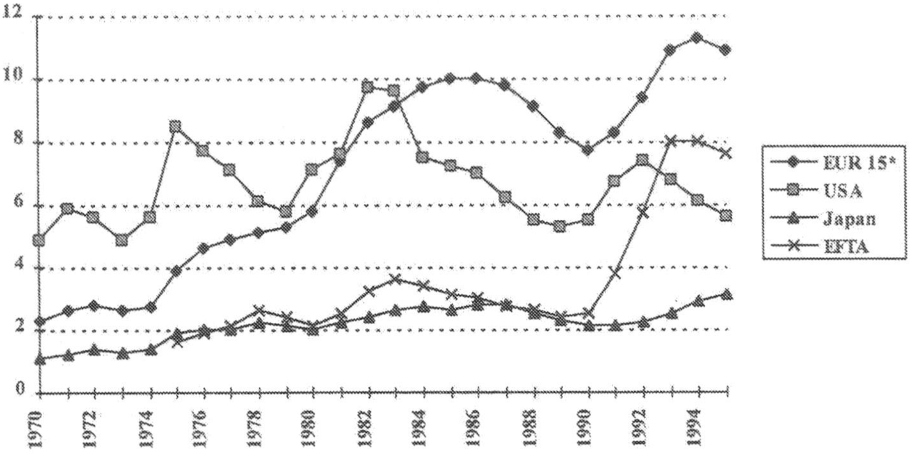

*Seit 1991 inklusive Ostdeutschland

Quelle: Eurostat/European Commission.

Bei erhöhter Kapitalmobilität kommt dem Shareholder Value und damit einer kompetitiven Kapitalverzinsung erhöhte Bedeutung zu. Firmeninterne Quersubventionierungen, die in Deutschland und Frankreich noch vielfach üblich sind, lassen sich unter dem Druck des Kapitalmarktes kaum noch aufrechterhalten, da sonst feindliche Übernahmen drohen. Von daher waren Restukturierungen und Entlassungen gerade in Großkonzernen in den 80er und 90er Jahren an der Tagesordnung. Um so wichtiger sind vor diesem Hintergrund Unternehmensneugründungen, die zu einem überfälligen sektoralen Strukturwandel und zu Beschäftigungswachstum beitragen. Eine wichtige Voraussetzung hierfür ist allerdings, daß etablierte und ggf. subventionierte Großunternehmen nicht die Löhne zum Schaden ansiedlungswilliger neuer Unternehmen hochhalten.

2.3 Kapitalmarktprobleme und Unternehmensgründungsdynamik

In Deutschland ist insgesamt eine Dienstleistungslücke im Vergleich zu den USA - aber auch zu den Niederlanden - zu beobachten, wo der Anteil der Erwerbstätigen im privaten Dienstleistungssektor um 10 Prozentpunkte über dem deutschen Wert liegt. Grundlage der Wachstumseffekte des Dienstleistungssektors ist, daß durch Auslagerung solcher Dienste aus den Unternehmen Spezialisierungs- und Innovationsvorteile eigenständiger Dienstleistungsunternehmen realisiert werden können. Die Kapitalintensität im Dienstleistungssektor ist nach neueren

Untersuchungen (KLODT, 1997) insgesamt höher als im Verarbeitenden Gewerbe, so daß eine Expansion des Dienstleistungssektors die gesamtwirtschaftliche Investitionsquote erhöht und Wachstum stimuliert.

Die zögerliche Expansion des Dienstleistungssektors in Deutschland ist auch auf nationale Kapitalmarkteigenheiten zurückzuführen. Den neuen Dienstleistungsunternehmen - außerhalb des sehr kapitalintensiven Infrastruktursegments - mangelt es aufgrund der relativ niedrigen Kapitalintensität an Sicherheiten für Kreditgeber. Ein bankenlastiges Finanzierungssystem, das stark auf Kreditsicherheiten abstellt, erweist sich hier als Expansionsbremse. Gerade die Unterdimensionierung des Dienstleistungssektors ist aber wachstumspolitisch als ein Schlüsselproblem Deutschlands und einiger anderer EU-Länder anzusehen, weil er zumindest in den USA, Japan und Großbritannien der wichtigste Anwender von Innovationen ist (OECD, 1997).

Jungen Unternehmen kommt eine fünffache Funktion für den Wettbewerb und das Wirtschaftswachstum zu:

- Der Markteintritt wirkt generell wettbewerbsintensivierend, was auch ein Mehr an Produkt- und Prozeßinnovation bedeutet.
- Sie stellen zweitens einen Pool an Firmen dar, den Großunternehmen im Weg der Akquisition zur Verjüngung bzw. zum Anlagern wachstumsträchtiger Unternehmenssegmente nutzen. Die relativ hohe Flexibilität innovativer Mittelstandsunternehmen muß bei einer Integration in ein Großunternehmen nicht notwendigerweise verlorengehen, soweit die heute in vielen Unternehmen vorherrschenden dezentralen Führungsstrukturen zur Anwendung gelangen.
- Drittens werden einige Unternehmensneugründungen längerfristig selbst zu Großunternehmen avancieren und dabei auch zunehmend statische und dynamische Skalenvorteile nutzen.
- Klein- und Mittelunternehmen sind relativ flexibel und können daher bei durch Globalisierung verschärftem Strukturwandeldruck einen wesentlichen Beitrag zu raschem Wandel der Wirtschaftsstrukturen leisten.
- Es sind häufig gerade neugegründete Unternehmen, die in neuen Technologiefeldern aktiv werden, wobei die PC-, Software oder Lasersektoren als Beispiele dienen könnten.

In einer Phase zunehmender Internationalisierung der Wirtschaftsbeziehungen ist es für die EU-Wettbewerbsfähigkeit wesentlich, daß sich junge Unternehmen im Bereich der handelsfähigen Güter nach erfolgreicher Etablierung im nationalen Markt international ausrichten. Hierzu zählen vor allem Exportaktivitäten und internationale Kooperationen, aber auch Direktinvestitionen. Von diversen EU-Förderprogrammen kommen hierzu durchaus sinnvolle Impulse, da regelmäßig die grenzüberschreitende Zusammenarbeit von Unternehmen als Vergabekriterium eine Rolle spielt.

Noch wenig ausgeprägt ist sowohl von nationaler als auch supranationaler Politikseite der Versuch, Unternehmensneugründungen auf breiter Basis zu fördern.

In Großbritannien wurde in den frühen 90er Jahren hierzu speziell ein Programm der Arbeitsmarktverwaltung entwickelt, das einige Erfolge zeigte. Neben Beschäftigungserfolgen durch Unternehmensneugründungen könnte der traditionelle Mittelstand eine wichtige Rolle für Beschäftigungswachstum spielen. Allerdings sind mittelständische Unternehmen in vielen EU-Ländern in die Zange von hohen Abgaben- bzw. Steuerlasten und marktmächtigen Auftraggebern geraten, die bei einem verschärften Wettbewerb im EU-Binnenmarkt und auf den Weltmärkten aggressiv auf Preiszugeständnisse drängen.

Aktienmärkte sind eine ideale Kapitalquelle in Zeiten verschärften Technologiewettbewerbs, und zudem sorgt die ständige Kontrolle durch Analysten bzw. die Börsenakteure dafür, daß die Unternehmensführung dem prüfenden Auge des Kapitalmarkts unterliegt. Während bei einer Kreditfinanzierung für ein innovatives Unternehmen eine subjektive und zeitpunktbetrachtete Prüfung durch einen thematisch wenig spezialisierten Bankmitarbeiter erfolgt, ergibt sich bei einer Finanzierung über die Börse eine kontinuierliche und objektive Prüfung durch Analysten, Broker, Investmentbanker etc.

Die Neigung von Familienunternehmen, an die Börse zu gehen, ist jedoch aus vielen Gründen gering. Unerwünscht ist zunächst der mit dem "Going public" verbundene Verlust an Kontrolle durch die Gründerfamilie. Unbeliebt ist auch der Zuwachs an echten Publizitätspflichten, die es mangels sanktionsbewehrter Vorschriften für GmbHs gerade in Deutschland kaum gibt. Da die Aktienbörsen selbst erhebliche Anforderungen für eine Plazierung stellen, ergibt sich ein Börsengang in Deutschland erst in reifem Unternehmensalter: Es gilt gerade in Deutschland, daß das Durchschnittsalter der an der Börse gehandelten Titel mit 55 Jahren Seniorenqualität ausdrückt, während in Großbritannien und den USA das Durchschnittsalter 8 bzw. 12 Jahre beträgt (SOLMS, 1997). In Deutschland überwiegt die Rechtsform der GmbH, die auch die typische Gesellschaftsform für Tochtergesellschaften ausländischer Unternehmen ist.

Eine dauerhafte Finanzierung innovativer Projekte über die Börse ist durchaus möglich, sofern Unternehmen eine entsprechende Innovationsreputation erarbeiten und die Eigenkapitalrenditen international kompetitiv sind, was in Deutschland und Frankreich 1995 nicht der Fall war (in beiden Ländern lagen die Renditen zudem unter dem Effektivzins für Staatsanleihen). Die Marktkapitalisierung (Börsenwert aller notierten Aktiengesellschaften) in Relation zum BSP lag Ende November 1996 (Tab. A7) mit 27% in Deutschland und 38% in Frankreich erheblich unter der in Großbritannien (152%), der Schweiz (135%), USA (122%) und Schweden (103%) - für Deutschland sind die Werte aufgrund der niedrigen Zahl von Aktiengesellschaften sogar geringer als in Mexiko, Malaysia oder Taiwan. Der Anteil von Aktien am Geldvermögen der privaten Haushalte war in Deutschland Ende 1996 geringer als 1970. Auch wenn durch die Aktienemission der Deutschen Telekom AG das Thema Aktienanlage durch die Medien verstärkt thematisiert wurde, ist bei nüchterner Betrachtung Deutschland unverändert eine Aktien-Diaspora.

Tab. A7: Börsenkapitalisierung in ausgewählten OECD-Ländern (Ende November 1996)

Land	Börsenumsatz (Mrd. DM)[1]	Börsenkapitalisierungskoeffizient[2]
USA[3]	13,354	122
Japan[4]	4,881	63
Großbritannien	2,544	152
Deutschland	1,002	27
Frankreich	892	38
Kanada[5]	756	88
Schweiz	624	135
Niederlande	555	93
Italien	386	23
Schweden	357	103
Spanien[6]	332	39
Belgien	180	44
Dänemark	105	40
Finnland	90	47
Norwegen	85	38
Österreich	48	14

1 - Kurswert der inländischen börsennotierten Aktien; 2 - Aktienumlauf in % des nominalen Bruttoinlandsprodukts von 1995; 3 - New York Stock Exchange und NASDAQ; 4 - Börse Tokio; 5 - Börse Toronto; 6 - Börse Madrid

Quelle: Deutsche Bundesbank (1997), Monatsbericht, Januar 1997.

Es kann nicht wegdiskutiert werden, daß die Volatilität des Aktienmarktes in den OECD-Ländern beträchtlich ist und weltweite historische Aktienkurseinbrüche - u.a. in der Weltwirtschaftskrise 1929 und am 19. Oktober 1987 - bei vielen potentiellen Anlegern eine Abneigung gegen Aktienanlagen zur Folge gehabt haben, obwohl insgesamt gesehen die weltweiten Wertverluste bei Staatsanleihen - u.a. im Kontext von Währungsreformen und Hyperinflation - im 20. Jahrhundert größer als bei Aktienanlagen gewesen sind. Solange sich der Aktienmarktboom der 90er Jahre an der Wall Street und in anderen Börsen fortsetzt, dürfte auch die Expansion der privaten Kreditnachfrage (an Besicherung durch reale Werte geknüpft, zu der indirekt auch Aktien zählen) und parallel dazu die Erhöhung des realen Sozialprodukts voranschreiten. Es gibt eine deutliche Parallelität von realer Wertentwicklung von Aktiva und privater Kreditnachfrage in vielen OECD-Ländern (BIZ, 1996, 84)

3. Unternehmensgründungen aus nationaler Sicht

Unternehmensneugründungen nehmen aus nationaler Sicht eine besondere Rolle ein: Sie dienen der Wettbewerbsintensivierung, der Schaffung neuer Arbeitsplätze und unterstützen somit einen notwendigen und volkswirtschaftlich erwünschten Strukturwandel. Letzteres bezieht sich nicht nur auf den intersektoralen Strukturwandel (z.B. Wandel der Gesellschaft von einer Produktions- in eine Dienstleistungs- bzw. Informationsgesellschaft), sondern auch auf eine Neustrukturierung innerhalb einer bestimmten Branche oder eines bestimmten Sektors. Dieser intrasektorale Strukturwandel erfolgt insbesondere durch Unternehmensneugründungen, die mit Hilfe von Produkt- oder Prozeßinnovationen mit etablierten Marktakteuren konkurrieren, wodurch gleichzeitig einem Unternehmenskonzentrationsprozeß, der sich typischerweise innerhalb stagnierender Märkte ergibt, entgegengewirkt wird. Eine hohe Innovationsdynamik erleichtert von daher Unternehmensneugründungen.

Die Beziehung zwischen Unternehmensgründungen und Innovation kann nach SCHUMPETER (1950) stilisiert wie folgt dargestellt werden. Eine Unternehmensgründung bedingt eine Geschäftsidee, deren Ursprung in einer Innovation liegt: Ein (potentieller) Unternehmer erahnt eine Marktlücke für ein bestimmtes innovatives Gut oder eine Dienstleistung bzw. entwickelt innovative Produktionsprozesse oder Managementabläufe, mit deren Hilfe er Produkte oder Dienste kostengünstiger bzw. mit einer höheren Qualität (Produktqualität, verbessertem Kundenservice) anbieten kann. Folgt man dem Marktphasen-Modell von HEUSS (1965) können vier verschiedene Unternehmertypen identifiziert werden:

- Kreative Unternehmer (sog. Schumpetersche Pionierunternehmen), die mit hohem Risiko bei der Entwicklung eines Marktes für innovative Produkte einen erheblichen Beitrag leisten (Experimentierphase).
- Spontan-imitierende Unternehmer, die bei geringerem Risiko als die Pionierunternehmen die Wachstumschancen eines Marktsegmentes erkennen und kurzfristig ihr Produktangebot auf die steigende Nachfrage einstellen (Expansionsphase).
- Indolent-imitierende Unternehmer, die in der Produktreifephase in das entsprechende Marktsegment eintreten.
- Immobile Unternehmer, die bei einem stagnierenden oder rückläufigen Markt (Stagnations- oder Rückbildungsphase) eine hohe Verharrungstendenz im Marktsegment aufweisen.

Während die ersten beiden Unternehmertypen zu den dynamisch-reagierenden Anbietern zählen, kommt allein den Schumpeterschen Pionierunternehmen eine wirklich innovative Rolle zu. Gerade im Bereich technologieorientierte Unternehmensgründungen, bei denen ein hoher Grad an Innovationsdynamik als Voraussetzung für eine reelle Überlebenschance angesehen werden muß, wird von daher der Typus des kreativen Unternehmers dominieren. Damit stellt sich jedoch die Frage, von welchen Faktoren die Entscheidung einer Unternehmensgründung, insbesondere die technologieorientierter bzw. innovativer, beeinflußt wird.

3.1 Einflußfaktoren auf Unternehmensneugründungen auf nationaler Ebene

Motivation und Fähigkeiten
Versucht man die Einflußfaktoren für Unternehmensneugründungen zu identifizieren, ist zunächst nach den individuellen Gründen (Motivation) und Möglichkeiten (Fähigkeiten) einer Unternehmensgründung zu fragen (Abb. A2). Die grundlegende Voraussetzung für eine Unternehmensgründung liegt in einer Geschäftsidee, die gemäß den oben dargestellten Unternehmertypen auf einer Innovation, also einer in dieser Form noch nicht existierenden Idee, oder einer Imitation basiert. Darüber hinaus sind als wesentliche Antriebsfedern für eine Selbständigkeit die persönlichen Ziele der Unternehmensgründer anzusehen: Gewinnerwartung, Selbstverwirklichung, gesellschaftliche Anerkennung oder berufliche Unabhängigkeit.

In Tab. A8 werden verschiedene Gründungsmotive ostdeutscher Unternehmensgründer aufgeführt und gewichtet. Folgt man der der Tabelle zugrundeliegenden Befragung, zählt zum mit Abstand wichtigsten Gründungsmotiv in Ostdeutschland der Wunsch nach beruflicher Selbständigkeit; die Geschäftsidee (Produktidee / Marktlücke) spielt hingegen eine unbedeutendere Rolle. Letzteres ist jedoch als Indikator dafür zu sehen, daß die Mehrzahl der in Ostdeutschland neugegründeten Unternehmen in erster Linie dem imitierenden Unternehmenstyp zuzuordnen sind.

Tab. A8: Motive für Existenzgründer in Ostdeutschland

	Männer	Frauen
Wunsch nach Selbständigkeit	58,6	46,9
Produktidee, Marktlücke erkannt	14,1	18,4
Familienbetrieb übernommen	20,3	12,2
Keine andere Arbeit gefunden	3,1	12,2
Höheres Einkommen angestrebt	3,9	2,0

Quelle: IWD (1997c), Mut zur Selbständigkeit belohnt, 30.01.1997, Nr. 5, S. 2.

Neben der Motivation spielen die individuellen Fähigkeiten und Möglichkeiten des Neugründers eine entscheidende Rolle: persönliche Qualifikation (z.B. Ausbildung, berufliche Erfahrung), Risikobereitschaft, die Fähigkeit, sich den Marktbedingungen anzupassen und sich im Markt zu behaupten (Spirit of competition), und Teamfähigkeit. Weiterhin muß ein Mindestmaß an finanziellen Ressourcen für eine

Unternehmensneugründung zur Verfügung stehen, da mit anfänglichen Verlusten insbesondere in der Gründungsphase zu rechnen ist (UNTERKOFLER, 1989).

Rechtliche Rahmenbedingungen
Die individuellen Entscheidungskriterien (Motivation und Fähigkeit) werden stark von den rechtlichen und den wirtschaftlichen Rahmenbedingungen beeinflußt. Zu den rechtlichen Rahmenbedingungen zählen Marktzutrittshemmnisse, hier sind zum einen staatlich-administrative Marktzutrittsregulierungen (z.B. Marktzutrittsregulierung in Märkten mit branchenspezifischen Ausnahmeregelungen), zum anderen berufsspezifische Qualitätsnachweise (z.B. traditionelle Meisterprüfung, Innungsregelungen) zu unterscheiden, und Marktaustrittsbarrieren, die in Form von hohen versunkenen Kosten aufgrund spezifischer Ausrüstungs-, F&E- sowie Marketinginvestitionen auftreten. Hohe soziale Sicherungskosten (hohe Lohnnebenkosten und Kündigungsschutzklauseln) stellen sowohl Markteintritts- als auch Marktaustrittsbarrieren dar. Staatliche Fördermaßnahmen haben einen positiven Einfluß auf eine Unternehmensgründungsentscheidung insbesondere dann, wenn sie speziell auf die Zielgruppe "Unternehmensneugründer" abgestellt sind. Bei staatlichen Förderprogrammen ist jedoch zum einen nach der Legitimation solcher Maßnahmen zu fragen, zum anderen besteht die Gefahr wettbewerbsverzerrender Impulse bzw. falscher Markteintrittsanreize und volkswirtschaftlich nicht wünschenswerter Mitnahmeeffekte. So war bspw. die Unternehmensgründungsdynamik in den neuen Bundesländern aufgrund öffentlicher Fördermaßnahmen zunächst hoch, nach anfänglichen Erfolgen der insbesondere im Dienstleistungssektor angesiedelten Unternehmen mehrte sich jedoch allmählich die Zahl der Konkurse bzw. Gewerbeabmeldungen (SACHVERSTÄNDIGENRAT, 1992). Eine undifferenzierte Förderung gilt es daher zu vermeiden. Fördermaßnahmen erscheinen insbesondere bei positiven Spillover-Effekten (positive Externalitäten) legitimationsfähig, die am ehesten im Bereich innovativer, technologieorientierter Unternehmensneugründungen auftreten.

Abb. A2: Einflußfaktoren auf Unternehmensneugründungen

Wirtschaftliche Rahmenbedingungen	UNTERNEHMENSGRÜNDUNG		Rechtliche Rahmenbedingungen
	Motivation	Fähigkeit	
• Konjunkturelle Wirtschaftssituation • Lfr. Wirtschaftserwartungen • Beschäftigungssituation • Kapitalmarktzugang bzw. Zugriff auf Risikokapital • Rückgriff auf qualifizierte Mitarbeiter • Transaktionskosten • Informationssysteme und -netze	Geschäftsidee: • innovativ • imitierend Persönliche Ziele: • Gewinn • Selbstbestätigung / Selbstverwirklichung • Gesellschaftliche Anerkennung • Berufliche Unabhängigkeit • Ausweg aus der Arbeitslosigkeit	Persönliche Eigenschaften: • Qualifikation • Risikobereitschaft • "Spirit of competition" • Teamfähigkeit Voraussetzungen: • Schlüssiges Unternehmenskonzept • Finanzielle Ressourcen	• Marktzutrittshemmnisse (staatliche / institutionelle) • Marktaustrittsbarrieren • Soziale Sicherungskosten • Staatliche Fördermaßnahmen • Steuersystem • Rechtliche Transaktionskosten • Rechtliche Rahmenbedingungen (Gebote, Auflagen) für Produkt-, Prozeß- und Informationsinnovationen

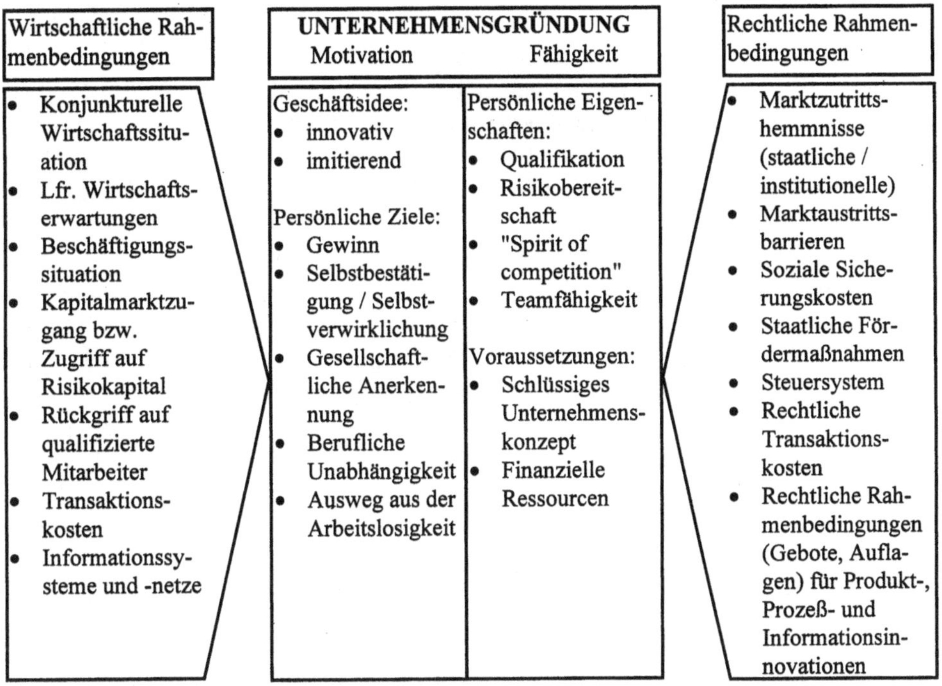

Ein weiterer wesentlicher Einfluß auf die Entscheidung zwischen selbständiger und unselbständiger Arbeit geht von dem auf nationaler Ebene zugrundeliegenden Steuersystem aus. Das höhere Risiko der Selbständigkeit muß sich in einem nach Art der Tätigkeit oder Einkommen differenzierten Steuersystem widerspiegeln, wenn Unternehmensneugründungen gefördert werden sollen. Auch ist auf die Höhe der rechtlichen Transaktionskosten zu verweisen, die sowohl pekuniärer (Kosten für Rechtsanwälte, Wirtschaftsprüfungsgesellschaften, Unternehmensgründungsberater) als auch nichtpekuniärer Natur sein können (lange Entscheidungswege bei Behörden).

Ein weiterer wichtiger Aspekt betrifft die "Einführungskosten" innovativer Produkte und Informationssysteme sowie die rechtlichen Rahmenbedingungen für Prozeßinnovationen, zu denen ebenfalls neue Arbeitsformen gerechnet werden können. Die Einführung von Produktinnovationen in wachstumsträchtigen aber umstrittenen Bereichen, wie z.B. der Bio- oder der Gentechnologie, hängt wesentlich von den Forschungsmöglichkeiten (Ausbildung und Kreativität der Mitarbeiter, Investitionszuschüssen), den gesetzlichen Forschungsbedingungen und Einsatzmöglichkeiten von Forschungsergebnissen und der gesellschaftlichen Akzeptanz neuer Produkte ab. Allein in der Biotechnologie besteht in Deutschland bis zur Jahrtausendwende ein Potential von 100.000 zukunftsorientierten Arbeitsplätzen gegenüber 47.000 in 1995 (IWD, 1997a). Rund die Hälfte der

Arbeitsplätze wird Zulieferern und Dienstleistern zugeschrieben, wobei sich neben dem Forschungsbereich insbesondere hier die Möglichkeit von Unternehmensneugründungen ergibt. Hohe gesetzliche Auflagen verhindern oft das Entstehen wachstumsträchtiger und zukunftsorientierter Branchen ebenso wie eine negative Grundeinstellung der Bevölkerung gegenüber innovativen Produkten. Es ist jedoch anzumerken, daß die unkontrollierte Produkteinführung aufgrund möglicher negativer externer Effekte ebenfalls nicht als wünschenswert anzusehen ist; vielmehr bedarf es eines Interessenausgleichs zwischen ökonomischen und gesellschaftlichen Interessen.

Hohe Wachstumspotentiale ergeben sich insbesondere auch bei der Entwicklung und Vermarktung von Produkten im Informations- und Kommunikationssektor. Das Angebot von Medien- und Informationsdiensten wie bspw. das Internet-Angebot wurde insbesondere auch in Deutschland bis Mitte der 90er Jahre vernachlässigt und gilt im Vergleich zu den führenden USA als unterentwickelt. Begründet werden kann diese Tendenz zum einen mit unsicheren rechtlichen Rahmenbedingungen, der monopolistischen, nichtkostenorientierten Telekomstruktur sowie mangelnder Aufgeschlossenheit der Unternehmen und der Bevölkerung gegenüber solchen innovativen Produkten (GRAACK, 1997). Im Zuge der Liberalisierung des technologiedynamischen Telekomsektors ergeben sich jedoch Unternehmensneugründungspotentiale, insbesondere da im Informationssektor Produktinnovationen mit - im Vergleich zum Produzierenden Gewerbe - relativ niedrigen Investitionskosten entwickelt werden können. Tendenzen zu einer Überregulierung in Deutschland erweisen sich hier jedoch als stark nachteilig und führen zu einer Abwanderung innovativer Unternehmensneugründer. Deutschlands nationaler Alleingang bei der Regulierung von Internetdiensten durch das Informations- und Kommunikationsdienstegesetzt (IuKDG) in Verbindung mit der rigiden Auslegung durch deutsche Gerichte im Fall des Ex-Deutschland-Chefs des Online-Dienstes Compuserve, Felix Somm, hat z.B. dazu geführt, daß der international agierende Online-Diensteanbieter Psi Net alle technischen Einrichtungen zur Speicherung von Inhalten für Internet-Seiten in das Ausland verlagert. Hier ist zu befürchten, daß weitere Unternehmensabwanderungen folgen werden.

Eine neue Gründungsdynamik könnte sich europaweit im Zuge der Telekomliberalisierung durch neue, dezentrale Formen der Arbeitsteilung, insbesondere im Bereich der Telearbeit ergeben, bspw. durch die Gründung kleiner, fachlichspezialisierter Telearbeitsbüros (derartige Unternehmen sind sowohl mit und ohne weitere Angestellte vorstellbar). Der Staat hat hierbei die Aufgabe, die nationalen Rahmenbedingungen dem internationalen Umfeld anzupassen, da das Telearbeitssegment aufgrund sinkender weltweiter Übertragungskosten zunehmend internationale Dimensionen annimmt (WELFENS/GRAACK, 1996). So lassen bspw. amerikanische Ärzte oder Rechtsanwälte Schreibarbeiten über Nacht durch irische Telearbeiter erledigen.

Wirtschaftliche Rahmenbedingungen

Zu den wirtschaftlichen Rahmenbedingungen zählen die konjunkturelle Wirtschaftssituation, von der insbesondere die Überwindung der kritischen Unternehmensgründungsphase abhängen kann, sowie die Erwartungen über die längerfristige Wirtschaftsentwicklung, auf deren Grundlage verschiedene Wachstums- und Gewinnszenarien erstellt werden, mit deren Hilfe wiederum Erwartungen über den Erfolg bzw. Mißerfolg einer Unternehmensgründung gebildet werden.

Die mittel- und langfristige Auswirkung der Beschäftigungssituation auf das Unternehmensgründungsverhalten kann nicht eindeutig interpretiert werden. Zum einen ist es denkbar, daß bei einer niedrigen Arbeitslosenquote (bzw. bei einem hohen Beschäftigungsstand) ein großer Anreiz zu Selbständigkeit besteht, da im Fall eines unternehmerischen Mißerfolgs die Markteintrittsbarrieren in den unselbständigen Arbeitsprozeß als relativ niedrig anzusetzen sind. Eine höhere Unternehmensgründungsdynamik ist jedoch auch im umgekehrten Fall denkbar (hohe Arbeitslosenquote), da hier die Selbständigkeit als ein Ausweg aus der Arbeitslosigkeit insbesondere für Höherqualifizierte anzusehen ist. Letzteres gilt insbesondere dann, wenn die Gründungsphase durch finanzielle Unterstützung des Staates flankiert wird.

In Deutschland hat man seit 1995 Ansatzpunkte in der aktiven Arbeitsmarktpolitik eingeführt, um auf Basis eines Überbrückungsgelds Arbeitslose auf dem Weg in die Selbständigkeit zu unterstützen. Während 1994 nur 37.000 Menschen ein Überbrückungsgeld nach § 55 des Arbeitsförderungsgesetzes (AFG) erhielten, waren es 1995 71.000 und 1996 90.000, wofür gut 1 Mrd. DM aufgewendet wurde. Am 1.8.1994 ist der leistungsrechtliche Rahmen des AFG erweitert worden, wobei nun ein Überbrückungsgeld für 26 Wochen in Höhe des letzten Arbeitslosengeldes oder der Arbeitslosenhilfe gezahlt wird. Wesentliche Merkmale dieser speziellen Unternehmensgründungsförderung waren (IWD, 1997b):

- Arbeitslosigkeit: 1/3 der Geförderten war bei Antragstellung ein Jahr oder länger arbeitslos.
- Qualifikation: Knapp die Hälfte der Existenzgründer wies eine betriebliche Ausbildung auf. Gerade 9% der Jungunternehmer konnten keine Berufsausbildung vorweisen.
- Berufsposition: Ein Drittel der Geförderten hatte zuletzt die Position eines gehobenen Angestellten, so daß Führungserfahrung vorlag.
- Gründerprofil: 40% der Existenzgründer hatten sich als Einzel- oder Großhändler oder Vertreter selbständig gemacht; es folgten Dienstleister in diversen Sparten und Freiberufler (Grafiker, Texter, Journalisten, Berater).
- Überlebenschancen: Ein Jahr nach dem Ende der Förderung waren noch 90% der Bezieher von Überbrückungsgeld als Selbständige tätig.

Als ein besonderer Engpaßfaktor erscheint die Finanzierung einer Unternehmensgründung, insbesondere wenn der potentielle Jungunternehmer nicht über die notwendigen Sicherheiten verfügt; dies gilt vor allem auch bei innovativen, aber risikobehafteten Unternehmensgründungsideen. Eine Lösungsmöglichkeit stellt hier der verstärkte Zugriff auf den Kapitalmarkt, insbesondere auf den Risikokapitalmarkt dar. Als Referenzmodell hierfür könnte der Markt für Beteiligungskapital angesehen werden. 1996 existierten in Deutschland etwa 100 Kapitalbeteiligungsgesellschaften, die Anteile an ca. 3.000 Unternehmen mit einem geschätzten Gesamtbeteiligungsvolumen von mehr als DM 6 Mrd. hielten. Die Gründungsfinanzierung sowie die Bereitstellung von Kapital für die Produktentwicklung durch Beteiligungsgesellschaften stellt in Deutschland jedoch die Ausnahme dar (Tab. A9).

Tab. A9: Finanzierungsschwerpunkte von Beteiligungsgesellschaften in Deutschland (1995)

Wachstumsphasen	65,1
Finanzierung von Unternehmensaufkäufen	17,6
Gründungsfinanzierung	6,3
Vorbereitung einer Börseneinführung	5,6
Überbrückung einer Krisensituation	2,6
Produktentwicklung	1,8
Andere Zwecke	1,0

Quelle: IWD (1996), Meist nur Ehe auf Zeit, 06.06.1996, Nr. 23, S. 2.

Neben Beteiligungsgesellschaften bietet auch der im März 1997 eingeführte "Neue Markt" an der Frankfurter Börse technologiedynamischen Jungunternehmen die Möglichkeit eines verbesserten Kapitalmarktzugriffs. Ziel des "Neuen Marktes" ist es, für technologieorientierte Jungunternehmen, die sich in der Expansionsphase befinden, den Standort "Deutschland" durch den leichteren Zugang zu einem speziellen Börsensegment attraktiver zu machen. Hier war in der Vergangenheit eine Abwanderungstendenz in die USA, aber auch nach Großbritannien aufgrund des dort leichteren Kapitalmarktzugriffs zu beobachten. Als problematisch erweist sich jedoch, daß nur bereits gegründete, expansive Jungunternehmen die Möglichkeit einer Verbesserung der Eigenkapitalbasis erhalten, nicht jedoch Unternehmensgründer. Es besteht daher nach wie vor die Gefahr, daß technologieorientierte Unternehmensneugründer erst gar nicht in Deutschland, sondern in solchen Ländern gegründet werden, die über einen aggressiveren Venture-capital-Markt verfügen (z.B. USA).

Neben der finanziellen Ausstattung bedingt eine erfolgreiche Unternehmensneugründung den Rückgriff auf qualifizierte und motivierte Mitarbeiter. Im Schnitt beschäftigten Mitte der 90er Jahre in Deutschland 100 Unternehmensneugründer bei der Geschäftsaufnahme 26 Mitarbeiter, 18 Monate nach der Existenzgründung werden durchschnittlich bereits 53 Personen beschäftigt (IWD, 1997b). Als problematisch erweist sich hierbei, daß Unternehmensneugründer meist ihren Angestellten nicht die gleiche Beschäftigungssicherheit bieten können wie etablierte Unternehmen; eine höhere Entlohnung, die dieses Risiko kompensiert, ist aufgrund der zusätzlichen finanziellen Belastung selten tragbar. Hier bietet sich jedoch die Möglichkeit anreizkompatibler Entlohnungsmodelle (z.B. Umsatz- bzw. Gewinnbeteiligung) an. Darüber hinaus besteht die Möglichkeit eines schnelleren beruflichen Aufstiegs, der insbesondere junge und dynamische Mitarbeiter motivieren könnte, von einem etablierten Unternehmen zu einem Newcomer überzuwechseln.

Zuletzt können hohe Transaktions- und Informationskosten als wirtschaftliches Unternehmensgründungshemmnis identifiziert werden. Folgt man ALBACH (1991), wirkten sich bspw. neben den langen Entscheidungswegen Anfang der 90er Jahre vor allem ungeklärte Eigentumsfragen, eine unterentwickelte Infrastruktur und hohe Mietkosten negativ auf Unternehmensgründungen in den neuen Bundesländern aus. Von einem verbesserten Informationsfluß und einer erhöhten Wissensdistribution, die eine preisgünstige und flächendeckende Nutzung bereits vorhandener Patente und wissenschaftlich-technischer Informationen erlaubt, könnten vor allem technologieorientierte Unternehmensneugründer profitieren.

3.2 Unternehmensneugründungen und nationale Wettbewerbsposition

Dem Staat kommt aufgrund der volkswirtschaftlichen Bedeutung von Unternehmensneugründungen die Aufgabe zu, die wirtschaftlichen Rahmenbedingungen so zu beeinflussen, daß ein unternehmensfreundliches Gründungsklima geschaffen wird. Unternehmensneugründungen haben jedoch nicht nur eine nationale, sondern auch eine internationale Dimension, die sich aufgrund einer unterstellten Beschäftigungswirkung ergibt. Kommt es im Zuge einer Gründungswelle zu positiven Beschäftigungseffekten (und damit zu einem Abbau der Arbeitslosigkeit), wirken sich hieraus resultierende sinkende soziale Sicherungskosten (Kosten der Arbeitslosigkeit bzw. einer beschäftigungspolitisch motivierten Frühverrentung) positiv auf die internationale Wettbewerbsfähigkeit des Landes sowie dessen Attraktivität für ausländische Direktinvestoren aus. Positive Auswirkungen sind ebenfalls mit Blick auf Besteuerungshöhe zu vermuten, da sich die Gesamtsteuerlast bei Unternehmensneugründungen auf eine größere Anzahl von Unternehmen verteilt.

Diese Situation wird vereinfacht anhand eines Zwei-Länder-Modells dargestellt (Abb. A3). Gegeben seien zwei Länder (Land I und Land II), die in der Ausgangssituation einen gleich hohen Beschäftigungsstand von A'_0 (Land I) bzw. A''_0 (Land II) aufweisen. Unterstellt wird weiterhin, daß die soziale Sicherungskostenkurve (SSK' bzw. SSK") in beiden Ländern einen annähernd gleichen und fallenden Verlauf hat. Letzteres ergibt sich aufgrund sinkender sozialer

Sicherungskosten pro Beschäftigten bei zunehmender Beschäftigung (bei konstanter Vollbeschäftigung könnte bspw. der Arbeitslosenbeitrag auf annähernd Null reduziert werden). In der Ausgangssituation sind die sozialen Sicherungskosten pro Beschäftigten in beiden Ländern gleich hoch ($K'_0 = K''_0$).

Abb. A3: Unternehmensneugründungen, Beschäftigungseffekte und soziale Sicherungskosten

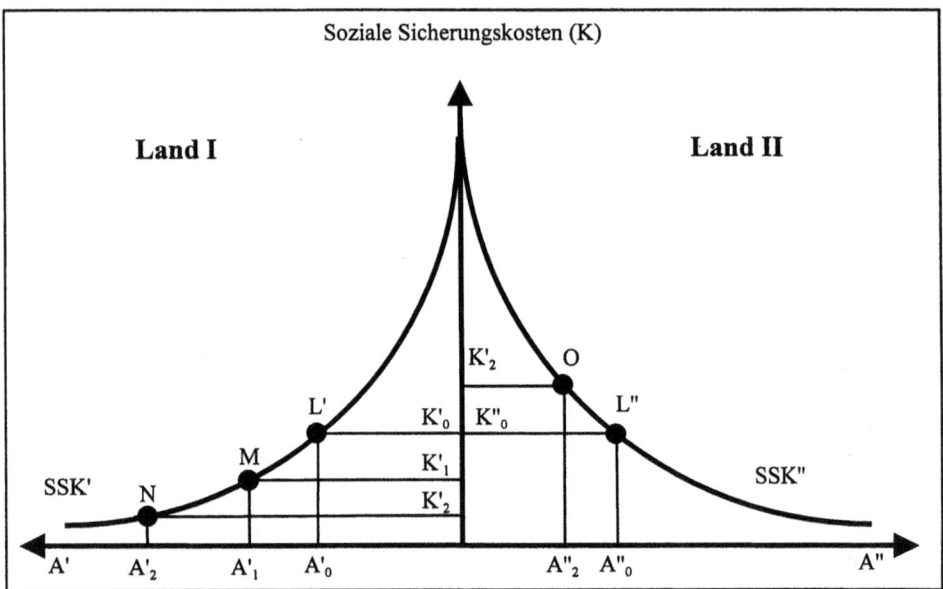

Aufgrund ordnungs- und wirtschaftspolitischer Reformen erfährt das Land I eine Welle von Unternehmensneugründungen mit entsprechenden positiven Beschäftigungseffekten: Die Beschäftigung steigt von A'_0 auf A'_1, die sozialen Sicherungskosten sinken hingegen von K'_0 auf K'_1. Damit liegen jedoch die Kosten im Land I unterhalb denen des Landes II, was zu einer verbesserten internationalen Wettbewerbsfähig führt. Unterstellt man eine relativ hohe internationale Kapitalmobilität, ist zu erwarten, daß Unternehmen des Landes II aufgrund der unterschiedlichen Kostenstrukturen verstärkt in Land I investieren werden; mit entsprechend negativen (positiven) Beschäftigungseffekten im Land II (Land I).

Die verstärkte Internationalisierung der Wirtschaft, die sich insbesondere auch durch eine höhere Kapitalmobilität auszeichnet, führt damit zu einer Art "internationalem Systemwettbewerb", wobei die Länder profitieren werden, die aufgrund eines günstigen Gründungsklimas die Voraussetzungen für Unternehmensgründungen schaffen. Damit aber gewinnt die nationale Wirtschafts- und Forschungspolitik stark an Bedeutung. Hier gilt es, durch die Etablierung eines effizienten Wirtschaftsrahmens und geeignete Förderungsmaßnahmen die Weichen in Richtung technologieorientierte Unternehmensneugründungen zu stellen.

4. Wirtschaftspolitische Perspektiven

Die Verfügbarkeit von Risikokapital und die Startbedingungen für Neuunternehmer sind in den EU-Ländern recht unterschiedlich, insgesamt besteht in Westeuropa gegenüber den USA jedoch ein Mangel an Gründerdynamik. Mit der Einführung des Euro könnte der stark fragmentierte EU-Kapitalmarkt stärker integriert werden, soweit es gelingt, zu Lasten einer Inlandsanlage wirkende diskriminierende steuerliche Vorschriften in den EU-Ländern zu eliminieren. Nur wenn Kapital in der EU wirklich diskriminierungsfrei in seine jeweils ertragreichste Verwendung fließen kann, wird der Euro-Kapitalmarkt einen Wachstumsimpuls für die EU generieren. Fließen Direktinvestitionen in die EU-Länder mit der höchsten marginalen Kapitalproduktivität, dann werden im Empfängerland Wachstumseffekte ausgelöst, von denen auch das Quellenland durch induzierte höhere Importe und zufließende Kapitalerträge profitiert. Die Kapitalproduktivität wird relativ gering sein, wenn der Wettbewerbsdruck vom Kapitalmarkt her - so wie in Deutschland - schwach ist. Die Kapitalproduktivität betrug Anfang der 90er Jahre nur drei Viertel des US-Werts (MCKINSEY, 1996). Geringe Eigenkapitalquoten, die für Deutschland typisch sind (siehe Anhang), können ebenfalls zu einer unterdurchschnittlichen Kapitalproduktivität bzw. Innovativität beitragen.

Eine massiv stärkere Innovationsförderung in der EU ist notwendig, um bei verschärftem globalen Technologiewettlauf eine Spitzenposition halten zu können. Die Innovationsförderung in Deutschland und anderen EU-Länder könnte im Interesse einer diskriminierungsfreien Forschungsförderung künftig weniger in der traditionell dominierenden Form von Finanzhilfen, dafür verstärkt in Form von Steuergutschriften für forschende Unternehmen erfolgen. Finanzhilfen werden erfahrungsgemäß recht wirksam und einseitig von lobbymäßig gut organisierten Großunternehmen beansprucht, während Steuergutschriften alle forschenden Unternehmen in Abhängigkeit von ihrem Innovationseinsatz begünstigen. Besonders wichtig ist schließlich der Ausbau des Dienstleistungssektors, wobei für innovative Newcomer neue Formen der Gründungsfinanzierung erprobt werden könnten.

Der große Gewinner der Globalisierung und des intensivierten Technologiewettlaufs wird einerseits der Faktor Kapital, andererseits qualifiziertes Humankapital sein. Es wird von daher zu größeren Einkommensunterschieden zwischen den Faktoren Arbeit und Kapital und bei der Entlohnung des Faktors Arbeit kommen. Denkbar wäre, den Positionsverlust der Ungelernten im Zug einer Steuerreform abzumildern, die den Steuersatz für niedrige Einkommen absenkt. Darüber hinaus wäre erwägenswert, die Beteiligung der Arbeitnehmer am Produktivvermögen zu forcieren, um einerseits größere Lohn- und Kostenflexibilität als Überlebensreaktion auf eine wettbewerbsintensivere Weltwirtschaft zu erreichen; andererseits könnten die Verteilungskonflikte zwischen Arbeit und Kapital so entschärft werden.

Der Bekämpfung der Arbeitslosigkeit kommt in der EU eine Priorität zu. Diese Aussage gilt insbesondere auch für Deutschland. Beschäftigungszuwächse können einerseits durch eine Tarifpolitik erzielt werden, die sich durch lohnpolitische Zurückhaltung – vor allem bei Geringqualifizierten – auszeichnet, um damit den Rationalisierungsdruck zu Lasten des relativ immobilen Faktors Arbeit abzuschwächen. Andererseits tragen Unternehmensgründungen - neben der Expansion bestehender Unternehmen - wesentlich dazu bei, neue Arbeitsplätze zu schaffen. Eine adäquate Förderung von Neugründungen ist von daher auch für eine Entspannung des Arbeitsmarktes unerläßlich.

Stärkung von Innovationsförderung und Risikokapitalmärkten
In Deutschland, aber auch in anderen Ländern der EU übernehmen kleine und mittlere Unternehmen (KMUs) eine wesentliche Rolle bei der Schaffung und Sicherung von Arbeitsplätzen. Während in Deutschland zwischen 1990 und 1995 etwa 750.000 Arbeitsplätzen bei Großunternehmen abgebaut wurden, haben KMUs im gleichen Zeitraum etwa 1 Mio. neue Arbeitsplätze geschaffen. Insgesamt sind in Deutschland etwa zwei Drittel der sozialversicherungspflichtigen Arbeitnehmer in KMUs beschäftigt. Zudem stellen KMUs etwa 80% aller Ausbildungsplätze.

Abb. A4: Unternehmensgründungen und Liquidationen in Deutschland

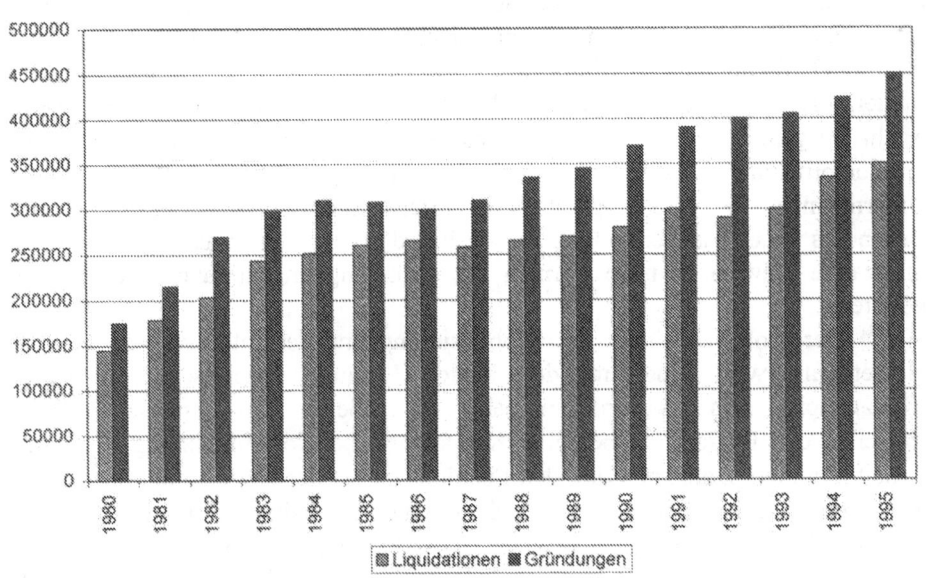

Quelle: Institut der deutschen Wirtschaft (1997), zitiert in: BMBF und BMWI (1998), Innovationsförderung für kleine und mittlere Unternehmen, Bonn, S. 12

Insgesamt hat in Deutschland der Trend, Unternehmen zu gründen, zugenommen, wobei sich der Saldo zwischen Unternehmensneugründungen und Liquidationen bzw. Insolvenzen positiv entwickelt (siehe Abb. A4). Diese positive Entwicklung kann jedoch nicht darüber hinwegtäuschen, daß es in Deutschland noch einen erheblichen Bedarf im Bereich der Gründungsförderung gibt.

Im europäischen Vergleich war die Insolvenzrate 1997 in Deutschland keineswegs überdurchschnittlich hoch (siehe Abb. A5). Bezogen auf einzelne Branchen gilt für Deutschland allerdings eine relativ hohe Insolvenzquote in wenig technologieintensiven Sektoren, was auf Schwächen bei der Gründungsberatung hindeutet (z.B. Sonnenstudio-Sterben). Bei Organisationen, die bei der Gründungsberatung involviert sind, z.B. Banken und IHKs, läßt sich von daher manches verbessern. Zugleich fällt auf, daß in Deutschland der Anteil der technologieorientierten Unternehmensgründungen mit hohen Wachstumsraten sehr gering ist, soweit man die Auswertung eines Firmengründerpanels für Niedersachsen als für Deutschland repräsentativ ansehen kann (WELFENS, 1997).

Abb. A5: Insolvenzrate in Europa

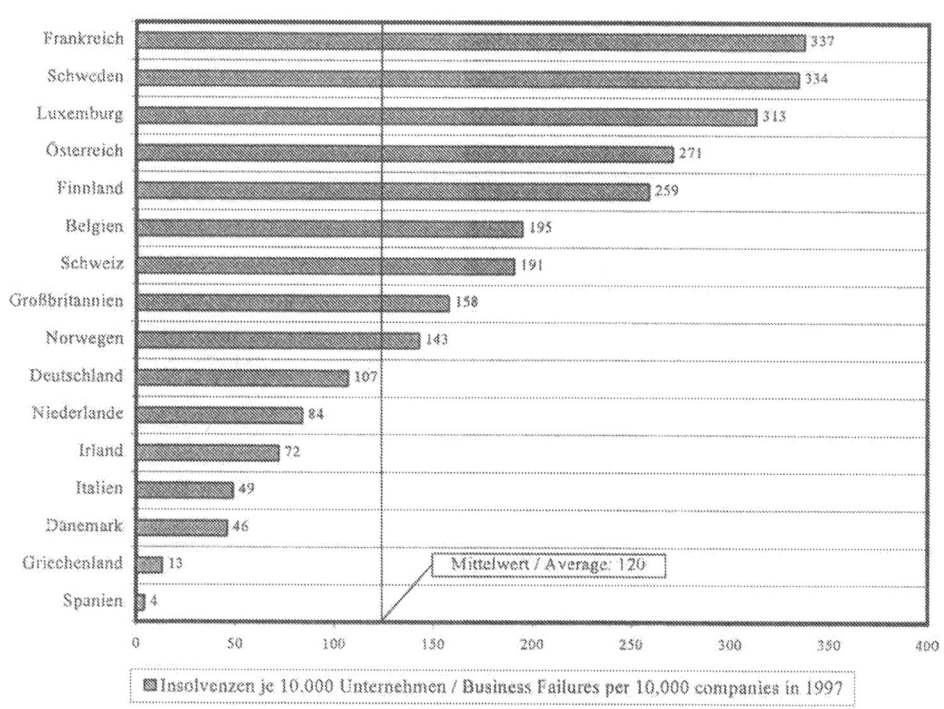

Quelle: Creditreform, Neuss

Im Vergleich zu den USA sind die Risikokapitalbeträge in der Gründungsphase (Seed) in der EU relativ gering. Zudem ist der wachstumsträchtige Informationstechnologiesektor hier im Vergleich zu den USA stark unterrepräsentiert. Auffällig ist außerdem, daß in der EU der Anteil von Risikokapital, das für die frühen Phasen Seed und Start-up (Vor-Gründungs- und Gründungsphase) verfügbar ist, mit knapp 18,9% in 1995 deutlich unterhalb des US-Werts liegt (siehe Tab. A10). Im Vergleich zur Gründungsfinanzierung stand für die Expansionsfinanzierung in der EU hingegen relativ reichlich Risikokapital bereit.

Tab. A10: Risikokapital in der EU und den USA, 1995

1995	USA[1]			EU[2]		
	1000 ECU	%	#	1000 ECU	%	#
Investment gesamt	5748000	+50*	1100**	5546000	+2	4955
Investment-Stadium						
(Vor-)Gründung	1476000	26	445	321000	5,7	939
Entwicklung	3340000	58		2299000	41	
Leveraged buy-out	932000	16		2926000	53	
Investment nach Sektor						
Informationstechnologie	2641000	46		902000	16	
Bio/Medizin (Life Sciences)	1398000	24		422000	8	
Nichttechnologische Sektoren	1709000	30		4222000	76	
Durchschnittsbetrag (Seed)	932			280		

1 VentureOne (American Company).
2 EVCA.
* 50 % Erhöhung der Zahl der Investitionsprojekte gegenüber 1994-95
** 1100 Investitionen in den USA in 1995

Quelle: Europäische Kommission

Aus Daten der EVCA (European Venture Capital Association) geht hervor, daß deutsche Venture-Capital-Gesellschaften 1997 etwa 5,2 Mrd. DM einwarben, was eine Verachtfachung gegenüber 1996 (680 Mio. DM) darstellt. Deutschland könnte sich innerhalb des auch für US-VC-Gesellschaften zunehmend interessanten Euro-Lands zu einem der attraktivsten Zielgebiete für Risikokapitalgesellschaften auf lange Sicht entwickeln, wenn sich durch hohes Marktwachstum in bestimmten Gütermarkt- und Dienstleistungssegmenten gute Renditeaussichten bei standortpolitisch verbesserten Rahmenbedingungen ergeben, was durchaus auch schon zu beobachten ist. So hat z.B. Sachsen gezielte Hochtechnologieförderung mit kurzen Genehmigungszeiten und einer dynamischen modernisierten Hochschullandschaft zugunsten eines Neuaufbaus innovativer Industriesegmente zu verbinden vermocht. Ähnlich interessante Entwicklungen mit einer stärkeren Dienstleistungsorientierung haben sich in Hessen ergeben.

Mit einem Zuwachs von 85% auf ein Neuinvestitionsvolumen von 2,6 Mrd. DM lag Deutschland unter den europäischen VC-Märkten 1997 zwar auf Rang 2, allerdings deutlich hinter Großbritannien, wo die Investments von etwa 6 Mrd. DM auf etwa 9 Mrd. DM gestiegen waren (BOHNE, 1998). Die VC-Investments in Europa lagen 1997 insgesamt bei knapp 20 Mrd. DM, was mehr als eine Verdopplung gegenüber 1996 darstellt. Dabei nahm die Zahl der Kapitalvergaben aber nur um 10% auf 6.252 zu, wobei der Wert des VC-Portfolios für Europa auf insgesamt 65 Mrd. DM minus der Desinvestitionen in 1997 beziffert wird. Institutionelle Anleger – Banken und Pensionsfonds – repräsentierten etwa die Hälfte der Mittelzuflüsse. US-Fonds dürften für etwa 1/3 der Mittelzuflüsse im europäischen Markt stehen.

Für die wachsende Zahl von neuen Selbständigen in Deutschland spielt neben den allmählich verbesserten Chancen beim Zugang zu Risikokapital auch die wachsende Darlehensvergabe durch die Deutsche Ausgleichsbank eine wichtige Rolle; allein im ersten Halbjahr 1998 wurden 4,8 Mrd. DM und damit 13% mehr Mittel zugesagt als im Vorjahreszeitraum (bei einem Minus von 16% im Fall der neuen Bundesländer). Interessanterweise bietet die Deutsche Ausgleichsbank Hochschulen Finanzierungshilfen bei der Einrichtung von Lehrstühlen für Unternehmensgründungen an, was langfristig auf beträchtliches Interesse in der deutschen Hochschullandschaft treffen dürfte – im Fall von mehr privaten Universitäten sicher auch kurzfristig auf größtes Interesse gestoßen wäre. Gelänge es, die Selbständigenquote von knapp 10% in Deutschland um 1 Prozentpunkt zu erhöhen, dann dürfte dies zu 350.000 - 400.000 neuen Arbeitsplätzen führen. Damit wird aber auch deutlich, daß eine Rückkehr zur Vollbeschäftigung in Deutschland – bei rund 4 Mio. Arbeitslosen Ende der 90er Jahre – nur durch eine Kombination von mehr Unternehmensneugründungen und starker beschäftigungsmäßiger Expansion bestehender Unternehmen – ggf. zudem durch mehr Teilzeitarbeit - möglich sein wird.

Bei hoher Technologieorientierung, die im Zug des global intensivierten Innovationswettlaufs in den EU-Hochlohnländern langfristig eine größere Rolle bei den Unternehmen spielen muß, ist es wichtig, daß die Informationsasymmetrie zwischen Unternehmer und Finanzmittelgeber keine für die Investitions- bzw. Gründungsdynamik hinderliche Rolle spielt. Je stärker aber die Innovationsorientierung, desto schwerer werden sich traditionelle Fremdkapitalgeber, also die Banken, tun; viele Gründungsvorhaben mit hoher Technologieorientierung werden in einem System mit dominanter Fremdkapitalfinanzierung nicht finanzierbar sein. Von daher sind Änderungen in der deutschen und EU-Steuergesetzgebung wichtig, die private Finanzierungen von Unternehmensgründungen – vor allem innovationsorientierte – erleichtern. Entscheidend ist dabei, daß statt der traditionell dominanten Förderung von Kreditaufnahmen die Eigenkapitalseite gestärkt wird.

Positive Signale gehen in Deutschland vom Neuen Markt aus, der sich überraschend dynamisch entwickelt. Verzeichnete man Ende 1997 17 Aktiengesellschaften, so waren es Mitte 1998 bereits 44; über 50 zu Jahresanfang

1999 sind denkbar. Die europäische Risikokapitalbörse Easdaq hat ebenfalls hohe Zuwächse zu verzeichnen.

Vor diesem Hintergrund sollten auch die Publizitätspflichten der GmbHs in Deutschland nachhaltig und wirksam verschärft werden. Funktionsfähige Kapitalmärkte und effiziente Faktorallokation bedürfen der Transparenz, damit Investoren auf innovative profitable Unternehmen reagieren und anhand von Verlustausweisen bei nichterfolgreichen Unternehmen Investitionsrisiken vermeiden können. Die bestehenden HGB-Publizitätspflichten sind mangels wirksamer Sanktionsandrohung unzureichend. Der Durchsetzung von Publizitätspflichten für GmbHs kommt aus gesamtwirtschaftlicher Sicht in Deutschland deswegen große Bedeutung zu, weil die Zahl der GmbHs relativ zu den USA hoch ist. Während in Deutschland angesichts der geringen Publizität die Preissignale vom Kapitalmarkt nur eine begrenzte Rolle spielen, ist deren Einfluß in den USA weit größer, wo den Kapitalmarktakteuren durch die Vielzahl von börsennotierten AGs auf breiter Front wichtige Renditesignale in allen Branchen vermittelt werden. Diskretionäre Entscheidungsspielräume des Managements mit ihrer Neigung zu X-Ineffizienzen werden dadurch – und durch die verbreiteten Aktienoptionen als Entlohnungselement für Manager – in den USA vermutlich deutlich geringer ausfallen als in Deutschland; dementsprechend ist die Kapitalmarktrendite bzw. die Kapitalproduktivität in den USA höher.

Abb. A6: Innovationshemmnisse von KMU und Großunternehmen*

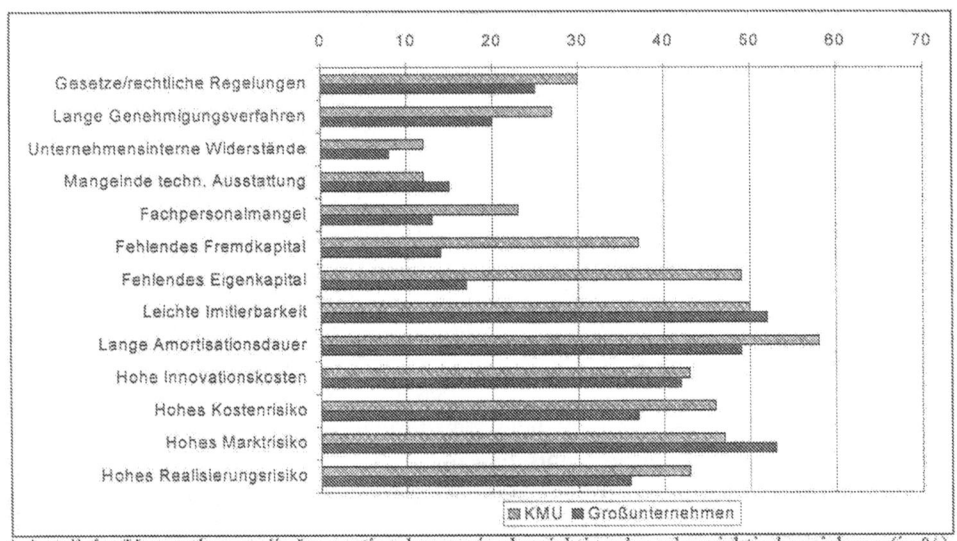

* Anteil der Unternehmen, die Innovationshemmnis als wichtig oder sehr wichtig bezeichnen (in %)

Quelle: ZEW (1996), zitiert in: BMBF und BMWI (1998), Innovationsförderung für kleine und mittlere Unternehmen, Bonn, S. 16

Das Verarbeitende Gewerbe spielte in Deutschland traditionell die Schlüsselrolle für Innovationen, wobei mittelständische Unternehmen Finanzierungsprobleme bzw. die Höhe der Innovationskosten als wichtigste Innovationshemmnisse einstuften (KFW, 1997). Weitere Innovationshemmnisse für KMUs im Vergleich zu Großunternehmen werden in Abb. A6 aufgeführt.

In der Industrie werden Forschung und Entwicklung von Großunternehmen mit mehr als 500 Beschäftigten dominiert. Doch ist dabei eine statische Sichtweise nicht angemessen, denn relativ junge Großunternehmen dürften eine besonders aktive Rolle ebenso wie solche etablierte Firmen spielen, die durch gezielte Unternehmenszukäufe externes Innovationspotential gezielt zu integrieren vermochten.

Innovationen im Dienstleistungssektor spielen in Deutschland eine zunehmende Rolle, auch wenn der Innovationsgrad in diesem Sektor statisch unzureichend erfaßt wird (DIW, 1998) und ein Teil der Dienstleister nach Umfragen praktisch keine Innovationen vornimmt (LICHT ET AL. 1997). Hierzu zählen vor allem die Handelsfirmen und die Verkehrsunternehmen, die trotz starker Nutzung von Informationstechnik ihre Innovationspotentiale offensichtlich kaum nutzen. Bei den Verkehrsunternehmen, die staatlich reguliert und vor Wettbewerb weitgehend geschützt sind, ist dies kaum erstaunlich; die wirtschaftspolitische Konsequenz kann nur auf Deregulierung und ggf. Privatisierung hinauslaufen. Diese beiden Politikelemente haben in der Telekommunikatonswirtschaft zu Ende der 90er Jahre bereits zu einem deutlichen Anstieg der Patentanmeldungen und zu erheblichen Produktinnovationen beigetragen. Der Innovationsgrad im Dienstleistungssektor ist eng verbunden mit der Nutzung von Informations- und Kommunikationstechnik, wobei die staatliche Innovations- und Gründungsförderung bislang wenig auf die spezifischen Anforderungen des expandierenden Dienstleistungssektors Rücksicht nimmt. Hier sind Reformen der Wirtschaftspolitik bei Bund und Ländern dringlich.

Neue Vermögenspolitik
Die großen Gewinner einer europäischen Wirtschaftsintegration sowie der Globalisierung der Märkte sind Kapitaleigner und qualifizierte Arbeitnehmer. Beide Gruppen können sich als international mobile Faktoren der Besteuerung wirksam entziehen und damit höhere Nettoeinkommen erzielen. Zudem erhalten sie eine Knappheitsrente (Sondereinkommen), denn die Nachfrage nach Real- und qualifiziertem Humankapital ist weltweit gestiegen. An den Globalisierungsgewinnen bzw. den globalen Wachstumseffekten kann die Masse der Arbeitnehmer nur via Kapitalbeteiligung dauerhaft Teilhabe gewinnen. Von daher sind neue Formen der Beteiligung der Arbeitnehmer am Produktivvermögen erwägenswert.

Die Beteiligung von Arbeitnehmern am Produktivvermögen wäre nach Kräften zu fördern. Die Finanzierung könnte dergestalt sein, daß ein Teil der Lohnerhöhungen nicht bar ausgezahlt wird, sondern in Beteiligungen investiert werden muß. Durch diese Form der Beteiligung von Arbeitnehmern am Kapitalvermögen ließen sich langfristig auch die Probleme der Rentenfinanzierung doppelt abmildern, zum einen durch Zusatzeinkommen von Arbeitnehmern aufgrund von Kapitalbeteiligungen, zum anderen aufgrund steigender Gesamtbeiträge durch zunehmende Unternehmensneugründungen und Mehreinstellungen, die auch mit Hilfe von durch Arbeitnehmer angespartem Beteilungskapital finanziert werden könnten. Beteiligung am Kapitalvermögen heißt - von Ausnahmen abgesehen - keinesfalls, daß Beteiligungen im Unternehmen, in dem man arbeitet, forciert werden sollten; denn damit hätte jeder Arbeitnehmer in seinem Unternehmen ein konjunktur- bzw. marktabhängiges Doppelrisiko, nämlich sowohl beim Einkommen aus Arbeit als auch beim Kapitalertrag. Eine risikomindernde diversifizierte Beteiligung an soliden Investmentgesellschaften könnte die Standardform für das Teilen von Globalisierungsgewinnen sein. Kapitalgewinne, die an Arbeitnehmer unterhalb der höchsten Einkommenssteuerklasse ausgezahlt werden, könnten dabei steuerfrei gestellt werden. Wenn der Gegensatz zwischen Kapital und Arbeit auf diese Weise sinnvoll gemildert und die Rolle der Kapitalmärkte gestärkt wird, dann können die Wachstumsgewinne entstehen, die erst die Finanzierung eines Kernsozialstaats erlauben.

Die Förderung der Neugründung von Unternehmen könnte ein wesentlicher Ansatzpunkt für mehr Beschäftigung und Wachstum auf lange Sicht sein. Einerseits sind bessere Möglichkeiten zur Risikokapitalbeschaffung unerläßlich, wofür der Staat durch Standardisierungsvorschriften bei Industrie-Genußscheinen eine erste Voraussetzung leicht schaffen könnte; für Banken-Genußscheine, die dank KWG standardisiert sind und mithin geringe Informationskosten bei hoher Liquidität verbürgen, besteht schon ein beträchtlicher Markt, wobei Genußscheine auch für Nichtaktiengesellschaften von Interesse sein könnten. Aus Unternehmenssicht haben Genußscheine Eigenkapitalcharakter, den Anleger stellen sie durch eine hohe Rendite - ähnlich wie bei Vorzugsaktien - zufrieden.

Im Zeitalter der Globalisierung auf seiten von Unternehmen, Gewerkschaften und Wirtschaftspolitik mit alten Rezepten weiterzuarbeiten, ist unverantwortlich. Eine Neue Soziale Marktwirtschaft ist in Deutschland notwendig. Der traditionell ausgebaute Sozialstaat scheint angesichts deutlich höherer Pro-Kopf-Einkommen gegenüber den 60er Jahren überdimensioniert und überlastet. Bei verschärfter internationaler Standortkonkurrenz und sinkenden Steuereinnahmen bzw. wachsenden Steuerwiderständen ist er auch gar nicht länger finanzierbar. Die Rolle privater Versicherungsmärkte könnte vielfältig gestärkt werden, wenn der Staat eine bescheidenere Rolle in der Sozialversicherung übernimmt und den einzelnen zugleich über Steueranreize stärker zum Sparen für die Rentenphase veranlaßt. Kapitaleinkommen werden dann für viele Haushalte eine zunehmende Rolle spielen. Bei anstehenden Privatisierungen könnten ärmere Haushalte – im Falle einer Senkung der Rentenversicherungszahlungen - durchaus in gewissem Umfang Gratisanteilsscheine an Aktienfonds mit privatisierten Staatsunternehmen erhalten, damit für alle Haushaltsgruppen neben dem Arbeitseinkommen eine zweite Einkommenssäule aus Kapitaleinkommen entsteht. Für arme Haushalte werden erhebliche steuerliche Anreize notwendig sein, um diese zum Halten von

Investivkapital bis zur Rentenphase anzureizen. Denkbar wäre etwa, daß bei Ausschüttung thesaurierter Zins- und Dividendeneinkommen diese steuerfrei bleiben, wenn sie nach dem 60. Lebensjahr nach Art einer Leibrente ausgezahlt werden.

Kurswechsel in der Bildungspolitik und des Sozialversicherungssystems
In einer Zeit, wo von seiten asiatischer Schwellenländer und osteuropäischer Transformationswirtschaften technologisch-ökonomische Aufholprozesse vollzogen werden, die zum Verdrängen westeuropäischer Anbieter auf den Märkten führten, ist eine verstärkte Orientierung zugunsten von Hochtechnologiebranchen und insgesamt höheren Technologieintensitäten sinnvoll. Im Kontext damit ist auch ein Anstieg der Bildungs-, Weiterbildungs- und Forschungsausgaben erforderlich. Denn die Bundesrepublik Deutschland ist in den 80er Jahren in allen Kategorien hinter die USA gefallen. Der temporäre Anstieg der Forschungsausgaben (relativ zum Inlandsprodukt) auf 2,9% in 1989 bedeutete eine Annäherung an die Werte Japans und der USA, aber 1996 wurde mit 2,2% ein kritisch niedriger Wert in Deutschland erreicht. Tatsächlich wäre angesichts der verschärften globalen Technologiekonkurrenz ein Ausgabenanstieg auf etwa 4% erforderlich.

Mit wachsender Technologie- bzw. Innovationsorientierung einer Branche sind steigende qualifikationsmäßige Anforderungen an die Mitarbeiterschaft verbunden. In Deutschland ist einerseits in der Zeit 1980-96 ein genereller Trend zur Höherqualifikation der Mitarbeiterschaft zu verzeichnen, wobei sich nach Qualifikationsniveaus deutlich unterschiedliche Beschäftigungschancen zeigten (LICHTBLAU, 1998): Sektoren mit niedrigem Bildungsniveau mußten im Zeitraum 1980-95 19% ihrer Beschäftigung abbauen; Branchen mit mittlerer Humankapitalintensität verzeichneten ein geringes Plus von 2%, während in Sektoren mit hoher Humankapitalintensität 20% Zuwachs bei der Beschäftigung entstanden. In diesem Zusammenhang ist darauf zu verweisen, daß die Arbeitslosenquoten mit sinkendem Qualifikationsgrad der jeweiligen Arbeitnehmer deutlich zunehmen.

Für Deutschland ergibt sich ein Anpassungsdruck hin zur Expansion von Tätigkeiten und Sektoren mit hohen qualifikatorischen Anforderungen an die Arbeitnehmer. Ein Teil des Anpassungsdrucks dürfte auf den hohen endogenen Rationalisierungsdruck zurückzuführen sein, den die Tarifvertragspartner in Deutschland mit hohen Lohnzuwächsen gerade für Geringqualifizierte in den 80er Jahren und 90er Jahren zum Schaden für die Beschäftigung mit aufgebaut haben (MEYER/EWERHART, 1997). Der für Deutschland wichtige Anpassungsdruck hin zu einer Höherqualifizierung der Arbeitnehmer dürfte sich wegen der EU-Osterweiterung und der Währungsunion (WELFENS/EICHHORN/PALINKAS, 1998) noch verstärken, da das Hochlohnland Deutschland bei erhöhter Preistransparenz bzw. wachsender Importkonkurrenz aus Niedriglohnländern sich verstärkt auf human- und technologieintensive Produkte wird spezialisieren müssen. Innovationsorientierte Branchen und Neugründer – vor allem im Informationstechnologie- und Software-Bereich - klagen in Deutschland zu Ende der 90er Jahre bereits über Rekrutierungsprobleme hochqualifizierter Arbeitnehmer. Von daher deuten sich enorme Herausforderungen für den Bildungssektor und die betriebliche Weiterbildung an.

Die Arbeitsnachfrage wird durch hohe Lohnnebenkosten, die von der Sozialversicherung herrühren, gebremst. Die Beitragssätze zur Arbeitslosenversicherung lagen 1996 bei 10% Arbeitslosenquote immerhin bei 6,5%; bei Vollbeschäftigung könnten 1,5% ausreichen. Die Beitragssätze in der gesetzlichen Rentenversicherung liegen in Deutschland etwa doppelt so hoch wie in den USA und Großbritannien, wo Arbeitnehmer aus der gesetzlichen Rentenversicherung über eine Opting-out-Klausel bei Abschluß einer betrieblichen Alterssicherung ausscheren können. Die staatlichen Rentenversicherungsleistungen erreichen Mitte der 90er Jahre in Großbritannien und den USA 1/3 der jeweiligen nationalen Brutto-Durchschnittslöhne, in Deutschland gut 50%, in Italien und Frankreich rund 2/3. Die umfassenden umlagefinanzierten Sozialversicherungssysteme werden bei anhaltendem Trend zur Frühverrentung - wesentlich auch bedingt durch hohe Arbeitslosigkeit der über Fünfzigjährigen - und steigender Lebenserwartung zu immer höheren Beitragssätzen führen. Dadurch erhöhte Lohnnebenkosten reduzieren wiederum die Beschäftigung.

Die Lösung des Rentenfinanzierungsproblems könnte aus zwei Elementen bestehen: Übergang in der staatlichen Sozialversicherung auf die Finanzierung einer Grundrente, was die Beitragssätze abzusenken erlaubt und zugleich Raum für mehr privates Versicherungssparen (bei um 5 bis 10% höheren Einkommen) schafft. Höheres Versicherungssparen kann mit einer Deregulierung der Aktienmärkte und Anreizen zum risikominimalen Aktienfondssparen verbunden werden. Das wäre innovations- und wachstumsförderlich. Damit wäre auch ein Ansatzpunkt gegeben, das Innovationsdefizit der deutschen Wirtschaft abzubauen, die gerade bei den schnell wachsenden Patentklassen unterdurchschnittlich vertreten ist. Eine hohe Produktinnovationsrate ist für ein exportorientiertes Hochlohnland ebenso unerläßlich wie kostensenkende Verfahrensinnovationen.

Eine Beschäftigungsrisiken minimierende Politik der Tarifvertragsparteien wäre durch einen weiteren Reformbaustein in der Arbeitslosenversicherung erreichbar, indem nämlich die Beitragssätze zur Arbeitslosenversicherung regional bzw. sektoral differenziert würden: Regionen mit hoher (niedriger) Arbeitslosenquote hätten hohe (niedrige) Beitragssätze zu zahlen. Die bisherigen Einheitsbeitragssätze verdecken den Sachverhalt, daß die standortpolitisch relativ erfolgreichen Bundesländer Bayern, Baden-Württemberg und Hessen - mit niedrigen Arbeitslosenquoten - die Arbeitslosen in den nördlichen Bundesländern quasi mitsubventionieren. Dies ist ein verdeckter Solidaritätszuschlag innerhalb Westdeutschlands. Nichts spricht gegen Solidarität, die freiwillig, transparent und sinnvoll ist. Doch gegen die bisherigen Einheitsbeitragssätze in der Arbeitslosenversicherung spricht eigentlich alles. Wie in jeder normalen Versicherung sollten Beitragssatzdifferenzierungen und die Option einer teilweisen Beitragssatzrückerstattung (in der PKW-Haftpflichtversicherung selbstverständliche und bewährte

Elemente) konsistente Anreize zu vernünftigem Verhalten setzen, damit der Versicherungsfall nach Möglichkeit vermieden wird.

Neue Wege in das nächste Jahrtausend

In der Informationsgesellschaft des 21. Jahrhunderts, in der Wissen ein eigenständiger Produktionsfaktor wird, kommt der Bildungs- und Kommunikationspolitik eine immer entscheidendere Bedeutung zu. Höhere Ausgaben staatlicher und vor allem neuer privater Hochschulen müßten hier einen entsprechenden Akzent setzen. Eine lebenslange Aus- und Weiterbildung wird zum wichtigsten Erfolgsfaktor für Arbeitnehmer, Unternehmen und Volkswirtschaften. Hierzu können in zunehmendem Maße auch Universitäten beitragen, die in Form von Weiterbildungs-GmbHs Arbeitnehmern neues Wissen zur Bewältigung der zunehmend hochtechnologieorientierten und komplexen Zusammenhänge vermitteln. Die Vermögensbildungspolitik in einem umfassenden Sinn wird in einer neuen Sozialen Marktwirtschaft eine Schlüsselrolle übernehmen müssen, weil Vermögen die langfristige Quelle aller Einkommen ist. Eine wichtige Voraussetzung hierfür ist auch, den Politikern die Lust an immer neuen Ausgaben bei Bund, Ländern und Gemeinden durch einen zuverlässigen Kontrollmechanismus zu nehmen. Denkbar wäre es, die Konkurrenz der Regionen bzw. Bundesländer durch ein eigenes Steuererhebungsrecht und verstärkte Referendumselemente auf der Regionalebene (und nur dort) zu stärken. Staatsausgaben sind sinnvoll, soweit mobile Bürger zur Finanzierung bereit sind. Wenn die Länder nicht länger Kostgänger des Bundes sind, was steuerpolitische Kartell-Lösungen begünstigt, wird sich ein Steuersenkungswettbewerb ergeben. Die wirtschaftspolitischen Weichen gilt es zugunsten der Vollbeschäftigung neu zu stellen. Eine geeignete Maßnahme hierzu ist die verstärkte und zielgerichtete Förderung von technologieorientierten Unternehmensneugründungen auf nationaler und europäischer Ebene.

Anhang A1: Eigenkapitalausstattung des Mittelstandes, im Verhältnis zur Bilanzsumme

	West	Ost
bis 10 %	29,7 (29,4)	46,3 (42,6)
bis 20 %	30,0 (32,4)	23,1 (27,3)
bis 30 %	16,3 (15,5)	11,5 (12,5)
über 30 %	19,9 (19,4)	14,1 (13,2)

in % der Befragten, Rest o.A.; ( ) = Vorjahresangaben

Anhang A2: Eigenkapitalquoten der einzelnen Wirtschaftszweige

	bis 10 %	bis 20 %	bis 30 %	über 30%
Verarb. Gew.				
West	27,8 (24,1)	28,4 (31,0)	17,6 (17,2)	22,0 (23,9)
Ost	44,5 (44,2)	19,4 (25,9)	12,0 (11,6)	17,7 (14,7)
Bau				
West	33,4 (37,0)	38,7 (32,0)	6,7 (14,0)	15,3 (13,0)
Ost	48,3 (53,3)	26,1 (20,6)	9,6 (10,7)	11,5 (9,9)
Handel				
West	28,8 (28,5)	26,6 (34,5)	19,9 (16,6)	19,7 (18,2)
Ost	45,8 (32,9)	22,5 (31,5)	15,5 (16,8)	13,4 (16,1)
Dienstl.				
West	33,3 (37,3)	29,1 (31,9)	15,6 (10,2)	18,4 (16,9)
Ost	45,6 (30,4)	23,6 (37,3)	11,5 (13,3)	14,3 (13,9)

in % der Befragten, Rest o.A.; ( ) = Vorjahresangaben

Anhang A3: Unternehmensneueintragungen und Löschungen nach Bundesländern in West- und Ostdeutschland 1996 in absoluten Zahlen

	Unternehm. neueintrag.	Unternehm. löschungen	Saldo
Schleswig-Holstein	3.523	1.404	2.119
Hamburg	4.124	2.624	1.500
Niedersachsen	7.433	3.101	4.332
Bremen	977	840	137
Nordrhein-Westfalen	19.625	10.066	9.559
Hessen	7.527	3.509	4.018
Rheinland-Pfalz	3.401	2.051	1.350
Baden-Württemberg	9.193	4.824	4.369
Bayern	11.710	6.217	5.493
Saarland	1.019	446	573
Berlin	4.535	3.047	1.488
Mecklenburg-Vorpommern	2.200	617	1.583
Brandenburg	3.165	537	2.628
Sachsen-Anhalt	2.956	736	2.220
Thüringen	2.623	772	1.851
Sachsen	5.309	1.839	3.470
Gesamt	89.347	42.630	46.717

Quelle: Creditreform Wirtschafts- und Konjunkturforschung: Unternehmensentwicklung, Jahr 1996 in den alten und neuen Bundesländern, Neuss 1996

Literatur

ALBACH, H. (1991), Die Dynamik der mittelständischen Unternehmen in den neuen Bundesländern, Diskussionsbeitrag FS IV 91 - 29, WZB, Berlin.
BIS (Bank of International Settlements, 1996), 66th Annual Report, Basel.
BMBF und BMWI (1998), Innovationsförderung für kleine und mittlere Unternehmen, Bonn.
BOHNE, A. (1998), Kapitalaufkommen in Deutschland verachtfacht, in: Handelsblatt vom 29./30.5.1998, 18.
CREDITREFORM (1996), Wirtschafts- und Konjunkturforschung: Unternehmensentwicklung, Jahr 1996 in den alten und neuen Bundesländern, Neuss.
DEUTSCHE BUNDESBANK (1997), Monthly Report, January 1997.
DIW (1998), Innovationen im Dienstleistungssektor, DIW-Wochenbericht 29/98, 519-526.
EUROPEAN COMMISSION, (1996), Benchmarking the Competitiveness of European Industry, Brussels, COM(96) 463 final.
FAUST, K. (1996), Internationale Patentstatistik: Technologische Positionen und strukturelle Probleme der deutschen Industrieforschung, Ifo-Schnelldienst 12/96, 12.
GRAACK, C. (1997), Telekommunikationswirtschaft in der Europäischen Union: Innovationsdynamik, Regulierungspolitik und Internationalisierungsprozesse, Heidelberg: Physica.
HEUSS, E. (1965), Allgemeine Markttheorie, Tübingen: Mohr.
IWD (1996), Meist nur Ehe auf Zeit, 06.06.1996, Nr. 23, S. 2.
IWD (1997a), Branche mit Wachstumspotential, in: Informationsdienst des Instituts der deutschen Wirtschaft, 06.02.1997, Nr. 4, S.6.
IWD (1997b), Vom Arbeitslosen zum Unternehmer, , 06.02.1997, Nr. 6, S.7.
IWD (1997c), Mut zur Selbständigkeit belohnt, 30.01.1997, Nr. 5, S. 2.
KfW (1997), KfW-Beiträge zur Mittelstands- und Strukturpolitik, Frankfurt.
LICHT, G. et al. (1997) Innovationen im Dienstleistungssektor – Empirischer Befund und wirtschaftspolitische Konsequenzen, Baden-Baden: Nomos.
LICHTBLAU, K. (1998), Beschäftigungsentwicklung, Strukturwandel und Qualifikationspotential des Humankapitals, in: IW-Trends, 2/1998, IdW, Köln.
MCKINSEY (1996), Capital Productivity, Washington, D.C.
MEYER, B. und G. EWERHART (1997), Lohnsatz, Produktivitätswachstum und Beschäftigung, in: SCHNABL, H. (Hg.), Innovation und Arbeit, Tübingen: Mohr Siebeck, 254-267.
SACHVERSTÄNDIGENRAT (1992), Jahresgutachten 1992/3, Bonn.
SCHUMPETER, J.A. (1950), Kapitalismus, Sozialismus und Demokratie, Tübingen.
UNTERKOFLER, G. (1989), Erfolgsfaktoren innovativer Unternehmensgründungen: Ein gestaltungsorientierter Lösungsansatz betriebswirtschaftlicher Gründungsprobleme, Frankfurt.

WELFENS, P.J.J. (1997), Small and Medium-size Companies in Economic Growth: Theory and Policy Implications in Germany, Diskussionsbeitrag Nr. 27 des Europäischen Instituts für internationale Wirtschaftsbeziehungen (EIIW), Universität Potsdam.

WELFENS, P.J.J. und C. GRAACK (1996), Telekommunikationswirtschaft: Deregulierung, Privatisierung und Internationalisierung, Heidelberg: Springer.

WELFENS, P.J.J. und H. WOLF (ed., 1997), Banking, International Capital Flows and Economic Growth, Heidelberg and New York: Springer.

WELFENS, P.J.J., ADDISON, J., AUDRETSCH, D. und GRUPP, H. (1997), Research and Development (R&D) Policy and Employment, Project IV/96/10 for the European Parliament, DG IV, Luxembourg.

WELFENS, P.J.J.; EICHHORN, B und P. PALINKAS (Hg., 1998) Euro – neues Geld für Europa, Frankfurt/M.: Campus.

B. Neue Technologietrends als Herausforderung für die Beschäftigungs- und Standortpolitik

von Hariolf Grupp

1. Technischer Fortschritt und Beschäftigung - ein Reizthema?

Was haben Technologie- und Beschäftigungstrends mit Gründungen, Mittelstand und Wagniskapital zu tun? Das Fraunhofer-Institut für Systemtechnik und Innovationsforschung (ISI) hat zahlreiche Publikationen vorgelegt, die sich mit letzteren Themen beschäftigen und z.B. auch das Beteiligungskapital-Programm des Bundesforschungsministeriums (BMBF) in Ost- und Westdeutschland begleitet (z.B. KOSCHATZKY, 1996; KULICKE/WUPPERFELD, 1996). Dieses Kapitel wendet sich hingegen den Technologie- und Beschäftigungstrends zu. Warum? Ist es denn nicht gleichgültig, in welche Technologie das Kapital fließen soll, Hauptsache die Technologie ist neu und das Unternehmen klein oder jung? Auf den nächsten Seiten wird versucht, eine Antwort zu begründen[1]. Sie lautet: Nein, es ist nicht gleich.

Die Diskussion über Technologie- und Beschäftigungstrends hat in der Ökonomie zwar eine lange Tradition, doch sind die theoretischen Modellvorstellungen vergleichsweise arm geblieben, vor allem aus empirischer Sicht.[2] Im Zentrum der bisherigen wirtschaftstheoretischen Debatte über den Zusammenhang von Fortschritt und Beschäftigung stehen Freisetzungs- und Kompensationsprozesse, wobei zwischen kurz- und langfristigen Wirkungen und zwischen den Substitutions-, Innovations- und den Rationalisierungseffekten unterschieden werden muß. Unter Berücksichtigung des internationalen Warenhandels ist bei der Entwicklung neuer Produkte immer auch die Möglichkeit von Standortverlagerungen einzubeziehen. Es wäre ein Trugschluß, anzunehmen, daß eine technologische Spitzenposition stets positive Beschäftigungseffekte in einer bestimmten Gesamtwirtschaft haben wird. Wie die Beschäftigungseffekte aus technischem Fortschritt nach Betrag und Vorzeichen aussehen, ist in der Literatur weitgehend offen.[3]

Die neue Wachstumstheorie kann in dieser Ratlosigkeit auch keine Abhilfe schaffen, auch dann nicht, wenn sie die Gesamtwirtschaft mit zwei Sektoren modelliert. Die Annahme zweier Arbeitsmärkte für die Produktion und für Forschung und Entwicklung (FuE), so hilfreich eine solche Unterscheidung zur Bestimmung der Akademikerbeschäftigung sein könnte, ist ein hochgradig theoretisches Konstrukt. Entsprechendes gilt für die Varianten der neuen Wachstumstheorie, die anstelle eines FuE-Sektors einen gesonderten Humankapitalsektor modellieren. Da bis heute theoretisch kein bewährter Zusammenhang zwischen dem wissenschaftlich-technischen Fortschritt und der Beschäftigung, und schon gar nicht der Beschäftigung durch Unternehmensgründung, abgeleitet werden kann, kommt man nicht umhin, zwar theoretisch inspirierte, aber nicht aus der Theorie abgeleitete Zusammenhänge empirisch-deskriptiv zu untersuchen.

Will man darüber hinaus Mutmaßungen über die zukünftige Entwicklung anstellen, begibt man sich auf noch dünneres Eis. Schon der Begriff Innovation bzw. technischer Fortschritt läßt sich meßtechnisch nur schwer operationalisieren, während ein Begriff wie "zukünftige Technik" in den Wirtschaftswissenschaften nicht geläufig ist. Analysen zu Folgen der Zukunftstechnik für den Arbeitsmarkt betreffen bis zum heutigen Zeitpunkt unbekannte Produkte, also die *Antizipation von zukünftigem Fortschritt*. Daraus ergibt sich bereits, daß im Unterschied zu üblichen Analysen des technischen Fortschritts und der Beschäftigung die *Bestimmung des Innovationszeitpunkts* eine wichtige Größe wird. Während die Wachstums- und Fortschrittsliteratur das Ausmaß und ggf. die Richtung des technischen Fortschritts zu einem gegebenen Zeitpunkt oder für eine (historische) Zeitreihe empirisch bestimmt, wird für die Vorausschau der (zukünftige) Innovationszeitpunkt zusammen mit dem zukünftigen Ausmaß und der Richtung des Fortschritts zu einer Schätzgröße und kann nicht mehr als empirisch bestimmbare, unabhängige Variable angesehen werden. Von ersten solchen empirischen Versuchen handelt dieses Kapitel.

Neben dem Zusammenhang zwischen technischem Fortschritt und *Arbeitsangebot* interessiert der Einfluß technologischer Innovationsaktivitäten auf die *Einkommensverteilung*. Die Frage, wem die Produktion der *neuen Güter* einer Volkswirtschaft zugute kommt, gehört zu den Grundproblemen, die in jeder Wirtschaftsordnung gelöst werden müssen. Weil die Preistheorie der Haushalte für die meisten wirtschaftspolitischen Probleme zu kompliziert ist, stellt ersatzweise die Verteilungstheorie die Frage nach der Verteilung des Einkommens.

Eine Analyse für Gesamtdeutschland im Zeitraum 1991 bis 1993 liegt vor (GRUPP, 1996b). Als Hilfsindikator für technischen Fortschritt wird dabei die Patentstatistik genommen.[4] Da die funktionelle Einkommensverteilung nach der volkswirtschaftlichen Gesamtrechnung für die neuen Länder nicht bekannt ist, werden die Angaben des Statistischen Bundesamtes zur Lohn- und Gehaltsstruktur herangezogen. Der Verteilungseffekt aus technischem Fortschritt wird also nach dem Verdienstkonzept personenbezogen untersucht. Die entsprechende Verteilungsstatistik ist auf Einkommensbezieher abgestellt und kann die Einkommensverteilung der Haushalte nicht aufklären.

Rechnet man Regressionen für den Einfluß des bundeslandspezifischen Patentaufkommens aus den Jahren 1991 bis 1993 als einem Maß für das Engagement im technischen Fortschritt auf die Einkommensverteilung, so ergeben sich folgende Zusammenhänge: Die Bruttowochenverdienste in der Industrie und die Bruttomonatsverdienste in Industrie und Handel (1993) hängen hochsignifikant von der Patentproduktivität, d.h. der Patentaktivität pro Erwerbstätigem, ab.[5] Wie Abb. B1 zeigt, stellt sich der Zusammenhang allerdings als nichtlinear, nämlich einfachlogarithmisch heraus.[6]

Abb. B1: Technischer Fortschritt und Einkommensverteilung am Beispiel der Patentproduktivität und des Bruttomonatsverdienstes 1993 nach Bundesländern

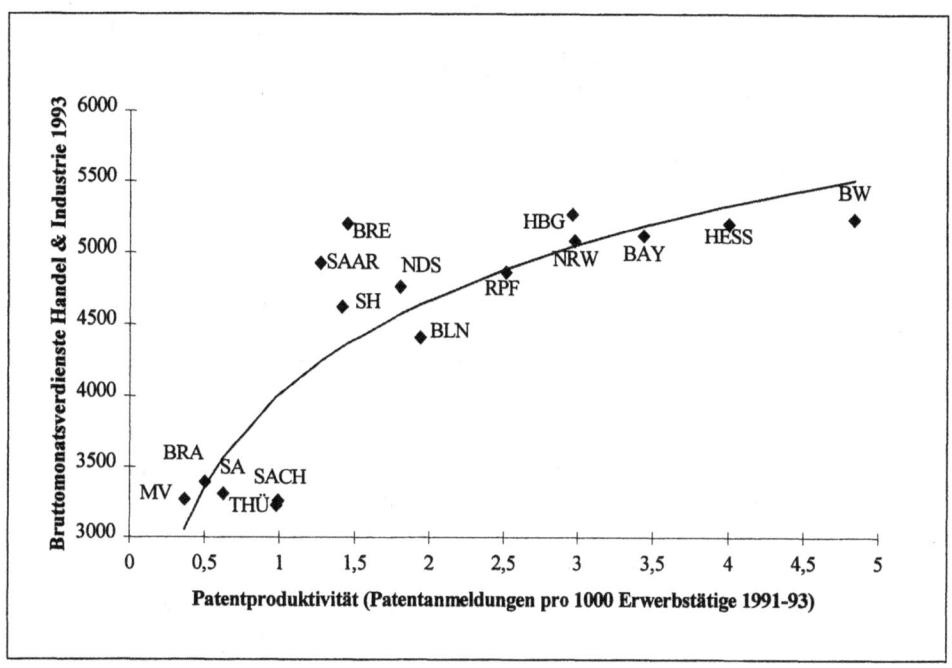

In Abb. B1 erscheint das Verdienstniveau in Ostdeutschland in seiner geringen Höhe aufgrund der Vereinigungseffekte (noch) überzeichnet zu sein; der erwähnte Zusammenhang ist jedoch auch für Westdeutschland allein nachweisbar, wenn auch schwächer ausgeprägt. Wird unterstellt, daß der Zusammenhang nicht nur für den momentanen Zeitpunkt, sondern auch für die Zukunft gilt, ergibt sich eine deutliche *soziale Komponente der Innovation*. Auf den Zusammenhang von Technologie und Einkommensverteilung wird allerdings in der Literatur selten verwiesen; meist bleibt die Betrachtung auf das Wachstum des Arbeitsangebots begrenzt. In der Regel werden Einkommensunterschiede aus anderen, nichttechnologischen Faktoren erklärt und ein möglicher Einfluß aus technischem Fortschritt gar nicht in Betracht gezogen.

Hier scheint sich ein großes Forschungsgebiet aufzutun, das für die Wirtschafts- und *Sozialpolitik* von größter Bedeutung ist. Allerdings sollten hier nicht interessierende Einflüsse aus den Agglomerationen (Stadtstaaten) beseitigt werden. Insgesamt kann trotz der spärlichen Zahl an Untersuchungen ein Zusammenhang zwischen Fortschritt und Beschäftigungsqualität nicht in Abrede gestellt werden. Man hat jedoch den Eindruck, daß der größte Teil der analytischen Arbeit aufgrund der neuerlich verfügbaren Daten erst noch zu leisten ist.

2. Mutmaßungen über die langfristige Entwicklung von Wissenschaft und Technik

Ein Teil des für Beschäftigung aus technischem Fortschritt wichtigen *Wissens* läuft über den Dienstleistungs- oder Arbeitsmarkt (Patente und Lizenzen, Datenbanken, Informationsrecherchen, externe Vertragsforschung, Humankapital für FuE etc.), während ein anderer Teil im Rahmen sogenannter "Communities" ausgetauscht wird, also in informellen Kreisen von Wissenschaftlern, Ingenieuren und Geschäftsleuten, in denen der Informationsfluß meist unentgeltlich gehandelt wird. Es treten folglich *positive externe Effekte* innerhalb des Innovationssystems auf, die eine Volkswirtschaft gezielt nutzen kann. Die gezielte Förderung des Transfers von Wissenselementen über zukünftige Produktionsmöglichkeiten innerhalb dieser informellen Kreise kann somit als ein wichtiger Input in das Innovationsgeschehen aufgefaßt werden.[7] Unterschiede zwischen nationalen Volkswirtschaften treten insofern auf, als die entsprechenden informellen Kreise meist noch national organisiert sind, und die einzelnen Staaten ihrer Aufgabe in unterschiedlichem Umfang nachkommen, die darin besteht, die wachstumsträchtigen Technologiebereiche der Zukunft zu identifizieren und im Rahmen von strategischen Dialogen die entsprechenden informellen Kreise zu einem Austausch zu bewegen (MÜNT, 1996).

Ein ernstes Problem betrifft den Erkenntnisgewinn aus der Aktivität des Staates im Bereich der *Vorausschau*. Er beruht meist auf Umfragen und damit subjektiven Meinungen, auch dann, wenn die befragten Personen wissenschaftlich geschulte Fachleute sind. Auch das beste Verfahren führt letztlich nicht zu sicheren Aussagen über die Zukunft, die eine Volkswirtschaft ohnehin nicht gewinnen kann, da die Zukunft selbst ein Objekt der Gestaltung durch Innovationsprozesse ist (rationale Erwartung bei Bewertung unter Unsicherheit). Aus solchen Untersuchungen über die mutmaßliche Entwicklung von Wissenschaft und Technik lassen sich aber strukturelle Informationen über die Richtung des technischen und ggf. des wissenschaftlichen Fortschritts gewinnen, die wiederum im Sinne von Portfolio-Analysen mit dem gegenwärtigen Aktivitätsprofil einer Volkswirtschaft verglichen werden können.

Das klassische Repertoire[8] kann nach *qualitativen* und *quantitativen* Methoden unterschieden werden, auch wenn häufig ein Methodenmix vorliegt. Vor einem falschen Gebrauch allein quantitativer Methoden sollte deutlich gewarnt werden; gerade bei der Beschreibung des naturwissenschaftlich-technischen Hintergrunds der Zukunftstechnologie werden häufig regelhafte und gesetzesartige Zusammenhänge unterstellt, die zwar eine gewisse Plausibilität aufweisen, aber sich noch nicht mit erfahrungswissenschaftlicher Stringenz bewährt haben. Die Modellbildung im Bereich der Innovationsökonomik und der Technikgenese ist noch so unsicher, daß schon von daher Zweifel an manchen aus den Naturwissenschaften übernommenen quantitativen Methoden angebracht sind. Das Zustandebringen von Innovationen unter wirtschaftlichen Bedingungen ist ein *sozialer*

Prozeß, keine technische Zwangsläufigkeit. Die systematische Methodenlehre und eine kritische Methodendiskussion sind in der Technikvorausschau wenig entwickelt; sie verdienen dabei aber höchste Priorität.

In jüngster Zeit haben Anwendungen der Delphi-Methodik in Deutschland vermehrt Aufmerksamkeit gefunden. Die *Delphi-Experten-Umfrage* ist eine bestimmte Ideenfindungs- und Vorausschaumethode, welche die Zukunftseinschätzungen ausgewählter Fachleute systematisch erhebt und ausmittelt. Dabei werden die Umfrageergebnisse den beteiligten Experten einmal oder mehrmals zur erneuten Urteilsbildung vorgelegt, damit sie ihre Auffassung im Lichte der anderen Expertenmeinungen überprüfen und (stark) abweichende Positionen ggf. korrigieren können.

Der Erfolg der Delphi-Methode hängt entscheidend von der Auswahl der befragten Fachleute ab (BMFT, 1993; CUHLS/KUWAHARA, 1994). Dabei neigen Fachleute, die an einer bestimmten technischen Entwicklung beteiligt sind, häufig zu besonders optimistischen Einschätzungen. Da die Methode konvergenzbildend ist, favorisiert sie Mehrheitsmeinungen und bewegt abweichende Auffassungen zur Anpassung. Sie dient mithin nicht dem Zweck, Wahrscheinlichkeitsaussagen über den Wahrheitsgehalt zukünftiger Ereignisse in Wissenschaft und Technik zu treffen, was ja im Rahmen des sozialen Gestaltungsprozesses noch keine feste Größe sein kann. Vielmehr geht es darum, festzustellen, inwieweit die heutigen wissenschaftlich-technischen Eliten bereits konsensuale Auffassungen über die mutmaßliche Entwicklungsrichtung und das vermutete Entwicklungstempo gebildet haben oder nicht. Ergebnisse einer Delphi-Untersuchung stellen keine Prognosen dar, sondern antizipieren alternative Entwicklungspfade, um die *heutigen* Entscheidungsträger in Wirtschaft, Wissenschaft und Politik in einen Selbstreflexionsprozeß über die langfristige Entwicklung zu verwickeln, und zwar sektorübergreifend.

Die deutsche Delphi-Untersuchung aus dem Jahr 1993 ist in einem Doppel-Blindversuch als vergleichende Untersuchung zwischen Japan und Deutschland angelegt und faßt den Zeitraum bis zum Jahr 2020 ins Auge. Sie bemüht sich um eine Bestimmung der *zeitlichen Bandbreite*, in der wichtige Entdeckungen gemacht oder im Grundsatz bekannte technologische Innovationen unter wirtschaftlichen Gesichtspunkten eingeführt bzw. breit verwendet werden könnten. Es wird nicht nur nach den wissenschaftlichen und technischen Möglichkeiten auf der Angebotsseite gefragt, sondern auch nach den wichtigsten Hemmnissen, die ihrer wirtschaftlichen Nutzung entgegenstehen (technischer Art, Gesetze, Regeln und Vorschriften, wirtschaftlicher Art, Situation beim FuE-Personal, kulturelle und ethische Faktoren und dergleichen). Die Gegenstände der Umfrage sind nicht in Frageform formuliert, sondern als *Falschaussage*. Es wird eine Produkt-, Prozeß- oder Dienstleistungsvision behauptet, die es heute in dieser Qualität oder Leistungsausprägung nicht gibt.[9] Die Fachleute sollen zu diesen falschen Tatsachenbehauptungen Bandbreiten angeben, in denen diese in zeitlicher und sonstiger Hinsicht (Hemmniskategorie) wahr werden könnten, und bei dieser Gedankenübung die unterstellte wissenschaftlich-technische Entwicklung implizit einbeziehen. Der genaue Lösungsweg dahin wird dabei - schon aus Vertraulichkeitsschutzgründen - nicht expliziert.

Die Delphi-Methode ist besonders nützlich, um Expertenschätzungen über die mittel- bzw. langfristige Zukunftsperspektive einzuholen, denn für kürzere Zeithorizonte sind alternative Methoden etabliert (z.B. die Patentstatistik); in längerfristigem Zusammenhang stellen Experteneinschätzungen die einzige Informationsquelle dar. Die sehr verbreitete Szenarienmethode kommt für eine umfassende Vorausschau von Wissenschaft und Technik ebenfalls nicht in Frage, weil sie sich jeweils auf ein bestimmtes Szenario beziehen muß (Energiebedarfsprognosen, Prognosen zum Kohlendioxidgehalt, etc.).

Um einen gedrängten Eindruck von den Ergebnissen der japanisch-deutschen Delphi-Untersuchung zu geben, sind Aggregationen erforderlich. Die einzelnen Produktvisionen lassen sich Zukunftsmärkten zuordnen; eine Zuordnung nach (produktionsverwandten) Industriezweigen erscheint unmöglich zu sein, weil die Umfrage keinerlei Hinweise darauf gibt, wie die Unternehmen zu diversifizieren beabsichtigen oder ob sie im Substitutionsfall eher ihre angestammten Märkte verteidigen (mit neuer Technologie) oder ihre technologischen Kernkompetenzen beibehalten und sich hiermit neue Märkte erschließen.

Die *zukünftigen Marktpotentiale* gemäß dieser Delphi-Untersuchung ergeben sich aus der Untersuchung nicht unmittelbar. Harte Fakten und gesicherte Angaben über zukünftige Marktgrößen liegen nicht vor und sind auch nur schwer zu bekommen. So schwanken beispielsweise die Schätzungen des Potentials der Biotechnologie im Jahr 2000 in der veröffentlichten Literatur zwischen 28 und 100 Mrd. US $. Generell ergibt sich das Marktvolumen aus dem Produkt der abgesetzten Menge und dem erzielten Preis. Die Delphi-Studie macht jedoch weder quantitative Aussagen zur Menge noch zum Preis. Daher wird im folgenden eine Bewertung anhand eines sogenannten *synthetischen Marktpotentials (SMP)* vorgenommen, das sich wie folgt berechnet:

$$SMP = V \cdot \sum (W \cdot [1-K/100])$$

Dabei steht W für den Wichtigkeitsindex aus der Umfrage, K für das Ausmaß an absehbaren Kostenhemmnissen gemäß Umfrage, V für den Verbreitungsgrad (wissenschaftliche Klärung = 0, technische Entwicklung = 1, erste wirtschaftliche Anwendung = 2, große wirtschaftliche Verbreitung = 3), während die Summe die Schätzung in Japan mit der in Deutschland verbindet.

Die geschätzte Wichtigkeit kann als Indikator für die mögliche Nachfrage bzw. die Dringlichkeit der Anwendung aufgrund gesellschaftlicher oder sozio-ökonomischer Engpässe betrachtet werden. Es wird dabei angenommen, daß das potentielle Marktvolumen einer Innovation bei zunehmender Wichtigkeit steigt. Die Kostenhemmnisse geben einen Hinweis auf die Preisgestaltung der zukünftigen Produkte. Werden bei der Einführung einer Innovation aus heutiger Sicht hohe Kostenhemmnisse gesehen, so schmälert dies die Marktgängigkeit einer Innovation, da die Herstellungskosten sich letztendlich im Marktpreis widerspiegeln werden und die Substitution mit herkömmlichen Produkten - falls eine solche vorliegt - verzögert oder eingeschränkt wird. Diese Herangehensweise hat offensichtliche Schwächen und strebt nicht an, nominelle oder reale Marktpotentiale abzuschätzen, sondern die strukturellen Entwicklungen zu erkennen. In Abbildung 2 sind die synthetischen Marktpotentiale für etwa das Jahr 2005 zu bedürfnisorientiert verstandenen größeren Anwendungsbereichen oder auch gesellschaftlichen Engpaßbereichen zusammengefaßt. Unter dem Anwendungsbereich "Gesundheit" verbergen sich dabei, um ein Beispiel zu geben, acht näher bestimmbare Zukunftsmärkte mit insgesamt 74 repräsentativ verstandenen Produktvisionen.[10]

Abb. B2: Vergleich der mutmaßlichen Marktpotentiale etwa im Jahr 2005 gegliedert nach größeren Anwendungsbereichen

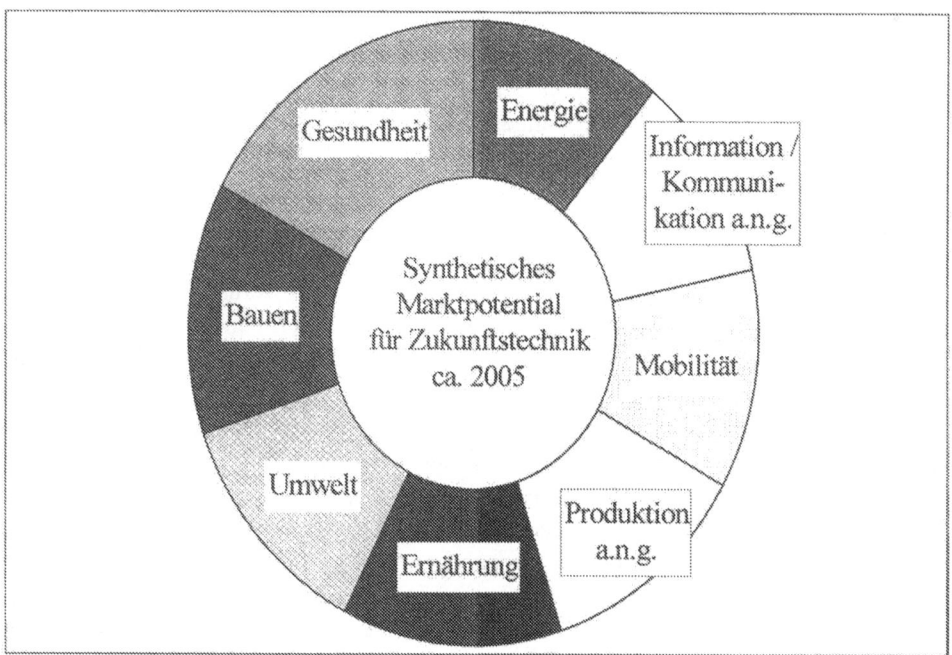

Zu beachten ist, daß die obige Darstellung nicht nach Konsum- und Investitionsgütern und nicht nach verarbeitenden Waren und Dienstleistungen unterscheidet. Das Gliederungsmerkmal orientiert sich vielmehr an menschlichen Bedürfnissen, dringenden gesellschaftlichen Problemen und allgemein absehbaren Engpässen. Zwei der genannten größeren Anwendungsgebiete haben Querschnittscharakter insofern, als sie nur diejenigen Teilmärkte und Produktvisionen enthalten, die den anderen Gebieten nicht zugeordnet werden können. Diese eher anwendungsunabhängigen Bereiche sind unter den Stichworten "Information und Kommunikation a.n.g." und "Produktion a.n.g." zusammengefaßt. Die einzelnen Anwendungen der

Informations-, Produktions- und Kommunikationstechnik sind, nota bene, auf Produktebene viel zahlreicher, als in Abb. B2 zu erkennen. Man muß sie sich als integrale Bestandteile von Systemlösungen in den anderen Anwendungsgebieten vorstellen.

Die obige gedrängte Darstellung der insgesamt fast 1.200 Produktvisionen, welche die Delphi-Untersuchung darstellt, ist hier im wesentlichen exemplarisch gemeint, weil daraus Probeschätzungen für den technologisch bestimmten Einfluß auf die Beschäftigungsentwicklung abgeleitet werden können. Dieser Aufgabe widmet sich der nächste Abschnitt in disziplinärer bzw. qualitativer Hinsicht.

3. Zukünftige disziplinäre Anforderungen an höherqualifizierte Erwerbspersonen

Es liegt in der Natur der Untersuchungen zur mittel- und langfristigen Strukturveränderung im Bereich von Wissenschaft, Technik und Innovation, daß vergleichende Analysen besser gelingen als quantitativ abschätzende. Da die Vorausschätzungen durch die Fachleute unter Unsicherheit über die tatsächliche Entwicklung stattfinden, sind viele Vorbehalte angebracht. Ein Teil der Fehlerquellen hat aber eine geringere Bedeutung im Quervergleich der Entwicklungslinien zueinander. Wie also wird sich - ausgehend von den vorliegenden Zukunftsstudien - absehbar das Arbeitsangebot aufgrund des innovativen Geschehens im Hinblick auf *naturwissenschaftlich-technische Disziplinen* für höherqualifizierte Beschäftigte verändern? Leider ist die Einschränkung auf das verarbeitende Gewerbe erforderlich, da viel zu wenig einschlägige Untersuchungen zum Dienstleistungsbereich vorliegen und somit insbesondere die Zukunft der *sozialen Berufe* momentan kaum diskutierbar erscheint.

Die industrieökonomische Literatur hat sich in den letzten Jahren verstärkt der Frage zugewendet, wie eindeutig sich naturwissenschaftlich-technische Gebiete trennen lassen. Denn das entsprechende Wissen ähnelt in vielfacher Weise einem *öffentlichen Gut*: Wettbewerber eines Innovators können gratis imitieren und neues Wissen von anderen für sich in Anspruch nehmen. Um die Produktion neuen Wissens nicht völlig kostenlos zu machen und es damit zum Versiegen zu bringen, müssen die Innovatoren z.B. die durch Patentschutz ermöglichten zeitweiligen Monopolrechte in Anspruch nehmen. Trotz der Möglichkeit des Patentschutzes und anderer Schutzrechte, die zeitlich und sachlich begrenzt sind, lassen sich aber "Mitnahmeeffekte" beobachten, das bedeutet positiv ausgedrückt, daß das auf der Industrieebene entstehende technische Wissen sogenannte *Spillovers* hervorbringt (GRUPP, 1994 und 1996a). Sie werden hauptsächlich aus zwei Quellen gespeist: Die eine Quelle sind technologische Ähnlichkeiten, also technikimmanente Faktoren, nach denen jede Innovation grundlegende Prinzipien und Methoden beinhaltet, die weit verbreitet und relativ leicht übertragbar sind.

Die andere Quelle ergibt sich aus der Tatsache, daß auch unternehmensspezifisches technologisches Wissen nicht gänzlich in einem einzigen Unternehmen verbleibt. Vielmehr wird es zu einem gewissen Grade in andere Unternehmen diffundieren, z.T. unbeabsichtigt, zu einem sicherlich größeren Teil aber als geplanter, organisierter und sogar von einzelnen Unternehmen forcierter Effekt (etwa über Wechselpersonal, durch Firmenzusammenschlüsse, Firmenübernahmen, strategische Allianzen, etc.). Im Sinne dieser Definition verursacht auch der Wissenstransfer von Universitäten und staatlich geförderten Forschungseinrichtungen zu privatwirtschaftlichen Unternehmen einen Spillover-Effekt, der meist ganz in der Absicht der staatlichen Förderung von FuE liegt. In der neuen Wachstumstheorie sind Informations-Spillovers eine der am häufigsten diskutierten Quellen eines systemimmanent generierten Wachstums (HARHOFF/KÖNIG, 1993). Die zuletzt genannte Art der externen Effekte wird in der Literatur allerdings häufiger mit "Wissenschaftsbindung der Technik" umschrieben, so auch in diesem Beitrag.

Es gibt *quantitative Verfahren*, das Ausmaß der technologischen Spillovers sowie der Wissenschaftsbindung zu erfassen, auf die hier nicht näher eingegangen werden kann.[11] Mit Hilfe solcher Verfahren läßt sich das Ausmaß der momentanen Verflechtung zwischen technischen Gebieten im Sinne von Indexwerten angeben. Will man die Mutmaßungen über die langfristige Entwicklung der Marktpotentiale solchen Indexwerten gegenüberstellen, dann müssen zunächst die mutmaßlichen Marktpotentiale (Abb. B2) wissenschaftlich-technischen Sachgebieten zugeordnet werden. Hierbei sind anders als für die Marktabschätzung Bezugsgrößen erforderlich, welche das Ausmaß heutiger technologischer Tätigkeit charakterisieren. Im vorliegenden Fall bietet sich die *Patentstatistik* an, die - bei allen kritischen Einwänden, die berechtigt sind - jedenfalls einen Hinweis darauf gibt, wo zur Zeit viele und wo weniger Inventionen entstehen. Würde sich in einem heutigen Gebiet geringer Aktivität und in einem heutigen Gebiet großer Aktivität eine zahlenmäßig gleiche Häufigkeit von mittelfristigen Innovationsprojekten einstellen, so wäre die mutmaßliche Innovationsrate in ersterem Fall viel höher als in letzterem zu bewerten. Geht man so vor, wie beschrieben, dann erhält man in Abb. B3 den Zusammenhang zwischen mutmaßlicher Rate der Produktinnovationen und dem Ausmaß ihrer heutigen technologischen Verflechtung.[12]

Man erkennt in Abb. B3 vier Quadranten, die jeweils an den Mittelwerten abgegrenzt sind. Im Bereich der Biotechnologie und der Werkstoffe, sowie der Halbleiter- und der Umwelttechnik werden besonders viele Produktinnovationen erwartet, die in disziplinärer Hinsicht in hohem Maße verflochten sind und damit Spillover-Effekten unterliegen. Um sie zustande zu bringen, wird ein Humankapital erforderlich sein, das zumindest *multidisziplinäre*, wenn nicht *interdisziplinäre* Kenntnisse hat. Überdurchschnittlich groß ist die Innovationsrate auch im Bereich der Datenverarbeitung, der Oberflächen, der Optik, des Transports, der audiovisuellen Technik (Unterhaltungselektronik), der Telekommunikation, der elektrischen Energie und im Bereich Messen und Regeln. Diese Gebiete sind zwar auch in einem gewissen Umfang verflochten, jedoch dürften sich hier die disziplinären Anforderungen etwas überschaubarer darstellen. Die anderen Gebiete mit zu erwartenden Produktinnovationen sind teilweise ebenfalls hochgradig verflochten.

Abb. B3: Zu erwartende technologische Verflechtung im Hinblick auf neue Qualifikationsanforderungen im Arbeitsangebot

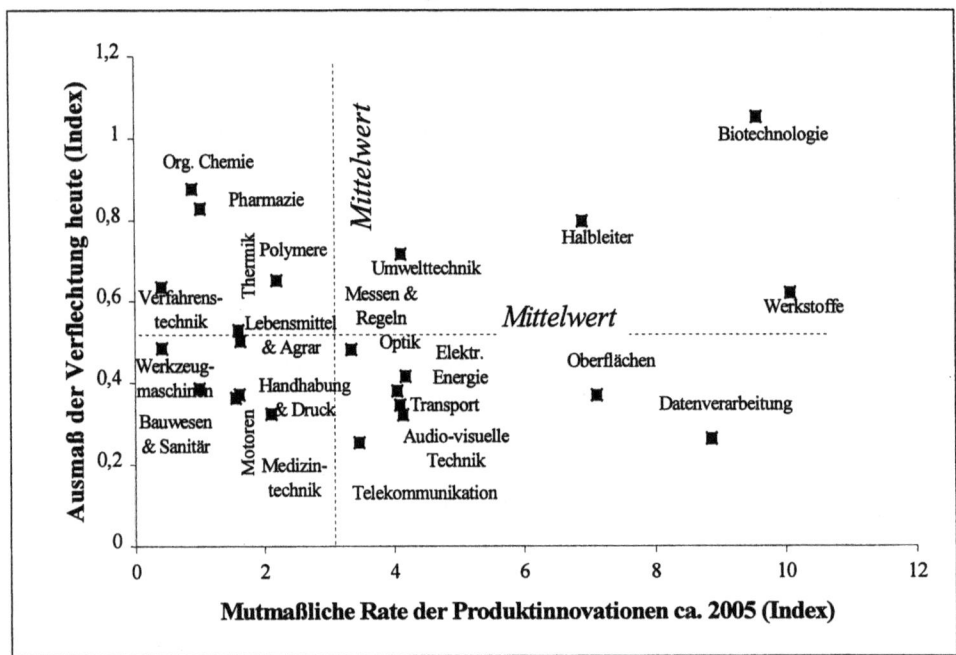

Abb. B4: Zu erwartende Wissenschaftsbindung im Hinblick auf neue Qualifikationsanforderungen im Arbeitsangebot

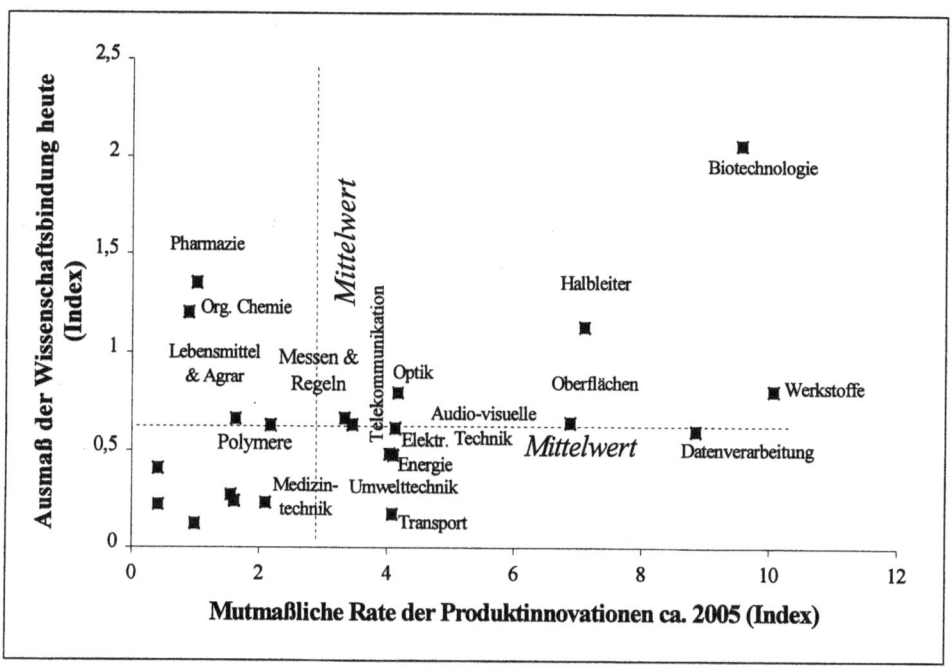

Abb. B4 zeigt für dieselben wissenschaftlich-technischen Gebiete das Ausmaß ihrer Abhängigkeit von neuesten *wissenschaftlichen Erkenntnissen* an. Wiederum erscheint die Biotechnologie und die Werkstoffe sowie die Halbleiter als in dieser Hinsicht herausfordernd. Das Transferproblem stellt sich für diese Gebiete und für die anderen im Quadranten rechts oben genannten Gebiete mit besonderer Dringlichkeit. Fragen des *Technologietransfers* in beiden Richtungen werden zu lösen sein, nämlich eine intensive Kommunikation in der Wissenschaft im Hinblick auf technologische und wirtschaftliche Anwendungen (dies entspricht dem traditionellen Verständnis von Technologietransfer) wie auch das umgekehrte, nämlich ein Wissenstransfer aus den Unternehmen in den Bereich der (öffentlichen) Wissenschaft hinein, welche Innovationsprojekte überhaupt betrieben und welche Lösungen von der Wissenschaft erwartet werden.

Diese Analysen zeigen auf, welcher Art die Herausforderungen an das Aus- und Weiterbildungssystem im Bereich der Hochqualifikation sein dürften und in wie erheblichem Umfang die tradierten disziplinären Strukturen hierbei außer Kraft gesetzt werden.[13] Dabei wird nicht verkannt, daß qualifiziertes und motiviertes Personal gerade im Bereich von FuE im Vereinten Deutschland jetzt und in absehbarer Zukunft reichlich vorhanden ist. Das Bildungssystem hat auf allen Ausbildungsstufen besondere Stärken. Qualifiziertes Personal ist und war eine der Trumpfkarten, die Deutschland in den internationalen Technologiewettlauf einbringen kann und ist in einem rohstoffarmen Land wie dem unseren ein wesentlicher Produktionsfaktor (GEHRKE ET AL., 1994). Die Herausforderung durch die Technologie der Zukunft besteht darin, die berufliche Qualifikation der wissenschaftlichen Mitarbeiterinnen und Mitarbeiter in der Industrie sowie der wirtschaftsnahen Forschung von schmalbandiger Spezialisierung auf lösungsorientierte, fachübergreifende Kompetenz umzupolen und Flexibilität und die Fähigkeit zur Zusammenarbeit zu stärken.[14]

Die Analyse der neuen Anforderung an die zukünftige Qualifikation der Erwerbstätigen ist bislang nach technischen Sachgebieten erfolgt. Eine wichtige Fragestellung ist es darüber hinaus, was dies für die einzelnen *Wirtschaftszweige* bedeutet. Seit kurzem liegen Umfragedaten vor, welche Technikbereiche für die Innovationsaktivitäten der Unternehmen zur Zeit von Bedeutung sind. Dabei zeigt sich, daß sich die einzelnen Branchen im Hinblick auf die mittlere Zahl der Technikgebiete mit Bedeutung für die Branche und ihrer Heterogenität erheblich unterscheiden. Auch die Wirtschaftsunternehmen werden im Bereich des Humankapitals nicht alle gleichermaßen von den neuen Herausforderungen betroffen sein.

Abb. B5: Zahl der Technikgebiete mit Bedeutung für einzelne Wirtschaftszweige und ihre technologische Heterogenität[15]

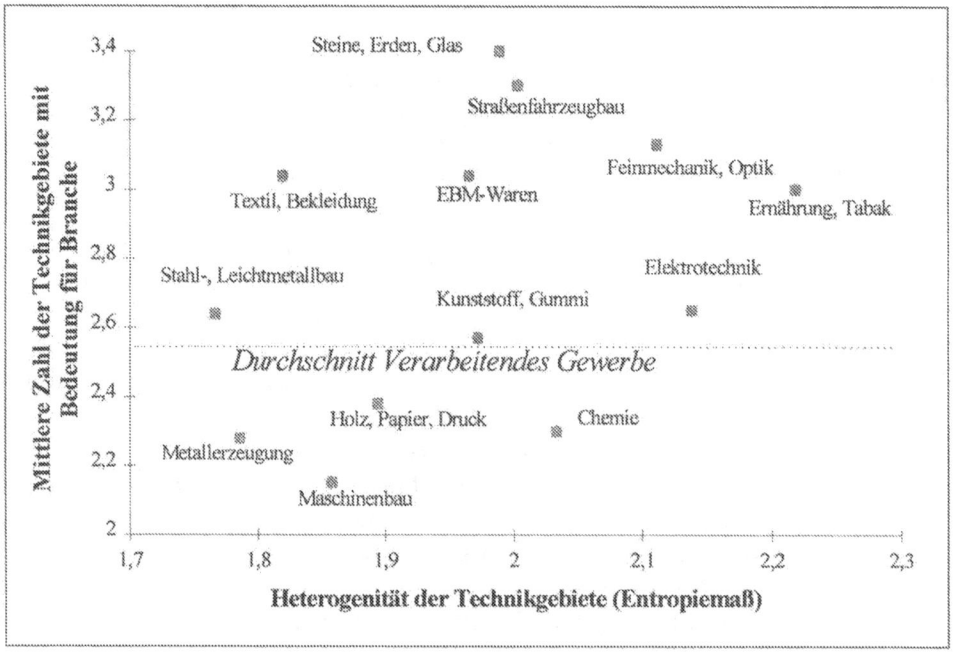

Die für Deutschland wichtigen Branchen des Straßenfahrzeugbaus und der Elektrotechnik sowie die Feinmechanik und die Ernährung sind alle dadurch gekennzeichnet, daß das Innovationsgeschehen in diesen Branchen von einer überdurchschnittlich hohen Zahl von Technikgebieten abhängt. Diese Gebiete sind außerdem noch heterogen, d.h. sehr weit gestreut und für die jeweilige Branche nicht etwa so homogen, daß für die Arbeitsmarktpolitik ein Standardmuster der Unternehmen erkennbar wäre. Gerade die momentan beschäftigungsstarken Branchen liegen also unter einem erheblichen Anpassungsdruck durch neue Technik; die Anforderungen an interdisziplinäres Wissen betreffen nicht nur benachbarte Gebiete, sondern aufgrund der großen Heterogenität viele Gebiete der Technik, die nicht unbedingt verwandt sein müssen.[16]

Die Analyse gemäß Abb. B5 unterstreicht, daß die zunehmende Anforderung nach Interdisziplinarität nicht etwa dadurch gelöst werden kann, daß homogen gedachte Branchen sich branchenverbindliche Aus- und Weiterbildungsprogramme zulegen. Vielmehr sind die herkömmlichen Wirtschaftszweige eher einem *Verfallsprozeß* ausgesetzt, was ihre Produktionsverwandtschaft und damit die Ähnlichkeit ihres Humankapitals nach wissenschaftlich-technischen Disziplinen angeht. Vor diesem Hintergrund sind also nicht nur neue Anforderungen an das Aus- und Weiterbildungssystem zu erwarten, sondern auch neue Fragen an die *Organisation* der Wirtschaft, ihre korporatistischen Möglichkeiten und ihre herkömmlichen Strukturen zu stellen. Es wird sicherlich kein günstiger Weg sein, den absehbaren Herausforderungen dadurch zu begegnen, daß jedes Unternehmen, vor allem ein mittleres oder kleines, sich selbst überlassen bleibt, denn es kann als "quantité négligeable" seine Anforderungen an den Arbeitsmarkt und das Ausbildungssystem gar nicht artikulieren. Ein *strategischer Dialog* zwischen Politik, Wissenschaft, dem Bildungssystem und den Unternehmen zum Thema "Arbeitsqualifikation" scheint unausweichlich zu sein. Bedauerlicherweise sind aufgrund der unbefriedigenden Situation bei Untersuchungen zu den Sozialberufen, den Ausbildungsberufen und allgemein den Dienstleistungsberufen keine weitergehenden Aussagen aus Sicht des zu erwartenden Strukturwandels in Wissenschaft, Technik und Innovation möglich.

4. Schlußfolgerungen

Dieses Kapitel hat viele Frage nur anreißen können und muß im wesentlichen zu der Feststellung kommen, daß die Datensituation im Hinblick auf die mutmaßliche Entwicklung von Wissenschaft und Technik sich in den letzten Jahren auch in Deutschland verbessert hat, daß aber eine Übertragbarkeit dieser Analysen auf die Frage des Arbeitsangebots und seiner Qualifizierung noch nicht möglich erscheint. Alle in diesem Beitrag dargestellten Überlegungen haben vorläufigen und selektiven Charakter; ferner sind sie im Hinblick auf die Klassifizierung recht unterschiedlich und kaum vergleichbar.

Bei aller Zurückhaltung bezüglich der Datensituation scheinen sich folgende *Trendlinien* herauszuschälen. Die Aus- und Weiterbildung im Bereich von Wissenschaft und Technik steht vor neuen Anforderungen im Hinblick auf

Infrastruktur und das Lehrpersonal. An *Hochschulen* und anderen Ausbildungsstätten werden sich die Strukturen verändern müssen; das Ausbildungspersonal selbst muß seine Fähigkeiten überprüfen, den neuen Anforderungen gerecht zu werden.

An alle höherqualifizierten Personen werden neue Anforderungen im Hinblick auf die Fähigkeit zur Kommunikation gestellt werden. Insbesondere wird das Personal in Forschung und Entwicklung im Bereich der Wirtschaftsunternehmen in häufigeren Kontakt mit Wissenschaftlern und Ingenieuren im öffentlichen Bereich kommen, um den Technologie- bzw. den Wissenstransfer in beiden Richtungen zu verbessern. Dem *Unternehmenspersonal* fällt dabei die Aufgabe zu, herauszufinden, welche wissenschaftliche Unterstützung für die momentanen Innovationsvorhaben erforderlich und vorhanden ist und wie man sie finden und erschließen kann. Das hochqualifizierte Personal im öffentlichen Bereich wird lernen müssen, unternehmerische Anwendungen aller Art (auch im Dienstleistungsbereich und insbesondere im sozialen Bereich) frühzeitig zu erkennen und entsprechend Interessierte einzubinden.

Die Fähigkeit zu *interdisziplinärem Lernen* wird stärker in den Vordergrund treten. Soweit die herkömmlichen Strukturen entsprechende, ggf. auch wiederholte Lernvorgänge nicht erleichtern, wird es notwendig werden, das Anreiz- und ggf. auch das *Entlohnungssystem* so umzuorganisieren, daß das Beherrschen interdisziplinärer Fähigkeiten attraktiver wird. Das entsprechende Lernen wird nicht in einer Frühphase der Ausbildung zu Ende sein, sondern während der beruflichen Laufzeit anhalten müssen. In die interdisziplinäre Beherrschung soll ausdrücklich der Bereich der Sozialwissenschaften eingeschlossen werden, obwohl gerade in dieser Hinsicht besonders wenige Erkenntnisse vorliegen. Dabei ist nicht nur an Managementfähigkeiten gedacht, sondern auch insbesondere an die Fähigkeiten zum Umgang mit jeweils anders sozialisierten Naturwissenschaftlern und Technikern, ggf. auch im Ausland (Globalisierungseffekte).

Es wäre zu hoffen, daß die Größe der Herausforderung für ein humankapitalstarkes Land wie Deutschland erkannt wird, das im internationalen Ringen um Einkommen und Beschäftigung eine Reihe von traditionellen Produktionsfaktoren im Wettbewerb der Standorte *nicht* gewinnbringend einsetzen kann (z. B. Rohstoffe, billige Produktionsflächen, belastbare Umwelt, niedrige Löhne etc.). Eine der wesentlichen Stärken Deutschlands im internationalen Wettbewerb ist sein Humankapital in der Breite und in der Spitze. Mit einer Modernisierung dieses Faktors steht und fällt das zukünftige Erwirtschaften von Wohlstand. Es wäre zu wünschen, daß eine bessere Durchdringung der Zusammenhänge ermöglicht wird.

Endnoten

1 Der Verfasser hat die Problematik kürzlich ausführlicher als in diesem Beitrag dargelegt (GRUPP, 1996b). Dieses Kapitel ist stark gekürzt, aber dafür aktualisiert worden.

2 Eine Übersicht über das angelsächsische Schrifttum geben PIANTA ET AL. (1995).

3 KROMPHARDT und TESCHNER (1986, 244) weisen zu dieser Thematik darauf hin, daß der gesamtwirtschaftliche Beschäftigungseffekt mittel- und langfristig nur dann positiv sein könne, wenn der Wachstumsspielraum, den die Produktivitätsfortschritte bei der Prozeßinnovation schaffen, auch genutzt würde, was von der Entwicklung von Angebot und Nachfrage in *allen* Bereichen der Volkswirtschaft abhinge.

4 Inlandsanmeldungen am Deutschen Patentamt nach regionaler Herkunft; Deutsches Patentamt (1995, 95). Zum angemessenen Gebrauch der Patentstatistik siehe etwa SCHMOCH ET AL. (1988).

5 Wobei im Falle des Bruttowochenverdienstes in der Industrie das 1 % Signifikanzniveau, im Falle des Bruttomonatsverdienstes in Industrie und Handel das 0,1 % Signifikanzniveau unterschritten wird; auch das Einkommensniveau im Handel ist somit vom technischen Fortschritt beeinflußt.

6 Dies ist das Ergebnis des konsekutiven Tests einer linearen, einfachlogarithmischen, Potenz-, S-Kurven-, Wachstums- und logistischen Funktion. Die zweitbeste Schätzung neben der einfachlogarithmischen Funktion stellt die Potenzfunktion zur vierten Wurzel dar.

7 Zur Bedeutung dieser Effekte für das Innovationsmanagement siehe GRUPP (1996).

8 Zu den Methoden der Technikbewertung siehe VDI (1991).

9 Z. B.: Dünnschichtsolarzellen auf Dächern von Privathäusern mit einem Wirkungsgrad von 20 % sind weit verbreitet.

10 Um in diesem Beispiel die acht Märkte zu nennen: neue Therapien, künstliche Organe, Dienstleistungen in der Medizin, Medikamente und pharmazeutische Produkte, diagnostische Instrumente, Geräte und Verfahren, chirurgische Instrumente, Geräte und Verfahren, Produkte für die Gerontologie und Rehabilitationsmedizin, biomedizinische Wirkungsanalysen und Entstehungsursachen.

11 Siehe z.B. bei GRUPP/SCHMOCH (1992), GRUPP (1994 und 1996a).

12 Die Gebietsklassifikation ist aus GRUPP und SCHMOCH (1992) entnommen und für den vorliegenden Anwendungszweck modifiziert worden, um übersichtlich zu sein. In Wirklichkeit ist sie noch feiner untergliedert.

13 Zu diesem Thema siehe auch GIBBONS ET AL. (1994).

14 So GRUPP (1995, 166). Als eines unter mehreren Beispielen zur Untermauerung dieser Forderung wird dort die Personalsituation in der Biomedizin in Deutschland angesprochen. Die zitierte Studie hat ergeben, daß diese Situation ungünstig einzustufen ist. Es gäbe Biologen mit medizinischem und Mediziner mit biologischem Interesse. Den Biomediziner gäbe es nicht, Ansätze seien nur in vereinzelten klinischen Forschungsgruppen vorhanden. Qualifiziertes Personal müsse also speziell ausgebildet und gefördert werden, denn sonst würden weiterhin Biomediziner in Deutschland nicht existent sein.

15 Die Angaben sind der Innovationserhebung des Zentrums für Europäische Wirtschaftsforschung (ZEW) und von Infas entnommen. Siehe BEISE/LICHT (1996, 13). Die Daten beruhen auf einer Umfrage im Vereinten Deutschland und beziehen sich auf die Jahre 1991 bis 1993. Abb. B5 stellt auf dieser Datengrundlage eigene Berechnungen dar. In der zitierten Umfrage wurde die disziplinäre Strukturierung der Technikgebiete im Vergleich zur obigen Abhandlung vergröbert, um noch handhabbar zu sein. So werden durch Zusammenfassung 11 statt der oben verwendeten 23 Disziplinen gebildet, die sich aber zuordnen lassen.

16 Das in Abb. B5 verwendete Heterogenitätsmaß ist das Entropiemaß; methodisch siehe hierzu bei GRUPP (1990). Es kann hier nicht im einzelnen erörtert werden.

Literatur

BEISE, M. und LICHT, G. (1995), Innovationsverhalten der deutschen Wirtschaft, Gemeinschaftsgutachten zur "erweiterten Berichterstattung zur technologischen Leistungsfähigkeit Deutschlands" im Auftrag des Bundesministeriums für Bildung, Wissenschaft, Forschung und Technologie (BMBF), Mannheim: ZEW.

BUNDESMINISTERIUM FÜR FORSCHUNG UND TECHNOLOGIE (BMFT), (Hrsg., 1993), Deutscher Delphi-Bericht zur Entwicklung von Wissenschaft und Technik, Selbstverlag: Bonn.

CUHLS, K. und KUWAHARA, T. (1994), Outlook for Japanese and German Future Technology, Heidelberg: Physica-Verlag.

DEUTSCHES PATENTAMT (1995), Blatt für Patent-, Muster- und Zeichenwesen, Statistiken, 97 (3), 82-115.

GEHRKE, B.; GRUPP, H.; LEGLER, H.; MÜNT, G.; SCHASSE, G. und SCHMOCH, U. (1994), Innovationspotential und Hochtechnologie, Heidelberg: Physica-Verlag, zweite, wesentlich erweiterte und aktualisierte Auflage.

GIBBONS, M.; LIMOGES, C.; NOWOTNY, H.; SCHWARTZMAN, S.; SCOTT, P. und TROW, M. (1994), The New Production of Knowledge, London: Sage Publications.

GRENZMANN, CH. und MÜLLER, M. (Hrsg., 1994), Wissenschafts- und Technologieindikatoren, Technologische Innovationen, SV-Gemeinnützige Gesellschaft für Wissenschaftsstatistik, Materialien zur Wissenschaftsstatistik, Heft 8, Essen.

GRUPP, H. (1990), The Concept of Entropy in Scientometrics and Innovation Research, Scientometrics 18, 219-239.

GRUPP, H. (1994), Innovationsaktivitäten in strategischen Sektoren: Meßmethoden und empirische Befunde für ausgewählte Technologiegebiete, in Grenzmann, Müller, 71-96.

GRUPP, H. (1996), Vorausschau und Bewertung der technischen Entwicklung, in: PLESCHAK, F. und SABISCH, H. (Hrsg.), Innovationsmanagement, Stuttgart: Schäffer-Poeschel Verlag, 132-146.

GRUPP, H. (1996a), Spillover Effects and the Science Base of Innovation Reconsidered: An Empirical Macro-Economic Approach, in: Journal of Evolutionary Economics, 6, 175-197.

GRUPP, H. (1996b), Strukturwandel in der Beschäftigung durch Wissenschaft, Technik und Innovationen, Beiträge zur Arbeitsmarkt- und Berufsforschung, 201, 233-268.

GRUPP, H. (Hrsg., 1995), Technologie am Beginn des 21. Jahrhunderts, Heidelberg: Physica-Verlag, zweite unveränderte Auflage.

GRUPP, H. und SCHMOCH, U. (1992), Wissenschaftsbindung der Technik, Heidelberg: Physica-Verlag.

HARHOFF, D. und KÖNIG, H. (1993), Neuere Ansätze der Industrieökonomik - Konsequenzen für eine Industrie- und Technologiepolitik, in Meyer-Krahmer (1993), 47-67.

KOSCHATZKY, K. (Hrsg., 1996), Technologieunternehmen im Innovationsprozeß: Management, Finanzierung und regionale Netzwerke, Heidelberg: Physica.

KROMPHARDT, J. und TESCHNER, M. (1986), Neuere Entwicklung der Innovationstheorie, Vierteljahreshefte zur Wirtschaftsforschung, ohne Bandnr., 235-248.

KULICKE, M. und WUPPERFELD, U. (1996), Beteiligungskapital für junge Technologieunternehmen (BJTU). Ergebnisse eines Modellversuchs, Heidelberg: Physica.

MEYER-KRAHMER, F. (Hrsg., 1993), Innovationsökonomie und Technologiepolitik, Heidelberg: Physica-Verlag.

MÜNT, G. (1996), Dynamik von Innovation und Außenhandel, Entwicklung technischer und wirtschaftlicher Spezialisierungsmuster, Heidelberg: Physica-Verlag.

PIANTA, M.; EVANGELISTA, R. und PERANI, G. (1995), The Dynamics of Innovation and Employment: An International Comparison, Seminaire d'experts sur la technologie, la productivité et l'emploi: Analyses macro-economiques et sectorielles, Paris: OECD.

PLESCHAK, F. und SABISCH, H. (Hrsg., 1996), Innovationsmanagement, Stuttgart: Schäffer-Poeschel Verlag.

SCHMOCH, U.; GRUPP, H.; MANNSBART, W. und SCHWITALLA, B. (1988), Technikprognosen mit Patentindikatoren, Köln: Verlag TÜV Rheinland.

VEREIN DEUTSCHER INGENIEURE (1991), Technikbewertung - Begriffe und Grundlagen, Erläuterungen und Hinweise zur VDI-Richtlinie 3780, VDI-Report 15, Düsseldorf.

C. Ansätze zur Innovationsbeschleunigung in mittelständischen Unternehmen

von Erich Staudt und Michael Krause

1. Innovation: Grundlage der Wettbewerbsfähigkeit und Voraussetzung für neue Arbeitsplätze

Im letzten Jahrzehnt hat sich die Stellung deutscher Unternehmen auf den nationalen und internationalen Märkten erheblich verändert. Sie kamen in Wettbewerb mit Unternehmen, die kostengünstiger produzieren und die Ergebnisse technischer und organisatorischer Entwicklung in Form von Produkt-, Dienstleistungs- und Verfahrensinnovationen schneller, effektiver und effizienter nutzen. Der marktwirtschaftlich orientierte Strukturwandel ehemaliger zentralverwalteter Wirtschaftssysteme und die Entwicklung von Schwellenländern zu leistungs- und innovationsfähigen Industriegesellschaften werden die Innovationskraft des Standortes Deutschland in Zukunft weiter herausfordern. Alte Märkte gehen verloren, Produkt- und Dienstleistungsprogramme veralten oder werden von anderen kostengünstiger erstellt, Arbeitsplätze gehen unwiederbringlich verloren. Der dadurch ausgelöste Rationalisierungswettbewerb schafft keine neuen Arbeitsplätze und der Preiswettbewerb ist letztlich nicht zu gewinnen. Die Zukunft des Wirtschaftsstandortes Deutschland hängt entscheidend davon ab, inwieweit es gelingt, von der Defensive in die Offensive zu kommen: Neue Arbeitsplätze entstehen nur, wenn mit Produkt- und Dienstleistungsinnovationen neue Märkte erschlossen und durch Prozeßinnovationen Wettbewerbsvorteile erzielt werden, die die standortbedingten Nachteile kompensieren (STAUDT, 1996b, 1).

In der derzeitig geführten Debatte um den Innovationsstandort Deutschland wird als eine der Hauptursachen für den diagnostizierten Verlust der Wettbewerbsfähigkeit die mangelhafte bzw. verspätete Umsetzung von Forschungsergebnissen in die industrielle Anwendung angeführt (BMBF, 1996a, 28). Dabei mangelt es bei den beteiligten Akteuren im Wissenschafts- und Wirtschaftssystem nicht an Vorwürfen und Forderungen:

- Einerseits wird argumentiert, daß die exzellente Forschungsinfrastruktur hervorragende wissenschaftliche Ergebnisse hervorbringt, diese von der Industrie jedoch nicht oder erst verzögert in Form von Produkt- und/oder Prozeßinnovationen wirtschaftlich verwertet werden.
- Auf der anderen Seite beklagen die Unternehmen die "Praxisferne" der Forschungsresultate von Hochschulen und "entdecken" - mit Unterstützung durch die Politik - zunehmend die Universitäten und Forschungseinrichtungen als "Schuldner für Innovationsbeiträge", denen "innovationsfertige" Forschungsergebnisse und "praxisfertiges" Personal abverlangt werden (STAUDT/KRIEGESMANN, 1997, 73f.).

Zur Beseitigung der beklagten Innovationsdefizite wird versucht, durch öffentliche

Innovationsförderung und Technologietransfer das Innovationsgeschehen wieder in Schwung zu bringen. "Aus Sicht der Bundesregierung ist der rasche Wissenstransfer von Forschungs- und Entwicklungsergebnissen in die deutsche Wirtschaft von zentraler Bedeutung für den Erhalt des Innovationsstandortes Deutschland" (BMBF 1996b, 9). Die Ergebnisse dieser Bemühungen bleiben jedoch - gemessen an den Aufwendungen - hinter den (förderpolitischen) Erwartungen zurück. Dabei geht die aktuelle (Beschleunigungs-)Diskussion um den Technologietransfer jedoch am eigentlichen Problem vorbei (STAUDT, 1985, 7f.), denn
- angesichts der engen Interpretation von "Technologietransfer" als Umsetzung von Ergebnissen des Wissenschaftssystems in die Wirtschaftspraxis wird lediglich ein Teilaspekt der komplexen Transferproblematik andiskutiert und
- indem Forderungen an das Transfersystem - und hier insbesondere an die Hochschulen und Forschungseinrichtungen - gestellt werden, konzentriert sich die Argumentation auf das, was Technologietransfer leisten **soll**.

Aus Sicht der angewandten Innovationsforschung ist aber vielmehr die Frage in den Vordergrund zu rücken, welchen Beitrag der institutionalisierte bzw. organisierte Technologietransfer im Innovationsgeschehen leisten **kann**. Dazu ist zunächst zu klären, was unter Technologietransfer zu verstehen ist, welche Annahmen dem geförderten Technologietransfer zugrundeliegen und unter welchen Bedingungen Transfer funktioniert.

2. Innovationsbeschleunigung durch Technologietransfer?

2.1 Bandbreite des Technologietransfers

Innovation erfolgt durch die Anwendung heute international verteilt entstehender technischer Neuerungen. Daher sind nicht nur eigene Forschung und Entwicklung wichtigste Voraussetzung und kritischer Erfolgsfaktor für Innovationen; es kommt vielmehr darauf an, auch an anderer Stelle gewonnenes technisches Wissen zur Anwendung zu bringen bzw. für eigene Innovationen zu nutzen (STAUDT, 1996b, 51).

Die Beispiele eines Kameraherstellers, der die neuesten Produkte seiner Wettbewerber kauft und in seinem Labor auseinandernimmt, um über die Hardware an das Know-how seiner Konkurrenten zu gelangen, oder eines Ingenieurs, der sich mit einer Innovationsidee verselbständigt und dabei in erheblichem Umfang Know-how aus seinem früheren Betrieb mitnimmt, verdeutlichen, daß sich aus Sicht des innovierenden Unternehmens die Frage extrem anders stellt, als in der Beschleunigungsdiskussion Transfer Wissenschaft-Praxis dargestellt wird. Aus Sicht des Innovators sind effektive Formen gefragt, wie das Erfahrungswissen eines japanischen Unternehmens oder amerikanischen Forschungszentrums möglichst schnell in seinem Bereich umgesetzt werden kann. Denn mehr als 90% des Know-hows für Innovationen kommt durch ein derartiges Lernen oder "Abkupfern" zustande. Während diese Aspekte unter Begriffen wie "Produktklinik" oder

"Reverse Engineering" bereits in die Managementliteratur eingehen, werden sie durch den öffentlich geförderten Technologietransfer weitgehend ignoriert (STAUDT, 1996a, 16).

Zudem stehen beim Transfer nach wie vor technologische Aspekte im Vordergrund, auch wenn mittlerweile anerkannt ist, daß für den Innovationserfolg insbesondere auch nichttechnische Aspekte - wie z.B. betriebswirtschaftliche Erkenntnisse - von ausschlaggebender Bedeutung sind (u.a. DINKELBACH, 1987, 375ff.). Aufgrund der Wichtigkeit des Transfers von Wissen und Erfahrungen aus nichttechnischen Disziplinen sowie des Personaltransfers wird im folgenden der "klassische" Technologietransfer-Begriff erweitert zum "Innovationstransfer". Denn Zielsetzung der Transferbemühungen ist es, insbesondere kleine und mittlere Unternehmen bei ihren Innovationsaktivitäten zu unterstützen bzw. Innovationen anzustoßen (STAUDT/BOCK/MÜHLEMEYER, 1991, 2; STROTHMANN, 1982, 260f.).

2.2 Grundlagen und Konzepte für Transferaktivitäten

Bei der Verfolgung der forschungspolitischen Zielsetzung der Bundesregierung, neues Wissen und neue Techniken schnell in eine breite industrielle Anwendung und kommerzielle Umsetzung zu überführen, entwickelt sich der organisierte Technologietransfer zu einem Schlüsselfaktor (BMBF, 1996a, 33). Folgerichtig weist die Förderfibel 1997 unter dem Begriff "Technologietransfer" allein 17 unterschiedliche Förderbereiche aus (BMBF, 1997, 68-87).

Die Grundlage dieses "Technologietransfer-Aktivismus" bilden drei zentrale Annahmen (STAUDT, 1986, 246ff.):

- Existenz eines Anwendungsstaus neuer Technologien bzw. Problemlösungspotentiale ("Technologiehalde"), die lediglich aus dem Wissenschaftssystem in die Industrie transferiert werden müssen. Für die mangelhafte Innovationstätigkeit - und damit Diffusion von FuE-Ergebnissen in unterschiedliche Anwendungsbereiche - werden im wesentlichen Umsetzungsdefizite am Übergang von der (industriellen) Entwicklung zur Innovation verantwortlich gemacht (vgl. Abb. C1).
- Schlüsselrolle der Information als Voraussetzung für Innovationen: Entsprechend dem Leitbild der Informationsgesellschaft soll durch den Einsatz informatorischer Hilfsmittel der Innovationsprozeß von der Grundlagenforschung bis zur Nutzungsphase beschleunigt, insbesondere aber auch die aufgezeigte Bruchstelle Entwicklung - Innovation überwunden werden.
- Machbarkeit der technischen Entwicklung bei hinreichendem Mitteleinsatz: Angesichts einer umfangreichen Wissenschaftsproduktion einerseits und begrenzter Ressourcen andererseits ist Technologietransfer zwangsläufig selektiv. Deshalb konzentriert sich die angestrebte Beschleunigung der technischen Entwicklung i.d.R. auf (vermeintliche) Schlüsseltechnologien, denen für die Wettbewerbsfähigkeit eine ausschlaggebende Bedeutung zugemessen wird.

Abb. C1: Das Problem der industriellen Diffusion von Neuerungen

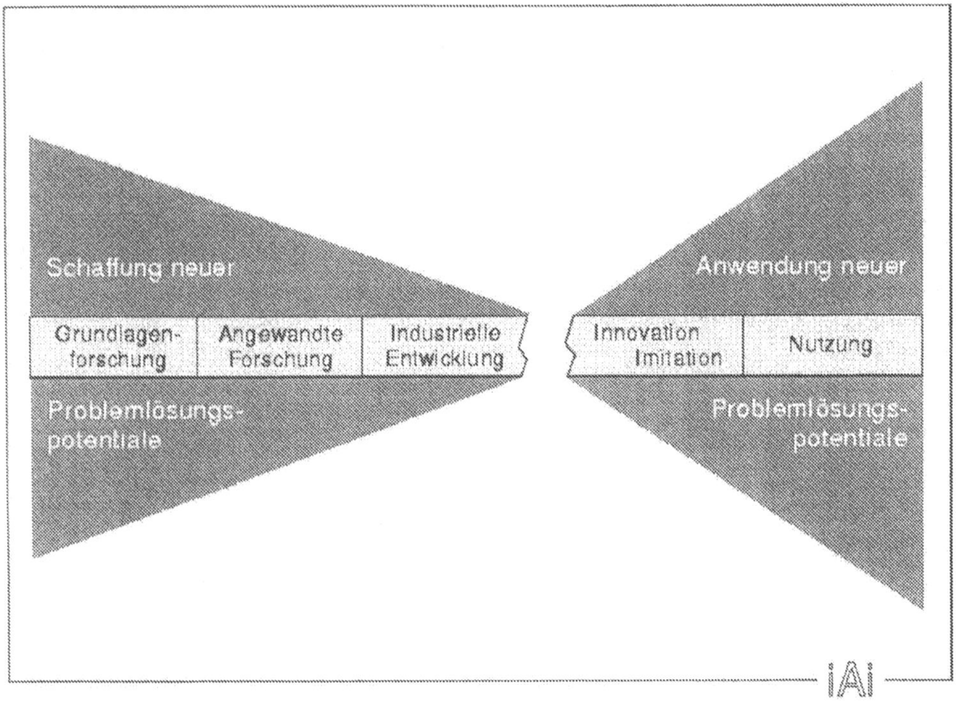

[Diagramm: Zwei aufeinander zulaufende Dreiecke. Linkes Dreieck "Schaffung neuer Problemlösungspotentiale" mit den Segmenten Grundlagenforschung, Angewandte Forschung, Industrielle Entwicklung. Rechtes Dreieck "Anwendung neuer Problemlösungspotentiale" mit den Segmenten Innovation/Imitation, Nutzung.]

Neben anderen Instrumenten zur Beschleunigung des Innovationsprozesses (Verbundförderung, Förderung von (technologieorientierten) Ausgründungen aus Forschungseinrichtungen, Leitprojekte etc.) bilden die Bereitstellung einer innovationsorientierten Infrastruktur (z.B. Technologie- und Gründerzentren) sowie der organisierte (institutionalisierte) Technologietransfer zwei wesentliche Säulen einer Forschungs- und Technologiepolitik, die "die notwendigen Rückkopplungen zwischen Forschung, Entwicklung, Innovation und Diffusion sowie die Integration verschiedener innovationsbeeinflussender Politikbereiche berücksichtigt" (BMBF, 1996a, 7).

In den letzten 20 Jahren ist mit ca. 1.200 öffentlich geförderten Transferakteuren in der Bundesrepublik ein flächendeckendes Netz an Technologietransfer-Institutionen entstanden (REINHARD/SCHMALHOLZ, 1996, 106). Diese verfolgen - mit z.T. sehr unterschiedlichen Ansätzen - das Ziel, die Diffusion neuen Wissens zu ermöglichen bzw. zu beschleunigen sowie Voraussetzungen und Kompetenz zur Innovation - insbesondere bei kleinen und mittleren Unternehmen (KMU) - zu verbessern. Um eine Brücke zwischen dem bei den Unternehmen benötigten (Spezial-)Wissen und dem bei den verschiedensten Forschungseinrichtungen, Hochschulen etc. erarbeiteten Know-how zu schlagen, stützen sich die Einrichtungen des institutionalisierten Technologietransfers im Schwerpunkt auf sog. "Maklerfunktionen", d.h. auf die Instrumente Information und Beratung sowie Vermittlung von Kooperationspartnern (STAUDT/SCHMEISSER, 1986, 194; STAUDT/BOCK/MÜHLEMEYER, 1991, 5).

2.3 Funktionsfähiger Transfer

Trotz der gewaltigen Anstrengungen und einer langjährigen Praxis sind die Ergebnisse des geförderten Technologietransfers sehr begrenzt, denn ein effektiver Transfer wird durch eine Vielzahl von Hemmnissen und Widerständen be- bzw. verhindert (u.a. STAUDT/SCHMEISSER/SCHWARZ, 1980, 26; STAUDT/ BOCK/MÜHLEMEYER, 1991).

Empirische Untersuchungen zeigen, daß ein funktionsfähiger Transfer von zwei zentralen Bedingungen abhängig ist (STAUDT, 1985, 10f.):
- Kompatibilität von Angebot und Nachfrage als notwendige Bedingung erfolgreichen Transfers: Diese "Paßfähigkeit" der angebotenen Problemlösung mit dem Problem des Nachfragers beinhaltet neben einem bestimmten Reifegrad der Problemlösung u.a. auch die technischen, personellen und qualifikatorischen Voraussetzungen auf seiten des Nachfragers.
- Zusammenarbeit von Anbietern und Nachfragern im Transferprozeß als hinreichende Bedingung: Zur Anwendung einer (neuen) technischen Lösung in einem neuen Einsatzbereich sind i.d.R. Anpassungsentwicklungen über mehrere Stufen des Innovationssystems notwendig.

Dieser Zusammenhang kann anhand eines Modells verdeutlicht werden, daß das Innovationstransfersystem mit den Bestandteilen "Anbietersystem" (d.h. Anbieter von Leistungen im Transfer) und "Nachfragersystem" (d.h. Unternehmen) mit den dazugehörigen Problemlösungsbausteinen (Anbieter) bzw. Problemen (Nachfrager) abbildet (vgl. Abb. C2).

Abb. C2: Akteure und Barrieren im Innovationstransfersystem

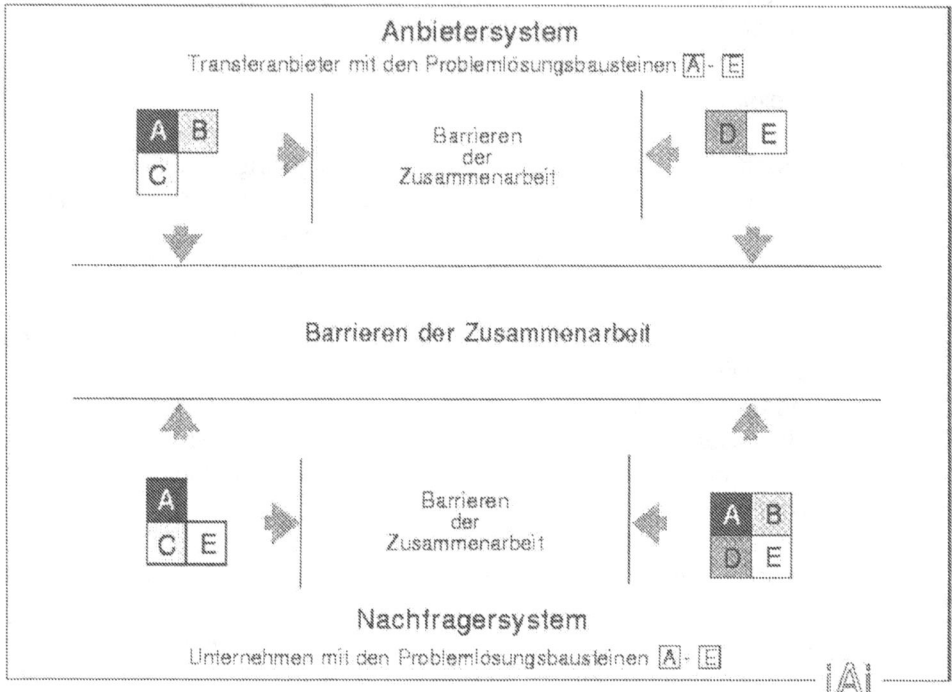

In der Abbildung ist eine idealtypische Transfersituation in ihren Strukturen vereinfacht dargestellt: Für jedes (Teil-)Problem von Unternehmen (Nachfragersystem) steht auf der Anbieterseite ein entsprechender Problemlösungsbaustein zur Verfügung, d.h. damit sind alle erfaßten Probleme prinzipiell lösbar. Aber die inhaltlich-thematische Kompatibilität von Angebot und Nachfrage allein ist noch kein Garant für einen funktionierenden Innovationstransfer, denn erst durch die Zusammenarbeit von Transferinstitutionen und Unternehmen können Probleme auch tatsächlich gelöst werden. Beim "Zusammenwirken der Akteure" im Transfersystem rücken die begünstigenden Faktoren und Barrieren der Zusammenarbeit im Problemlösungsprozeß in den Vordergrund. Deshalb sind die Barrieren der Zusammenarbeit zwischen dem Anbietersystem und dem Nachfragersystem sowie der Akteure der einzelnen Systeme untereinander ebenfalls im Modell dargestellt.

Transfer beinhaltet also nicht nur die Bereitstellung zielgruppengerechter und problemadäquater Lösungsbausteine, sondern insbesondere geeignete Formen der Zusammenarbeit. Denn eine Problemlösung wird erst erreicht, wenn Barrieren der Zusammenarbeit zwischen den Akteuren des Innovationstransfersystems überwunden werden (STAUDT/KERKA/KRAUSE/KRIEGESMANN/LEWANDOWITZ, 1996, 31ff.). Damit werden die Arbeitsteilung zwischen den verschiedenen Transferpartnern im Innovationssystem einerseits sowie der personenbezogene

Kontakt andererseits zu den wesentlichen Dreh- und Angelpunkten für Transferanstrengungen (STAUDT, 1985, 10).

3. Innovationstransfer für kleine und mittlere Unternehmen - empirische Befunde

3.1 Hintergrund der Untersuchung

Der Technologietransfer und dessen Beitrag zur Bewältigung der Innovationskrise ist in den letzten Jahren wieder verstärkt in die (wirtschaftspolitische) Diskussion gebracht worden (STAUDT/BOCK/MÜHLEMEYER, 1991; BECHER et al., 1993; BEISE/LICHT/SPIELKAMP, 1995; STAUDT/KERKA/KRAUSE/KRIEGESMANN/LEWANDOWITZ, 1996; REINHARD/SCHMALHOLZ, 1996).

Mit eskalierender Strukturkrise hat die Stärkung der Innovationskraft kleiner und mittlerer Unternehmen als politische Aufgabe in Nordrhein-Westfalen stetig an Gewicht gewonnen. Die Ergebnisse des Technologietransfers als wesentliche Säule der innovationsorientierten Mittelstandspolitik bleiben jedoch - gemessen an den Aufwendungen - hinter den (förderpolitischen) Erwartungen zurück. Vor diesem Hintergrund wurde das Institut für angewandte Innovationsforschung (IAI), Bochum e.V., vom Ministerium für Wirtschaft, Mittelstand, Technologie und Verkehr des Landes Nordrhein-Westfalen, dem Nordrhein-Westfälischen Handwerkstag sowie den Handwerkskammern Dortmund, Düsseldorf und Münster beauftragt, ein Gutachten zum Innovationstransfer für Handwerksbetriebe im Ruhrgebiet zu erstellen. Dazu wurde eine schriftliche Befragung bei ca. 2.200 Unternehmen sowie 200 Anbietern von Innovationstransferleistungen im und um das Ruhrgebiet durchgeführt und durch Expertengespräche ergänzt.

Der Erfolg von Förderaktivitäten hängt davon ab, inwieweit es gelingt, die Adressaten der Förderung wirklich zu erreichen und auftretende Hemmnisse zu überwinden (STAUDT/SCHMEISSER/SCHWARZ, 1980, 22). Wenn die Ziele von Innovationstransfer die Unterstützung von KMU bei Innovationsproblemen und die Innovationsbeschleunigung in mittelständischen Unternehmen sind, dann sind die Hemmnisse, die den Innovationsprozeß in KMU behindern, ein geeigneter Ansatzpunkt für die Aktivitäten des institutionalisierten Transfers (LORENZEN, 1986, 234). Zur Analyse des Problemlösungsbeitrags des bestehenden Transfersystems für die Entwicklungsprobleme mittelständischer Unternehmen wurde deshalb im Rahmen der durchgeführten Untersuchungen überprüft, inwieweit die eingesetzten Transferinstrumente auf diese Innovationswiderstände abgestellt sind und ob sie dazu beitragen, Entwicklungsengpässe zu überwinden.

Im folgenden werden ausgewählte Ergebnisse dieser (Evaluations-)Studie vorgestellt (STAUDT/KERKA/KRAUSE/KRIEGESMANN/LEWANDOWITZ, 1996) und - auf dieser Basis - Ansatzpunkte zur Erhöhung der Wirksamkeit von Transferaktivitäten aufgezeigt. Die Darstellung beschränkt sich dabei auf die Kompatibilität von Angebot und Nachfrage sowie die Zusammenarbeit von

Anbietern und Nachfragern im Transferprozeß als Bedingungen eines funktionierenden Transfers (siehe oben).

3.2 Kompatibilität von Angebot und Nachfrage

Voraussetzung, daß die Leistungen im Innovationstransfer zur Lösung von Innovationsproblemen in mittelständischen Unternehmen beitragen, ist die Kompatibilität des Angebots mit den Unterstützungsbedarfen bei den KMU.

Die schriftlichen Erhebungen zu den thematischen Schwerpunkten im Innovationstransfer bei Anbietern und Unternehmen zeigen, daß

- ein auf viele Institutionen verteiltes Angebot Unterstützungsleistungen für ein heterogenes Themenspektrum technologischer und betriebswirtschaftlicher Aspekte bereithält und
- die schwerpunktmäßige Nachfrage der Unternehmen nach Support-Funktionen (Finanzierungs- und Förderungsfragen, Weiterbildung, Erschließung neuer Märkte, Einführung neuer Techniken) eine weitgehende Entsprechung auf der Angebotsseite findet.

Der summative Abgleich der Angebots- und Nachfrageschwerpunkte läßt vermuten, daß in der Vergangenheit für (fast) jeden geäußerten Bedarf ein Angebot existierte und somit eine weitgehende Übereinstimmung von Angebot und Nachfrage vorliegt. Ein Teil der angebotenen Unterstützungsleistungen z.B. in technologischen Bereichen ist - zumindest für die Zielgruppe KMU - sogar überdimensioniert bzw. nicht auf die Belange des Mittelstandes ausgerichtet. Die Antworten der Anbieter von Transferleistungen weisen zudem darauf hin, daß sich in dieser Beziehung auch zukünftig keine wesentlichen strukturellen Verschiebungen ergeben werden. Es zeigen sich weder signifikante Veränderungen im Gesamtangebot, noch deutet sich - bezogen auf die einzelnen Anbieter - ein gezielter Ausbau von Stärken i.S. einer Profilierung an. Häufig weisen die angegebenen Entwicklungsrichtungen eher auf eine - z.T. an aktuellen Modethemen orientierte - Komplettierung des Angebotes als auf eine Spezialisierung des Leistungsangebotes hin. Dies gilt sowohl für "Generalisten", die Spezialthemen in ihr Angebot aufnehmen, als auch für "Spezialisten", die versuchen, ihr Problemlösungsangebot durch übergreifende Leistungen zu vervollständigen.

Übereinstimmmungen von Angebot und Nachfrage sind zwar eine notwendige, aber keine hinreichende Bedingung für die Lösung von Innovationsproblemen. Entscheidend für den Erfolg von Transferaktivitäten ist die Kooperation von Anbietern und Nachfragern bzw. die Überwindung von Barrieren der Zusammenarbeit der Akteure des Innovationstransfersystems. Die Überwindung derartiger Barrieren ist nicht nur eine Aufgabe der Gestaltung von Information und Kommunikation. Da im Transfer komplexe Entwicklungsprozesse zu gestalten sind, läßt sich die Zusammenarbeit nicht auf Informationsübermittlungsprobleme reduzieren. Dies gilt vor allem dann, wenn man von den - für Innovationsprozesse - unrealistischen Vorstellungen und Annahmen abrückt, "vorgefertigte"

Lösungsbausteine bereitstellen und auf unterschiedliche Problemkonstellationen unverändert anwenden zu können (STAUDT/SCHMEISSER, 1986, 192).

Nur in der idealtypischen Transfersituation ist die Kompatibilität von Angebot und Nachfrage Ausgangspunkt und Grundlage für die Zusammenarbeit der Akteure. In Innovationsprozessen führt der Versuch, im vorhinein die Unterstützungsbedarfe vollständig zu ermitteln, um anschließend paßfähige Unterstützungsleistungen bereitzustellen und zu transferieren, allenfalls zu einer programmatischen Übereinstimmung von Angebot und Nachfrage, denn

- zum einen lassen sich zukünftige Innovationsprobleme im vorhinein nicht vollständig erfassen, weil der Prognose von Innovationen und Innovationstransferbedarfen enge Grenzen gesetzt sind, und
- zum anderen sind unterschiedliche Lösungsbausteine im konkreten Problemlösungsprozeß noch zusammenzuführen. Da die zu lösenden Probleme aber nicht unabhängig voneinander sind, sind die Lösungsbeiträge aufeinander abzustimmen und z.T. erhebliche Anpassungen vorzunehmen.

Unter diesen Bedingungen ist die Kompatibilität von Angebot und Nachfrage im Problemlösungsprozeß zu erarbeiten, d.h. das Ergebnis intensiver Zusammenarbeit der Akteure im Transfersystem. Erst der direkte Problemlösungsbezug führt bisher weitgehend entkoppelte Entwicklungen der Angebots- und Nachfrageseite zusammen.

3.3 Kooperation von Anbietern und Nachfragern

Erfolgreicher Transfer zwischen Anbietern und Nachfragern setzt neben einem vorhandenen und wahrgenommenen Unterstützungsbedarf sowie der Bereitschaft zur Inanspruchnahme von Transferleistungen voraus, daß Transferanbieter und Nachfrager nicht nur in Kontakt treten, sondern die "Wegstrecke" des Problemlösungsprozesses gemeinsam beschreiten.

Eine wesentliche Barriere der Zusammenarbeit zwischen Transferanbietern und -nachfragern liegt insbesondere in der ersten Initiative der Kontaktaufnahme (vgl. u.a. BEISE/LICHT/SPIELKAMP, 1995). Die Versuche der Transferanbieter, mit "klassischen" Instrumenten wie z.B. Presseberichten, Broschüren und Mailing-Aktionen Kontakte herzustellen, zeigen kaum Wirkung. Hier haben persönliche Besuche und (direkte) Kontakte die weitaus größte Bedeutung, wobei die Initiative i.d.R. von den Unternehmen ausgeht und die "wirtschaftsnahen" Transferanbieter - wie z.B. Kammern und deren angeschlossene Einrichtungen - bevorzugte Ansprechpartner sind (ca. 86%). Die Bedeutung der "Eingangshürde" in den Transferprozeß wird durch den hohen Anteil von Stammkunden belegt: Unternehmen, die diese Barriere einmal überwunden haben, greifen auch bei künftigen Problemen auf das Transfersystem zurück.

Die Zusammenarbeit zwischen Transferanbietern und -nachfragern wird von den Unternehmen letztendlich an dem Problemlösungsbeitrag der in Anspruch genommenen Unterstützungsleistungen gemessen. Während lediglich etwa 15% der

Zielgruppe KMU/Handwerksbetriebe das Angebot im Transfer nutzt, ist die Zufriedenheit dieser Nutzer mit den Unterstützungsleistungen vergleichsweise hoch: 73,5% der Befragten aus der Gruppe der Nutzer geben an, daß die in Anspruch genommenen Leistungen zur Problemlösung beigetragen haben.

Bei der Charakterisierung der Unterstützungsleistungen nennen Unternehmen, bei denen die Inanspruchnahme zur Problemlösung beigetragen hat, die Kompetenz der Ansprechpartner (66,7%) und die zeitliche Angemessenheit der Beratung (55,6%) als erfolgsfördernde Faktoren (vgl. Abb. C3). Die Ermittlung von Problemursachen wird von 33,3%, die Erarbeitung konkreter Lösungsvorschläge von 55,6% und die Umsetzung der Problemlösung von 36,3% dieser Unternehmen als Erfolgsfaktor der Zusammenarbeit angegeben. Merkmale wie der "Zuschnitt" auf KMU-spezifische und regionale Gegebenheiten werden als weitere Charakteristika erfolgreichen Innovationstransfers hervorgehoben. Dazu gehören die Abstimmung auf die Besonderheiten des jeweiligen Handwerkszweiges (50,0%) und die Größe des Betriebes (33,3%) sowie die Berücksichtigung der finanziellen Möglichkeiten (41,7%).

Die Aussagen sowohl der Nutzer als auch der Nicht-Nutzer zeigen, daß hemmende Faktoren über den gesamten Transfer- bzw. Problemlösungsprozeß hinweg zu beobachten sind:

Für die Gruppe der Nutzer, bei denen die Inanspruchnahme von Unterstützungsleistungen (nur) als zufriedenstellend eingestuft wird, führen die mangelnde Lösung von Detailproblemen und die z.T. fehlende Unterstützung bei der Umsetzung zu Einschränkungen der ansonsten erfolgreichen Zusammenarbeit. Nutzer, für die die Zusammenarbeit keinen Problemlösungsbeitrag leisten konnte, geben als Mißerfolgsursachen eine mangelhafte Ermittlung von Problemursachen, die fehlende Erarbeitung konkreter Lösungsvorschläge und die unzureichende Unterstützung bei der Umsetzung an.

Abb. C3: Fördernde Faktoren des Transfers aus Sicht erfolgreicher Nutzer (Mehrfachnennungen)

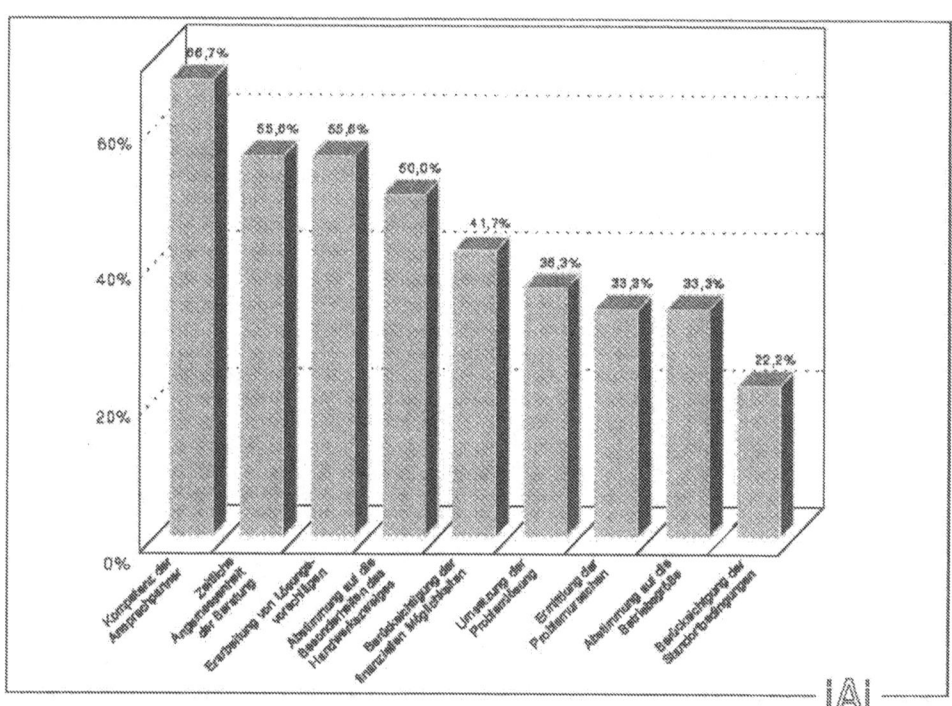

Aus der Gruppe der Nicht-Nutzer geben etwa zwei Drittel an, daß bisher kein Unterstützungsbedarf bestand; 39,2% nennen die Unkenntnis des Angebotes als Haupthinderungsgrund einer Inanspruchnahme von Unterstützungsleistungen (vgl. Abb. C4). Kosten, zeitlicher Aufwand sowie Entfernung zu den Transferinstitutionen etc. haben als Mißerfolgsfaktoren einer Zusammenarbeit nur eine untergeordnete Rolle. Lediglich 6,4% gehen davon aus, daß kein Angebot für eine Lösung ihrer Problemstellung existiert.

Abb. C4: Gründe für die Nicht-Nutzung von Transferleistungen (Mehrfachnennungen)

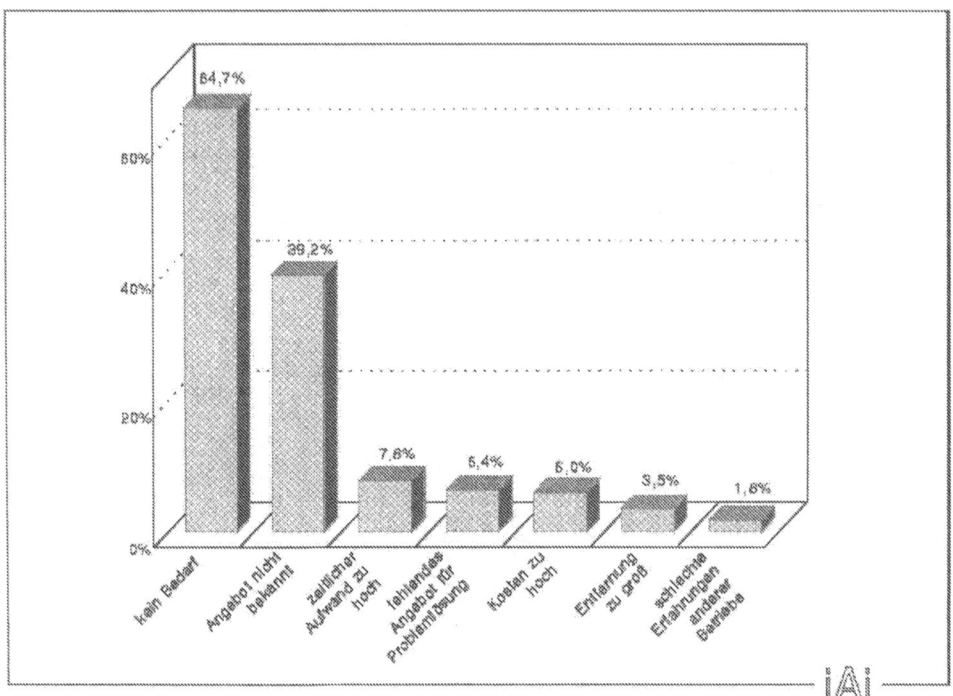

Insgesamt zeigt die Untersuchung im Ergebnis, daß die Möglichkeiten des Transfersystems bei weitem nicht ausgeschöpft werden. Eine der Hauptursachen ist die stark angebotsorientierte Vorgehensweise der Transferanbieter, deren Angebot u.a. nicht ausreichend auf die spezifischen Unternehmensbelange ausgerichtet zu sein scheint und damit oftmals am Bedarf der angesprochenen Klientel vorbeigeht (STAUDT/BOCK/MÜHLEMEYER, 1992, 1003). Weitgehend abgekoppelt von den Unterstützungsbedarfen der Unternehmen bieten Transferinstitutionen Leistungen an, von denen vermutet wird, daß sie Probleme der Zielgruppe KMU lösen. Demgegenüber stehen als potentielle Nachfrager mittelständische Unternehmen mit konkreten Problemen, aber ohne Kenntnis, bei wem Problemlösungen für den spezifischen Anwendungsfall zu erwarten sind. Wenn Transferanbieter zur Innovationsbeschleunigung in mittelständischen Unternehmen beitragen, d.h. KMU als Orientierung beim Innovieren helfen sollen, dann ist eine Umorientierung bzw. Ergänzung bestehender Transferaktivitäten anzusteuern.

4. Ansatzpunkte zur Aktivierung und Intensivierung des Innovationstransfers

4.1 Inhalte des Innovationstransfers: Akzentuierung des Angebotes

Die Charakteristik von Innovationsprozessen, in deren Verlauf eine Vielzahl unterschiedlicher und miteinander verknüpfter, teilweise nicht vorhersehbarer Probleme auftreten, führt dazu, daß sich Innovationsaufgaben auf der Nachfragerseite als "Bündel" von Einzelproblemen darstellen, deren Lösung (jeweils) spezifische Problemlösungskompetenzen erfordert.

Rein quantitative Strategien der Komplettierung von Unterstützungsleistungen bei einer möglichst großen Anzahl von Anbietern werden diesen Anforderungen nicht gerecht. Das Angebot von "kompletten Lösungspaketen" versucht zwar, der Heterogenität der "Problembündel" Rechnung zu tragen. Das Bemühen, für immer wieder neu strukturierte Problemkonstellationen Lösungsbeiträge "aus einer Hand" bereitzustellen, führt aber allenfalls zu einer vordergründigen Übereinstimmung von Angebot und Nachfrage und scheitert nicht zuletzt an den Kapazitäten der einzelnen Transferanbieter.

Die Alternative zu dem im Ergebnis intransparenten Erscheinungsbild des Anbietersystems besteht in der Arbeitsteilung spezialisierter Transferinstitutionen. Voraussetzung dafür ist jedoch eine stärkere Akzentuierung des Transferangebotes und damit Profilierung der einzelnen Anbieter als Kompetenzzentren (STAUDT/BOCK/MÜHLEMEYER, 1991). Bei dieser Neuorientierung der Aufgaben im Innovationstransfer ist das Angebot stärker an den Kompetenzen der jeweiligen Transferinstitution einerseits sowie den Zielgruppen(bedarfen) andererseits auszurichten.

Bei der Ermittlung der spezifischen Kompetenzen zur Problemlösung müssen die beiden Anbietertypen "Generalist" und "Spezialist" mit ihren unterschiedlichen Funktionen in Transferprozessen explizit berücksichtigt werden. Anstelle der bei Spezialisten und Generalisten im Transfersystem zu beobachtenden Tendenz zur Komplettierung ihres Angebotes sind eine Akzentuierung des Angebotes und gezielte Kompetenzentwicklung in den jeweils angrenzenden Bereichen erforderlich. Die unterschiedliche Ausrichtung in der Tiefe und Breite der Themen beinhaltet die konsequente Bereinigung des Angebotes um die nicht dem Kompetenzprofil entsprechenden Bestandteile und führt im Ergebnis zu einer ersten Profilierung der Anbieter bzgl. der Wahrnehmung von Informations-, Beratungs- und/oder Qualifizierungsaufgaben sowie der Konzentration auf zu bedienende Themen.

Die weitere Konkretisierung der Betätigungsfelder und (Neu-)Ausrichtung des jeweiligen Transferanbieters erfolgt durch Definition von Zielgruppen und - dort, wo es möglich ist - Ermittlung von Transferbedarfen der Zielgruppen. Hierzu bietet der Rückgriff auf den spezifischen Erfahrungshintergrund unternehmensnaher Institutionen (Kammern, Verbände etc.), die die Problemlage und die Anforderungen mittelständischer Unternehmen kennen, einen ersten Ansatzpunkt.

Ein sehr eng definierter Transfer, der sich im Schwerpunkt auf die Übertragung von bereits bestehenden Ergebnissen aus dem Wissenschaftssystem beschränkt, stößt jedoch - selbst bei der vorgeschlagenen Umorientierung - schnell an seine Grenzen. Einerseits kann mit der Sammlung und Verbreitung von Informationen nur ein kaum wettbewerbskritischer Wissensausschnitt vermittelt werden, andererseits schafft der alleinige Zugang zu technischem Know-how noch keine Kompetenz zur Innovation (STAUDT, 1996a, 14ff.). Darüber hinaus ist die Lösung von Technologiediffusionsproblemen kein rein informatorisches Problem, zu dessen Lösung hinreichend vorhandene Bausteine nur noch über intermediäre Transfereinrichtungen vermittelt und vermakelt werden müssen. Transfer ist vielmehr ein komplexer Problemlösungsprozeß, bei dem fertige Lösungsbausteine oder zumindest Teillösungen, die nur noch aufgefunden und übernommen werden müssen, nur in Ausnahmefällen im vorhinein vorhanden sind (BISCHOFF, 1982, 31).

Bei Innovationen geht es nicht um eine interdisziplinäre Synthese isolierter Wissensbestände - wie in der Technologietransferdiskussion unterstellt -, sondern um die Anwendung von Wissen. Der Schlüssel zur Innovation ist dann die an Personen und Organisationen gebundene Kompetenz, dieses Wissen zur Anwendung zu bringen. Weil aber gerade im Aufbau eines anwendungsbezogenen Innovations-Know-hows erhebliche Defizite bestehen, ist ein mittel- bis langfristiges Ziel von Transfer die Erhöhung der Aufnahmefähigkeit von Anwenderunternehmen durch Maßnahmen der Kompetenzentwicklung. Während Informationen noch personenungebunden übertragen werden können, kann gebundenes technisches Können nur über persönlichen Erfahrungsaustausch und zwischenbetriebliche Transaktionen erarbeitet werden (STAUDT, 1996a). Transfer ist in dieser Sichtweise kein Informations- und Vermittlungsproblem, sondern ein Problem der Zusammenarbeit unterschiedlicher Akteure. Damit rückt die Frage der Organisation solcher (Transfer-)Prozesse in den Vordergrund der Betrachtung.

4.2 Akteure im Transfersystem: Organisation von Transferprozessen

Da es sich beim Transfer nicht um ein einseitiges und einmaliges Informationsübermittlungsproblem handelt, sondern vielmehr ein komplexer Entwicklungsprozeß zu gestalten ist, erfordert ein nachfrageorientierter Innovationstransfer entsprechende Aktivitäten der beteiligten Akteure im Transfersystem.

Die aufgezeigten Defizite in der Zusammenarbeit der Akteure führen zu einer weitgehenden Entkopplung der Entwicklung von Problemlösungsangeboten auf Angebots- und tatsächlichen Problemen auf der Nachfrageseite. Ein Ansatzpunkt zur Überwindung dieser Barrieren ist die Organisation von Transferprozessen.

Die Überwindung der ersten "Transferhürde", d.h. die Aktivierung des "In-Kontakt-Tretens" von Transferanbieter und KMU, erfordert die Steigerung der Bekanntheit des Angebotes bei der Zielgruppe "KMU" sowie den Abbau von (Kooperations-) Hemmnissen (Vorbehalten), die u.a. in der Mentalität der

Unternehmer begründet sind. Beispielsweise ermöglicht eine stärkere Zielgruppenabgrenzung bereits bei der Bekanntmachung des Angebotes eine individuelle und persönliche Ansprache der Nachfrager sowie den Einsatz spezifischer Kommunikationsinstrumente.

Die Leistungen der Transferanbieter selbst müssen eine stärkere Umsetzungsorientierung aufweisen, denn der - vom Nachfrager wahrgenommene - Nutzen hängt ganz entscheidend vom erbrachten Problemlösungsbeitrag ab. Vor diesem Hintergrund beinhaltet eine erfolgversprechende Unterstützungsleistung nicht nur die Ermittlung von Problemursachen sowie die Erarbeitung konkreter Problemlösungsvorschläge, sondern erfordert insbesondere eine stärkere Berücksichtigung von Hilfestellungen bei der Umsetzung von Problemlösungen.

Unter dem Druck knapper werdender (Förder-)Mittel ist in den letzten Jahren eine zunehmende Vernetzung verschiedener Anbieter von Transferleistungen zu beobachten. Eine solche angebotsorientierte Vernetzung der Transferinstitutionen untereinander reicht jedoch nicht aus. Durch die Zusammenarbeit von Anbietern können zwar sich ergänzende Problemlösungsbausteine zusammengeführt werden; die dann kooperative Entwicklung der Angebotsseite verläuft aber bei alleiniger Überwindung von Barrieren der Zusammenarbeit zwischen Transferanbietern unabhängig von den sich im Zeitablauf verändernden (Teil-)Problemen der Nachfrager. Eine von der Nachfrage abgekoppelte Vernetzung führt dann nur zu einem höheren Organisationsgrad der Angebotsorientierung im Transfersystem.

Bei der Unterstützung von Innovationen in KMU versagen traditionelle Transfermaßnahmen, nicht weil sie schlechter geworden sind, sondern weil die Unterstützung solcher Aktivitäten einen Wechsel zu Instrumenten erfordert, durch die Transferprozesse stärker von der Nachfragerseite mit ihren spezifischen Problemen gesteuert werden.

Für Innovationsprobleme, die eine größere Anzahl von KMU betreffen, bietet die "Bündelung" von Unternehmen mit gleichen bzw. ähnlichen Problemen, d.h. die Formierung von Nachfrage, die Möglichkeit eines nachfrageorientierten Zugriffs auf bestehende Problemlösungspotentiale. Darüber hinaus ermöglichen "Nachfragerverbünde", gemeinsam Problemlösungen anzustoßen bzw. zu erarbeiten - insbesondere für Themenbereiche, für die im Transfersystem (noch) kein Angebot bereitgehalten wird. Die Flankierung derartiger Nachfrageformierungsprozesse wird damit zur Option der Aktivierung und Unterstützung von Akteuren, die mit den traditionellen Instrumenten nicht oder nur erschwert erreicht werden können.

In der bisherigen Praxis des institutionalisierten Transfers wird die Zusammenarbeit innovationsaktiver KMU in "bedarfs- bzw. problemorientierten Nachfragerverbünden" nur selten als Option einer "Hilfe zur Selbsthilfe" aufgefaßt. Dabei ist die Initiierung und Aktivierung derartiger Verbünde eine echte Alternative zur Zusammenarbeit in einem (Technologie-)Transfersystem, das sich eher von den (technischen) Potentialen des Transfers als von den Bedarfen und Fähigkeiten der Nachfrager her definiert. Die zeit- und problemnahe Bündelung von Nachfragerbedarfen ist zudem eine Ergänzung zu denjenigen Innovationstransferaktivitäten, die eine Prognose von Innovationen und Innovationstransferbedarfen voraussetzen. Dies ersetzt nicht den Transferbereich, der darauf abzielt, - dort, wo es möglich ist - im vorhinein Themenschwerpunkte von Angebot und Nachfrage aufeinander abzustimmen. Da der Vorhersage von Wandlungs- bzw. Innovationsprozessen, d.h. der Vorhersage der Zukunft aber enge Grenzen gesetzt sind, füllt die "Nachfrageformierung" eine Lücke des Innovationstransfers für KMU.

Vor diesem Hintergrund sollten Unternehmen und Unternehmer mit gleichen oder ähnlichen Problemen aktiv in solchen "Verbundinitiativen" zusammengebracht werden. Neben innovativen Unternehmern haben hier z.B. die Kammerorganisationen oder das RKW eine Initialfunktion, da sie unter Nutzung ihres Erfahrungspotentials nicht nur Themenfelder identifizieren können, die einen breiteren Kreis von Unternehmen ansprechen, sondern gleichermaßen betroffene und interessierte Unternehmen auch zusammenbringen können. Moderierte Gesprächskreise, Erfahrungsgruppen, Workshops etc. sollten genutzt werden, um durch Beteiligung von Transferanbietern die Nachfrager bei der Suche nach kompetenten Ansprechpartnern zu unterstützen.

Die Förderung solcher Transferaktivitäten trägt zum einen zur Erhöhung der Nachfrageorientierung bei, weil Nachfrager nicht nur am Transfer teilnehmen, sondern in den Transferprozeß eingreifen und diesen aktiv mitgestalten. Die aktive Beteiligung von Nachfragern und Anbietern an solchen Lernprozessen bildet zum anderen eine wichtige Voraussetzung zum Kompetenzaufbau.

Die Funktion "problemorientierter Nachfragerverbünde" im Innovationstransfer konnte an verschiedenen Beispielen aufgezeigt werden, die den Stellenwert spezifischer Innovationsprobleme im Transfer verdeutlichen und Ansatzpunkte möglicher - kooperativer - Lösungsstrategien darstellen (STAUDT/ KERKA/KRAUSE/KRIEGESMANN/LEWANDOWITZ, 1996, 47ff.). Dabei zeigen die Erfahrungen mit einzelnen Formierungsprozessen, daß Effekte zu erwarten sind, die durch traditionelle Formen der Zusammenarbeit kaum realisiert werden können. Dennoch stellen insbesondere die Formierung von Nachfrage und die Organisation von Transferprozessen einen bislang weitgehend ungenutzten Ansatzpunkt dar, den innovativen Teil des Mittelstandes als Impulsgeber für den Strukturwandel zu aktivieren, zu erweitern sowie bei der Bewältigung ihrer Innovationsprobleme zu unterstützen.

4.3 Innovationslotsen als Promotoren im Transfer

Die Lösung innovativer Problemstellungen unter Zuhilfenahme externer Partner (u.a. Anbieter von Transferleistungen) erfordert den Rückgriff auf spezifische Kompetenzen, die oftmals auf eine Vielzahl unterschiedlicher Akteure verteilt sind. Das einzelne Unternehmen, aber auch Gruppen von Unternehmen mit gleichen Problemen (wie z.B. die beschriebenen "Nachfragerverbünde") sind jedoch häufig überfordert, die Akteure, die zur Problemlösung beitragen könnten, zu identifizieren, die Verbindung zwischen einzelnen Kompetenzzentren herzustellen etc.

Ein Ansatzpunkt, diesen mehrstufigen Problemlösungsprozeß zu unterstützen, ist die Prozeßbegleitung durch einen "Innovationslotsen", der hilft, im Transfersystem verteilte Kompetenzen zu einer komplexen Problemlösung zusammenzuführen. Als Prozeßbegleiter bzw. Promotor von Transferprozessen ersetzt er nicht den "Kapitän", d.h. er übernimmt keine unternehmerischen (Kern-) Funktionen, sondern

- initiiert i.S. einer Nachfrageformierung die Zusammenarbeit, d.h. er identifiziert und aktiviert Unternehmen mit ähnlichen Problemen bzw. Interessen, baut gezielt Kooperationen ("Nachfragerverbünde"), Erfahrungsaustausche etc. auf und moderiert die Zusammenarbeit zwischen den Unternehmen,
- organisiert den Transferprozeß, d.h. er hilft bei der Suche nach den passenden Akteuren im Transfersystem und "lotst" bei komplexen Problemen zu den einzelnen Problemlösungsbausteinen und
- begleitet - falls erforderlich - den Prozeß der Umsetzung erarbeiteter Problemlösungen in die betriebliche Praxis.

Damit ist die Funktion eines "Innovationslotsen" vergleichbar der Rolle eines Prozeß- bzw. Beziehungspromotors, der "inter-organisationale Austauschprozesse durch gute persönliche Beziehungen zu Schlüsselakteuren, die über kritische Ressourcen verfügen, aktiv und intensiv fördert" (GEMÜNDEN/WALTER, 1995, 976).

Für Technologietransferprojekte zwischen einem Großforschungszentrum und dessen KMU-Partnern ist belegt worden, daß Beziehungspromotoren dazu beitragen, Transferbarrieren zwischen Technologiepartnern zu überwinden und damit den technisch-wirtschaftlichen Erfolg von Innovationskooperationen fördern (GEMÜNDEN/WALTER, 1996). Der Beitrag von Promotoren zum Transfererfolg in anderen Transferkonstellationen ist jedoch noch zu überprüfen, speziell dann, wenn sich - wie im institutionalisierten Transfer üblich - der potentielle Promotor aus einer Vermittlungsinstitution ohne eigenes wirtschaftliches Interesse am Projekterfolg rekrutiert. Darüber hinaus ist noch weitgehend unklar, welche spezifischen Kompetenzen ein solcher Innovationslotse zur Erfüllung seiner Aufgaben benötigt, durch welche Maßnahmen und Instrumente seine Handlungsspielräume aufgebaut und etabliert werden können und wo sein Einsatz an Grenzen stößt.

Die vorgeschlagenen Maßnahmen zur Aktivierung und Intensivierung des Innovationstransfers bzw. zur Erhöhung der Wirksamkeit des Transferpotentials bedeuten keine weitere Aufstockung von Fördermitteln bzw. einen weiteren Ausbau des institutionalisierten Technologietransfers. Im Gegenteil: Angesichts von bis zu 50% Redundanz bei unspezifischen Angeboten sind die bestehenden Angebote zu überprüfen und konsequent zu streichen sowie freiwerdende Mittel umzuwidmen, um die beschriebene Lotsen- oder Coachingfunktion für kleine und mittlere Betriebe einzurichten bzw. zu fördern.

Da die Möglichkeiten von Innovationsförderung und Technologietransfer durch die individuellen Kompetenzen bzw. die organisationale Aufnahmefähigkeit der Adressaten begrenzt sind, ist die vorrangige Zielsetzung der aufgezeigten flankierenden Begleitung durch einen "Innovationslotsen" die Initiierung von Lernprozessen, um damit den Aufbau von Kompetenz zur Innovation - insbesondere bei kleinen und mittleren Unternehmen - zu unterstützen.

Literatur

BECHER, G. et al. (1993), Entwicklung und Bedeutung des Technologietransfersystems in Bayern - Ergebnisse einer Untersuchung für das Bayerische Staatsministerium für Wirtschaft und Verkehr, Basel.

BEISE, M.; LICHT, G. und SPIELKAMP, A. (1995), Technologietransfer an kleine und mittlere Unternehmen: Analysen und Perspektiven für Baden-Württemberg, Baden-Baden.

BISCHOFF, F. (1982), Die Förderung von kleinen und mittleren Unternehmen im Rahmen der staatlichen Forschungs-, Technologie- und Innovationspolitik, in: MOLL, H.H. und WARNECKE, H.J. (Hrsg.), RKW-Handbuch Forschung, Entwicklung, Konstruktion, V/1980, Kennzahl 2350.

BMBF (Hrsg., 1996a), Bundesbericht Forschung 1996, Bonn.

BMBF (Hrsg., 1996b), Information als Rohstoff für Innovation, Bonn.

BMBF (Hrsg., 1997), Förderfibel 1997 - Förderung von Forschung und Entwicklung in kleinen und mittleren Unternehmen, Mülheim/Ruhr.

DINKELBACH, W. (1987), Betriebswirtschaftlicher Human-, Wissens- und Technologietransfer aus universitärer Sicht, in: HENN, R. (Hrsg.), Technologie, Wachstum und Beschäftigung: Festschrift für Lothar Späth, Berlin, Heidelberg, New York, London, Paris, Tokyo.

GEMÜNDEN, H.-G. und WALTER, A. (1995), Der Beziehungspromotor - Schlüsselperson für interorganisationale Innovationsprozesse, in: Zeitschrift für Betriebswirtschaft, Jg. 65, 971-986.

GEMÜNDEN, H.-G. und WALTER, A. (1996), Förderung des Technologietransfers durch Beziehungspromotoren, in: Zeitschrift Führung und Organisation, Jg. 65, 237-245.

LORENZEN, H.-P. (1986), Effektive Forschungs- und Technologiepolitik, in: STAUDT, E. (Hrsg.), Das Management von Innovationen, Frankfurt, 230-240.

REINHARD, M. und SCHMALHOLZ, H. (1996), Technologietransfer in Deutschland - Stand und Reformbedarf, Gutachten im Auftrag des Bundesministeriums für Wirtschaft, Berlin.

STAUDT, E. (1985), Technologietransfer - Ein Beitrag zur Strukturierung der Wirtschaft?, in: KRUMSIEK, R. (Hrsg.), Technologietransfer, Dortmund, 6-21.

STAUDT, E. (1986), Die Rolle der Wissenschaft im Innovationsgeschehen, in: STAUDT, E. (Hrsg.), Das Management von Innovationen, Frankfurt, 240-256.

STAUDT, E. (1996a), Kompetenz zur Innovation. Defizite der Forschungs-, Bildungs-, Wirtschafts- und Arbeitsmarktpolitik, in: Berichte aus der angewandten Innovationsforschung No. 142, Bochum.

STAUDT, E. (1996b), Kompetenz zur Innovation statt Krisenmanagement, in: Berichte aus der angewandten Innovationsforschung No. 160, Bochum.

STAUDT, E.; BOCK, J. und MÜHLEMEYER, P. (1991), Die Rolle von Technologietransferstellen zwischen dem Wissenschaftssystem und der mittelständischen Industrie - Makler oder Kompetenzzentren?, in: Berichte aus der angewandten Innovationsforschung No. 98, Bochum.

STAUDT, E.; BOCK, J. und MÜHLEMEYER, P. (1992), Informationsverhalten von innovationsaktiven kleinen und mittleren Unternehmen - Ergebnisse einer empirischen Untersuchung in Nordrhein-Westfalen, in: Zeitschrift für Betriebswirtschaft, Jg. 62, 989-1008.

STAUDT, E.; KERKA, F.; KRAUSE, M.; KRIEGESMANN, B. und LEWANDOWITZ, T. (1996), Innovationstransfer für kleine und mittlere Unternehmen - Eine Untersuchung am Beispiel des Handwerks im Ruhrgebiet, in: Berichte aus der angewandten Innovationsforschung No. 144, Bochum.

STAUDT, E. und KRIEGESMANN, B. (1997), Hochschulen als Dienstleister für Innovationen, in: HOLLERITH, J. (Hrsg.), Leistungsfähige Hochschulen - aber wie?, in: Beiträge zur Hochschulreform, Neuwied, Kriftel, Berlin, 73-86.

STAUDT, E. und SCHMEISSER, W. (1986), Der Betrieb als Objekt der Technologiepolitik, in: STAUDT, E. (Hrsg.), Das Management von Innovationen, Frankfurt, 184-195.

STAUDT, E.; SCHMEISSER, W. und SCHWARZ, B. (1980), Der Betrieb als Objekt der Technologiepolitik, in: STAUDT, E. (Hrsg.), Innovationsförderung und Technologietransfer: Einsatz und Bewältigung technologiepolitischer Instrumente in der betrieblichen Praxis, Berlin, 11-31.

STROTHMANN, K.-H. (1982), Die Bedeutung des Technologietransfers für mittelständische Unternehmen, in: ENGELEITER, H.-J. und CORSTEN, H. (Hrsg.), Innovation und Technologietransfer - Gesamtwirtschaftliche und einzelwirtschaftliche Probleme, Festschrift zum sechzigsten Geburtstag von Herbert Wilhelm, Berlin, 259-274.

D. Die Standortkrise und die Rolle von kleinen und mittleren Unternehmen in der deutschen Wirtschaftspolitik

von David Audretsch

Hat Deutschland ein Standortproblem? Die Schlagzeilen in Zeitungen und Zeitschriften sowie die eindringlichen Appelle diverser Ministerien legen nahe, daß Europa unter einem Innovationsproblem von geradezu krisenhaften Ausmaßen leidet. In Deutschland bildet die Innovationskrise zusammen mit der Standort- und Arbeitslosigkeitskrise ein Dreigespann wirtschaftspolitischer Herausforderungen für die neunziger Jahre - so vor kurzem zu lesen in einer Schlagzeilen des STERN (1997): "Deutschland vor dem Absturz?"

Mit ähnlichen wirtschaftlichen Bedingungen sahen sich die USA in den siebziger Jahren konfrontiert. Allerdings stand zu jener Zeit vor allem das im Vordergrund, was Presse und Politiker, aber auch Wirtschaftswissenschaftler, als Wirtschaftskrise bezeichneten. Als eindeutige Hauptprobleme galten damals die in den USA im Vergleich zu Japan, Deutschland und dem übrigen Europa höheren Produktions- und vor allem Arbeitskosten.

Erst gegen Ende der siebziger und zu Beginn der achtziger Jahre wurde deutlich, daß die amerikanische Wirtschaftskrise nicht nur durch die relativ hohen Arbeitskosten verursacht wurde. Denn seit Mitte der achtziger Jahre waren die durchschnittlichen Industrielöhne in Deutschland erheblich höher als diejenigen in den USA.

Unverkennbar war dagegen seit Ende der siebziger Jahre - auch wenn dies am stärksten überraschte - der Verlust der technologischen Führungsposition von Unternehmen in den amerikanischen Paradeindustrien wie Automobilbau, Elektronik oder Stahlindustrie. Im Kern handelte es sich bei dieser amerikanischen Innovationskrise der siebziger Jahre einfach um die Unfähigkeit, neue Technologien und Innovationen umzusetzen, beziehungsweise sich ihnen anzupassen.

Wie reagierte Detroit auf die Flut der aus Japan importierten Autos, die kleiner, im Benzinverbrauch effizienter und von den Anschaffungskosten billiger waren als das, was die drei großen US-Automobilkonzerne anzubieten hatten? Und wie reagierte Pittsburgh, als deutsche und japanische Unternehmen neue Verfahren zur Stahlerzeugung entwickelten? Und wie reagierte Akron, Ohio, auf die Entwicklung und Einführung von Radialreifen durch französische Reifenproduzenten? Die Arroganz amerikanischer Großunternehmen in Städten wie Detroit, Pittsburgh und Akron gehört inzwischen zum wirtschaftlichen Anekdotenschatz.

Daher hat die aktuelle Diskussion in Deutschland etwas von einem Déjà-vu-Erlebnis, wenn man sieht, wie Medien, Politiker und Wirtschaftswissenschaftler eine Innovationskrise konstatieren. Wie auch zuvor in den Vereinigten Staaten, ist eine - und vielleicht die wichtigste - Konsequenz dieser sogenannten Innovationskrise das rückläufige Wachstum von Realeinkommen und Lebensstandard.

Allerdings werde ich heute darzulegen versuchen, daß sich die deutsche, und letztlich, die europäische Innovationskrise der neunziger Jahre fundamental und wesentlich von der amerikanischen Krise der siebziger Jahre unterscheidet; auch wenn sie oberflächlich jener zu ähneln scheint. Und zwar werde ich dahingehend argumentieren, daß die Innovationskrise der USA in den siebziger Jahren aus einem unvermeidlichen Verlust der technologischen Führungsposition resultierte. Wie auch schon vor dem Zweiten Weltkrieg, entstanden deshalb wichtige Innovationen immer häufiger außerhalb der Vereinigten Staaten. Zusätzlich litten viele amerikanische Firmen unter dem Syndrom einer Kurzsichtigkeit, die "nur hier", das heißt, im Inland erfundene Technologien gelten lassen wollte. Diese Kurzsichtigkeit hinderte sie daran, ausländische Erfindungen zu propagieren bzw. zu imitieren, wie beispielsweise Radialreifen, neue Öfen zur Stahlerzeugung und die benzinsparenden Kleinwagen der ausländischen Autoindustrie.

Demgegenüber handelt es sich bei der europäischen, beziehungsweise deutschen Innovationskrise der neunziger Jahre meiner Meinung nach nicht um ein Innovationsproblem im herkömmlichen Sinne. Wenn man sich die führenden deutschen Unternehmen in Deutschlands wichtigsten Branchen ansieht wie z.B. Bayer für die chemische Industrie oder Volkswagen für die Autoindustrie, so sind diese technologisch auf dem neuesten Stand und mehr oder weniger so wettbewerbsfähig wie immer. Vielmehr besteht das Kernproblem der deutschen Innovationskrise nicht in einem Mangel an technologischen Neuerungen in jenen Industrien – Automobile, Chemie und Stahl, in denen Deutschland traditionell eine starke Stellung hat. Statt dessen geht es dabei um neue Industrien in der Spitzen- bzw. Zukunftstechnologie, die in Deutschland kaum existieren, die aber eine zunehmend größere Bedeutung für das Wirtschaftsgeschehen in den USA und in Japan haben, wie z.B. Biotechnologie, Software-Entwicklung, Automation (Roboter), und wissensintensive Dienstleistungen, z.B. im Bereich der Finanzinnovationen. So stellte beispielsweise DER SPIEGEL (1994) folgendes fest: "Der weltweite Strukturwandel hat die deutsche Wirtschaft mit einer Wucht getroffen, die noch vor kurzem unvorstellbar schien: Viele ihrer Produkte wie Autos und Maschinen, Chemikalien und Stahl sind international nicht mehr wettbewerbsfähig. Und in den Zukunftsindustrien – der Biotechnik etwa oder der Elektronik – sind die Deutschen nur unzureichend vertreten."

Deutschland scheint also nicht an einer Innovationskrise zu leiden, jedenfalls nicht im herkömmlichen Sinne des Begriffs. Das heißt, ausgehend von eng definierten Branchen und eng definierten technologischen Fortschritten, die für eine bestimmte Branche relevant sind, sprechen alle Anzeichen dafür, daß deutsche Firmen ihren Konkurrenten technologisch ebenbürtig sind. Woran es europäischen Unternehmen im allgemeinen und deutschen Firmen im besonderen mangelt, ist die Fähigkeit, von einer weithin etablierten Technologie auf andere, neuere Technologien umzusteigen. Dies betrifft vor allem die neu entstehenden Informations- und Hochtechnologieindustrien. Insofern Deutschland und Europa Schwierigkeiten mit der Übernahme neuer Technologien haben, gilt dies nicht für technologische

Adaptionen in bereits bestehenden Industrien, sondern für die Übernahme solcher innovativen Technologien, die mit den neuen Branchen einhergehen.

Die Herausforderungen an die Innovationsfähigkeit, denen sich Europa gegenüber sieht, sind denjenigen vergleichbar, vor denen IBM steht. Es wird oft übersehen, daß IBM zu keinem Zeitpunkt die technologische Überlegenheit bei seinem Hauptprodukt, dem Großrechner, verloren hat. Vielmehr wird die anhaltende Krise bei IBM der Unfähigkeit zugeschrieben, die eigene technologische Überlegenheit rechtzeitig über das technologische Paradigma "Großrechner" hinaus auszudehnen, und zwar auf Technologien, die in den neuen Industrien auf verwandten, aber dennoch verschiedenen Gebieten entstehen. Wer daraus einfach schließt, daß IBM an einer Innovationskrise leide, übersieht die Tatsache, daß IBM von allen Firmen der Welt die meisten Patente in den USA anmeldete, zumindest von allen amerikanischen Unternehmen am meisten für Forschung und Entwicklung ausgab und mehr neue und innovative Produkt herausbrachte, als jede andere US-Firma. Wenn IBM an einem Innovationsproblem leidet, so liegt das nicht an einer mangelnden Innovationstätigkeit, sondern eher an den Gebieten oder Branchen, in denen das Unternehmen Innovationen hervorbringt. Das heißt, IBM fehlt es nicht an Innovationen per se, sondern an Innovationen in neu entstehenden Branchen, in denen Microsoft und Intel im Gegensatz zu IBM erfolgreich waren.

Ähnlich könnte es sich auch mit Europa verhalten: Die Innovationskrise ist weniger ein Mangel an Innovationstätigkeit, als die Unfähigkeit, das technologische Paradigma von den eher traditionellen Industrien weg und zu den neu entstehenden Industrien hin zu verschieben.

Eine der wichtigsten Theorien der Wirtschaftswissenschaften, die beträchtlich zur Erhellung der Frage beiträgt, warum einzelne Länder in bestimmten Branchen an industrieller Wettbewerbsfähigkeit gewinnen oder verlieren, ist die Theorie vom Lebenszyklus einer Branche (WELFENS/ADDISON/AUDRETSCH/ GRUPP, 1997). Oft wird jedoch übersehen, daß die Lebenszyklustheorie im gleichen Maße eine Theorie der Evolution des technischen Wissens und seiner Verbreitung ist, wie sie eine Theorie über die Lebenszyklen von Branchen war. Im Mittelpunkt der technologischen Entwicklung über den Lebenszyklus einer Branche stand die Vorstellung, daß die Erträge in Form von Innovationen, die aus den Bemühungen um neues technologisches Wissen resultieren, um so geringer werden, je hochentwickelter die jeweilige Branche ist. Dies bedeutet, daß die Nachahmungskosten im Vergleich zu den Innovationskosten ebenfalls in dem Maße abnehmen, wie sich die Branche entwickelt.

Es wurde in der einfachen, aber leistungsfähigen Theorie des Branchen-Lebenszyklus folgendes angenommen:
1. Die Vereinigten Staaten allein halten die technologische und wirtschaftliche Führungsposition.
2. Es gibt sich entwickelnde Nachahmerstaaten.

3. Branchen durchlaufen einen technologischen Lebenszyklus, der technologisch angetrieben wird von zahlenmäßig abnehmenden Innovationen, die aus dem gleichbleibenden Einsatz neuen technologischen Wissens resultieren.

Das heißt, daß die Nachahmungskosten relativ zu den Innovationskosten in dem Maße fallen, wie sich die Branche entwickelt, so daß es um so wirtschaftlicher ist, technisches Know-how mittels Direktinvestitionen im Ausland an billigere Produktionsstätten, etwa in Entwicklungsländern, zu transferieren, je weiter eine Branche ihren Zyklus durchlaufen hat.

Dabei wurde allerdings nicht vorausgesehen, daß die Vereinigten Staaten nicht die einzige technologische Führungsmacht bleiben sollten; eine Tatsache, an der diese einfache Theorie schließlich zerbrach. Als Europa und Japan sich vom Krieg erholten, zogen sie nicht nur in vielen Branchen technologisch gleich, sondern wurden selbst zu Innovationsführern. Dadurch wurde auf den amerikanischen Lebensstandard gerade dann Druck ausgeübt, als die europäischen Reallöhne und dementsprechend der Lebensstandard anstiegen. Die führenden Industrienationen konvergierten also während der vergangenen vierzig Jahre.

Demzufolge wurde die amerikanische Innovationskrise der siebziger Jahre von der Unfähigkeit verursacht, die Spitzenposition bei der Anwendung neuen technologischen Wissens zu behalten und ausländische Neuerungen zu übernehmen und umzusetzen. Dies führte zu einer Senkung der Reallöhne und des Lebensstandards.

Wie aber verhält es sich mit Europa und Deutschland? Europa hat, ebenso wie Japan, im Hinblick auf den Lebensstandard das gleiche wirtschaftliche Niveau erreicht. Das bedeutet, daß in gleicher Weise, wie Europa in den fünfziger Jahren technisches Know-how von den USA übernehmen und somit selbst billiger produzieren konnte, jetzt eine zunehmende Verlagerung der Produktion von Europa an billigere Standorte stattfindet. Dies erklärt sich aus der wachsenden Diskrepanz zwischen den hohen Produktionskosten, z.B. in Deutschland, und denjenigen in weniger entwickelten Ländern einerseits sowie einigen relativ entwickelten Nachbarländern Deutschlands andererseits, wie z.B. Ungarn, Polen und die Tschechische Republik - ganz zu schweigen von den entfernteren Mitbewerbern Korea, Singapur, Indien und China.

Dies führt uns zu einer weiteren gegenwärtig häufig genannten Krise in Deutschland: das Standortdilemma. Viele der Industrien, die zu den traditionellen Stärken Westeuropas gehören, haben den Höhepunkt ihres Lebenszyklus erreicht oder bereits überschritten. Dies macht den Standort Deutschland immer verwundbarer, da die Produktion mittels weitgehend standardisierter Technologien an Standorte mit niedrigeren Produktionskosten in Mittel- und Osteuropa oder gar Asien verlagert werden kann. Während Lohnkostennachteile durch Produktivitätsgewinne und Innovationen wettgemacht werden können, erfolgt die Innovationstätigkeit selbst nur noch "schrittchenweise", was sich um so mehr verstärkt, je weiter sich die Branche in ihrem Lebenszyklus fortentwickelt. In entwickelten oder reifen Branchen wird es deshalb immer schwieriger für die deutsche Industrie, ihre

Wettbewerbsfähigkeit durch Innovationen aufrechtzuerhalten. Diese Tendenz in Richtung eines Verlustes der internationalen Konkurrenzfähigkeit in Deutschland ist besonders deutlich in Branchen wie der Stahlproduktion und dem Schiffsbau zu erkennen.

Die Verharrung in angestammten Technologien wird zu einer immer stärkeren Bedrohung für die internationale Wettbewerbsfähigkeit teurer Standorte. Dem einzelnen Unternehmen mag es gelingen, durch die Verlagerung der Produktion an einen billigeren Standort die eigene Wettbewerbsfähigkeit zu erhalten. Hierzu das Beispiel Schweden: Ungefähr siebzig Prozent der Industriebeschäftigten Schwedens arbeiten in Großunternehmen. Bei den meisten dieser Firmen handelt es sich um multinationale Konzerne, wie z.B. Volvo, die fortlaufend die Produktion vom teuren Standort Schweden durch Direktinvestitionen an billigere Standorte verlagern. Zwischen 1970 und 1993 verlor Schweden 500.000 Arbeitsplätze im Privatsektor. Die Arbeitslosenrate in 1997 lag bei 13 Prozent der Erwerbstätigen.

Dabei ist Schweden kein Sonderfall. Jedes dritte Auto, das unter dem Markenzeichen eines deutschen Herstellers auf der Straße fährt, wird im Ausland hergestellt.

Während deutsche Unternehmen ihre Wettbewerbsfähigkeit vielleicht durch Produktionsverlagerungen an billigere Standorte retten können, müssen neue Wirtschaftsaktivitäten gefunden werden, um die verlorenen Arbeitsplätze zu ersetzen und den hohen Lebensstandard zu sichern. Daraus folgt, daß Deutschland, im Grunde der teuerste Standort der Welt, ständig standardisierte Güter und Verfahren durch neue und innovative Produkte und Methoden ersetzen muß, wenn es international wettbewerbsfähig bleiben will.

Die Argumentation meines heutigen Vortrags zielt auf folgendes ab: Innovations- und Standortkrise sind lediglich zwei Seiten einer Medaille. Das Auseinanderklaffen des realen Lebensstandards, zusammen mit der Ausreifung traditioneller Industrien in Deutschland, diktiert diese Möglichkeiten: Entweder erzielen ausländische Unternehmen Wettbewerbsvorteile durch die Übernahme des technischen Know-how reifer Industrien oder mäßig technologiebestimmter Industrien, indem sie diese Technologien kopieren und an billigeren Standorten einsetzen. Oder, die deutschen Firmen bleiben selbst wettbewerbsfähig durch ausländische Direktinvestitionen und Produktionsverlagerungen an ausländische Standorte - wie es kürzlich in einem Kommentar der Frankfurter Allgemeinen Zeitung hieß: "Heißt Made in Germany, Made in Germany?"

Die Implikationen dieser zweiten Lösungsmöglichkeit des Dilemmas werden klar, wenn man die Folgen für die Ressourcen am Heimatstandort bedenkt, insbesondere die Arbeitskräfte, die überflüssig werden, während das technologische Wissen wirtschaftlich effektiver an Billigstandorten umgesetzt wird. Im Klartext heißt das, daß es zu einem massiven Personalabbau in traditionellen Unternehmen kommt.

Was soll aus den entwurzelten Arbeitskräften werden? Diese Frage beantwortet das amerikanische Beispiel sowohl mit guten als auch schlechten

Erfahrungen. Es erwies sich als negativ, daß bestimmte Arbeitnehmer, einschließlich einiger Gruppen von Arbeitskräften, die den Anforderungen der neuen Technologien nicht genügen, wegen der wachsenden internationalen Konkurrenz immer geringere Erträge erzielen.

Demgegenüber stellte sich als positiv heraus, daß die USA aus ihrer Wirtschaftskrise in den siebziger Jahren durch den Wechsel von ausgereiften zu neu entstehenden Branchen herausgeführt wurden. Beschäftigungswachstum und sogar die Höhe der Beschäftigung erholten sich nie wieder in traditionellen, ausgereiften Industrien wie Stahl, Automobile und Gummiverarbeitung, die in den fünfziger und sechziger Jahren der Stolz der USA gewesen waren. Der Ablauf und das Ausmaß des Personalabbaus in diesen Branchen wurden ausführlich dokumentiert, sowohl in der amerikanischen als auch in der internationalen Presse.

Es muß allerdings betont werden, daß es sich nicht bei jedem Personalabbau um die Auswirkungen des globalen Wettbewerbsdrucks handelt. Wie es in der amerikanischen Presse zu lesen war, haben sowohl Firmen in Finanznöten, wie Martin Marietta, als auch sehr erfolgreiche Unternehmen, wie Xerox oder Anheuser-Busch, eine erhebliche Anzahl von Arbeitsplätzen abgebaut. Bis zu einem gewissen Grad haben diese Firmen, wie auch viele andere - wenn nicht sogar die meisten, Arbeit durch Technologie ersetzt. Fachleute in dem Bereich "Auswirkungen von Computern auf Organisationen" sprechen dabei von direkten und indirekten Auswirkungen. Computer verringern die Unternehmensgröße unmittelbar, da mit Hilfe von Informationstechnologien häufig weniger Arbeitskräfte als vorher ein bestimmtes Arbeitspensum absolvieren. Indirekt verringern Computer die Firmengröße, weil Informationstechnologien engere Beziehungen zu Kunden und Lieferanten ermöglichen, so daß die Unternehmen sich stärker spezialisieren und ehemals integrierte Aktivitäten auslagern können. Daher spiegelt der Trend zur Verkleinerung durch Personalabbau auch die Auswirkungen von Informations- und Kommunikationstechnologien auf Verwaltungsaufgaben wider, obwohl der Abbau ursprünglich durch die Notwendigkeit einer Kostensenkung ausgelöst worden war. Der verstärkte Einsatz von Technologien, wie der elektronischen Briefübermittlung und der elektronischen Telefonansage, sowie gemeinsam genutzter Datenbanken hat im Laufe der Zeit den Bedarf an mittleren Führungskräften reduziert, deren traditionelle Aufgabe es war, andere zu beaufsichtigen und Informationen zu sammeln, zu analysieren, auszuwerten und innerhalb der unterschiedlichen Organisationshierarchien zu verteilen.

Der Personalabbau von Unternehmen hatte massive Auswirkungen in den Vereinigten Staaten. Zwischen 1980 und 1993 verringerten die 500 größten Industriekonzerne der USA die Zahl ihrer Beschäftigten um 4,7 Mio. bzw. um ein Viertel ihrer Belegschaft. 1994 wurden nochmals eine halbe Million Arbeitsplätze gestrichen und das im vierten Jahr des Wirtschaftsaufschwungs.

Ein ähnlicher Personalabbau seitens der Unternehmen hat auch in Deutschland stattgefunden; ein Trend, der sich in Zukunft fortführen wird. Zum Beispiel hat sich die deutsche Chemieindustrie in 1996 besser entwickelt als erwartet. Auch für das Jahr 1997 sah der Präsident des Verbandes der Chemischen Industrie und Vorstandsvorsitzende der Frankfurter Degussa AG, Gert Becker, Zuwächse beim Umsatz und Gewinn voraus. Gleichwohl werde der Arbeitsplatzabbau noch weitergehen. Ein Personalabbau von etwa 30,000 Arbeitsplätzen ist für Deutschland vorhersehbar.

Trotz des massiven Arbeitsplatzabbaus in den USA im Laufe des letzten Jahrzehnts ging die Arbeitslosigkeit weiter zurück, während die Gesamtbeschäftigung zunahm. Seit 1972 haben die USA 60 Millionen Arbeitsplätze geschaffen, vor allem im Privatsektor. Dagegen hat Europa nur 11 Millionen Arbeitsplätze seit 1972 geschaffen, über die Hälfte davon im Staatssektor.

Wie war es den USA möglich, die Auswirkungen des Personalabbaus in den Unternehmen und den Verlust der Wettbewerbsfähigkeit in zahlreichen Firmen mit traditionell hohen Beschäftigtenzahlen mehr als auszugleichen? Neue Beschäftigungschancen wurden durch die Anwendung von technologischem Know-how in neuen Branchen gewonnen. Der Grund dafür ist, daß die Durchdringung technologischen Wissens während der Anfangsphase der Entwicklung einer Branche am teuersten und am wenigsten rentabel ist. Ich persönlich betrachte die Verschiebung der Wirtschaftsaktivitäten in den USA - weg von traditionellen Industrien der Nachkriegsära hin zu neuen Branchen - schlechterdings als eine moderne industrielle Revolution.

Daher sehe ich das Problem der Doppelkrise, das heißt der Standort- und der Innovationskrise, in Europa im allgemeinen und in Deutschland im besonderen weniger in der Durchdringung oder der Übernahme von technischem Know-how in den traditionellen Branchen als vielmehr im Übergang zu neuen Industrien.

Wenn eine Branche sich entwickelt, macht das technologische Wissen ebenfalls eine tendenzielle Entwicklung durch, wobei dieses Wissen zunehmend zu einer Information wird und immer weniger implizit oder unausgesprochen bleibt. Demnach erfordert die Umstellung einer Volkswirtschaft von etablierten, traditionellen Industrien auf neuere, noch im Entstehen begriffene Branchen einen fundamental anderen Typ technischen Wissens, und zwar vor allem der Art, bei der die Verbreitung impliziten oder unausgesprochenen Wissens eine wichtigere Rolle spielt, während die Verbreitung von "Information" vergleichsweise weniger wichtig ist (AUDRETSCH/FELDMAN, 1996; AUDRETSCH/STEPHAN, 1996).

Es gibt zwei Hauptunterschiede zwischen implizitem technologischen Know-how und technologischer Information. Implizites oder stillschweigendes Wissen geht einher mit zwei weiteren Unsicherheitsquellen: Erstens, kann die Technologie auch umgesetzt werden, mit anderen Worten, kann ein neues Produkt oder ein neues Verfahren tatsächlich technologisch erzeugt bzw. durchgeführt werden? Zweitens, gibt es einen tatsächlichen Bedarf für das neue Produkt? (ARROW, 1962, 1983).

Weniger theoretisch formuliert bedeutet dies: Wenn jemand wie Ted Hoff den Mikroprozessor erfindet und zu seinem Arbeitgeber geht (in diesem Fall IBM), ist es für die Firma nicht offensichtlich, welchen Wert dieses neue technologische

Wissen hat. Wozu ist ein Mikroprozessor gut bzw. gibt es wirklich einen Bedarf für Minicomputer auf der Basis von Mikroprozessoren? Um Hoff zu verstehen, hätte IBM im Grunde in seiner Person stecken, über seinen Erfahrungsschatz verfügen und seine Weltanschauung teilen müssen. Deshalb ist neues Wissen nicht nur asymmetrisch, sondern auch mit hohen Transaktionskosten belastet. Nach jahrelanger Frustration verließ Hoff schließlich IBM und entwickelte den Mikroprozessor mit der gerade flügge werdenden Neugründung Intel, die zur treibenden Kraft hinter den Chips von IBM wurde.

Deutschland ist bei der Hervorbringung von Grundlagenwissen offenbar nicht benachteiligt. Wenn dieses Wissen jedoch den Wissenszyklus in Richtung auf seine Anwendung hin durchläuft, ist es für die Inhaber dieses Wissens schwierig, sich den Wert desselben anzueignen. Dies liegt in der fundamentalen Eigenart impliziten Wissens begründet, die gekennzeichnet ist durch hohe Unsicherheit, Informationsasymmetrien und hohe Transaktionskosten. Jeder kennt Sun Computer als eine Firma im Silicon Valley. Weniger bekannt ist die Tatsache, daß sie von einem Deutschen gegründet wurde, der die grundlegenden Ideen hierfür in Deutschland entwickelte. Als er weder von einer Reihe von Firmen, darunter auch Siemens, noch von verschiedenen Banken finanzielle Unterstützung erhielt, verlegte er sein Jungunternehmen in die USA, wo er auf Venture Capital zugreifen konnte.

Dies ist kein isolierter Einzelfall. Dutzende von Unternehmern in neu entstehenden Branchen, von Computersoft- und Hardware bis zur Biotechnologie und virtuellen Realität, wählen die Auswanderung, um aus ihrem technologischen Wissen einen Profit zu erzielen.

Ökonomen sprechen von statischen wirtschaftlichen Wohlfahrtsverlusten in Form des nicht realisierten technischen Wissens und der nicht realisierten positiven externen Effekte, die andernfalls entstanden wären. Die Tatsache, daß derartiges technologisches Wissen in seiner Frühphase aus Deutschland, ebenso wie aus dem übrigen Europa, zu ausgewählten Standorten in den USA abfließt, offenbart möglicherweise institutionelle Unterschiede. Bestimmte Institutionen machen es den Wirtschaftssubjekten vergleichsweise einfach bzw. schwierig, neue und innovative Ideen zu verfolgen. Möglicherweise leisten die deutschen Institutionen, vom Finanzsektor über den Arbeitsmarkt bis hin zum Bildungswesen Hervorragendes bei der Übertragung und Anwendung technologischen Wissens in traditionellen Industrien, nicht aber in neu entstehenden Branchen, weil sie für erstere entwickelt wurden. Diese Institutionen begünstigen die Lenkung von Ressourcen in wirtschaftliche Aktivitäten, bei denen mehr oder weniger bekannt ist, was, wie und von wem produziert wird. Zum Beispiel wird es als eine Tugend des deutschen Bank- und Finanzwesens angesehen, daß durch die Möglichkeit der Banken, Privatfirmen zu besitzen, diese vor solchen Liquiditätsengpässen beschützt werden, die den Banken jenseits des Atlantiks so geläufig seien (AUDRESTCH/ELSTON, 1997). Dies mag zwar zutreffen, kann sich aber auch negativ auswirken, da nur große, etablierte Unternehmen in den Genuß großzügiger Geldmittel der Banken kommen. Üblicherweise sind solche Unternehmen aber an die Entwicklungspfade bereits bekannter Technologien gebunden. Dabei werden häufig die Schwierigkeiten übersehen, mit denen Außenseiter und Unternehmer bei der Geldbeschaffung konfrontiert sind, wenn sie neue und abweichende Vorstellungen über ihren Geschäfts- und Entwicklungsprozeß haben. Gleichzeitig gibt es nur zu vernachlässigende Mittel an Venture Capital. Ungenügend entwickelt sind auch informelle Kapitalmärkte, die Finanzmittel solchen Projekten zuführen könnten, die auf neuen und unterschiedlichen technologischen Entwicklungen basieren (WELFENS, 1996). So überrascht es kaum, daß zu den in der Wirtschaftsberichterstattung am häufigsten wiederholten Aussagen der letzten Monate die folgende Äußerung Helmuth Gümbels, des Forschungsdirektors der Münchner Gartner Gruppe, gegenüber dem ECONOMIST (1994) zählt: "Put Bill Gates in Europe and it just wouldn't have worked out.".

Auch zwingen die steuerlichen Bestimmungen die Vorstände neuer Unternehmen zur Ausschüttung von Dividenden, sobald sich die ersten Gewinne einstellen, was hohe Reinvestitionen verhindert. Die deutschen Konkursgesetze unterstreichen die Sichtweise, daß die Gründung eines Unternehmens und dessen späterer Bankrott gesellschaftlich unproduktiv sei. Nach zwei Konkursen kann ein Unternehmer gesetzlich nur noch als Arbeitnehmer tätig werden. Dem Gesetz nach kann er kein drittes Unternehmen gründen und dabei vielleicht aus seinen früheren Konkurserfahrungen Nutzen ziehen.

Meine Argumentation geht dahin, daß in Deutschland die institutionellen Rahmenbedingungen - was manchmal auch als volkswirtschaftliches System der Innovation bezeichnet wird - mit Blick auf eine industrielle Stabilität entworfen wurden, wodurch die Anwendung neuen technischen Wissens nur entlang bestehender technologischer Entwicklungslinien vollzogen werden kann. Dennoch verlangen die grundlegenden Eigenschaften impliziten Wissens, wie größere Unsicherheit, Asymmetrien und Transaktionskosten, nicht nach Stabilität, sondern nach Mobilität, da der komparative Vorteil eines Landes zunehmend von der Frühphase des Lebenszyklus des Wissens abhängt. Individuen und Organisationen, die Wissen verkörpern, sollten so wenig wie möglich behindert werden bei der Suche nach komplementärem Input von Wissen, mit deren Hilfe sie den Wert ihres eigenen Wissens erhöhen können. Dies verlangt allerdings nach einer höheren Flexibilität – sowohl für einzelne Wirtschaftsakteure, also Arbeitnehmer, als auch für Unternehmen. Jedenfalls wurde die Industriestruktur der USA in den letzen Jahren immer mobiler und turbulenter. In den fünfziger und sechziger Jahren dauerte es zwei Jahrzehnte, um ein Drittel der Fortune 500 zu ersetzen. In den siebziger Jahren bedurfte es nur eines Jahrzehnts. Und in den achtziger Jahren schließlich wurde ein Drittel der Fortune 500 innerhalb von fünf Jahren, also einem halben Jahrzehnt, ausgetauscht (AUDRETSCH, 1995).

Mein Vortrag behandelte zwei Innovationskrisen beiderseits des Atlantiks. Trotz oberflächlicher Ähnlichkeiten bestehen grundlegende Unterschiede zwischen der amerikanischen Innovationskrise der siebziger Jahre und der deutschen und europäischen Innovationskrise der neunziger Jahre. Gemeinsam ist diesen Krisen jedoch, daß sie beide durch Veränderungen der komparativen Vorteile bei der Anwendung neuen technologischen Wissens in verschiedenen Stadien des Wissens-Lebenszyklus ausgelöst wurden. Deutschland hatte offenbar einen komparativen Vorteil in mäßig technologieabhängigen und traditionellen Branchen während der letzten beiden Jahrzehnte. Dies bedeutete, daß die Ausbreitung von Technologien entlang bestehender Entwicklungspfade zur Sicherung der internationalen Wettbewerbsfähigkeit der Unternehmen und des Lebensstandards der einheimischen Bevölkerung ausreichte. Die Verschiebung des komparativen Vorteils Deutschlands und anderer Länder Nordeuropas weg von informationsbestimmten Branchen hinterließ jedoch eine Lücke.

Deutschlands ökonomische Herausforderung zur Jahrtausendwende besteht hauptsächlich darin, die Industriestruktur abzuwenden von den ausgereiften Branchen und Produktionen, die auf der Durchdringung und Anwendung technologischer Informationen beruhen, in Richtung der im Entstehen befindlichen neuen Technologien und Industrien, die auf der Verbreitung und Anwendung impliziten Wissens basieren. Allerdings gilt dabei, daß die zunehmende Bedeutung technologischen und insbesondere impliziten Wissens eine mobilere und turbulentere Industriestruktur nahelegt, während eine informationsbestimmte Industriestruktur eher mit einer relativ ausgeprägten Stabilität einhergeht.

Literatur

ARROW, K.J. (1962), Economic Welfare and the Allocation of Resources for Invention, in: NELSON, R.R. (ed.), The Rate and Direction of Inventive Activity, Princeton: Princeton Unviersity Press, 609-626.

ARROW, K.J. (1983), Innovation in Large and Small Firms, in: RONEN, J. (ed.), Entrepreneurship, Lexington, MA: Lexington Books, 15-28.

AUDRETSCH, D.B. (1995), Innovation and Industry Evolution, Cambridge: MIT Press.

AUDRETSCH, D.B. und ELSTON, J.A. (1997), Financing the German Mittelstand, in: Small Business Economics, 9(2).

AUDRETSCH, D.B. und FELDMANN, M.P. (1996), R&D Spillovers and the Geography of Innovation and Production, in: American Economic Review, 86(3), 630-640.

AUDRETSCH, D.B. und STEPHAN, P.E. (1996), Company-Scientist Locational Links: The Case of Biotechnology, in: American Economic Review, 86(4), 641-652.

DER SPIEGEL (1994), Nr. 5, 1994, 82-83.

STERN (1997), Deutschland vor dem Absturz?, 13.02.1997, 23.

THE ECONOMIST (1994), German Innovation: No Bubbling Brook, 10 September 1994, 75-76.

WELFENS, P.J.J. (1996), Small and Medium-Sized Companies in Economic Growth: Theory and Policy Implications for Germany, Diskussionsbeitrag 27, Europäisches Institut für internationale Wirtschaftsbeziehungen, Universität Potsdam.

WELFENS, P.J.J.; ADDISON, J.A.; AUDRETSCH, D.B. und GRUPP, H. (1997), *R&D and Employment in Europe*, Berlin: Springer.

E. Zur aktuellen Diskussion über den "Standort Deutschland"

von Michael Heise

1. Einleitung

Die gesamtwirtschaftliche Entwicklung in Deutschland ist seit der Rezession der Jahre 1992/1993 zwar wieder aufwärts gerichtet, zufriedenstellen kann sie aber in mehrerer Hinsicht nicht. Der Wachstumsprozeß war von heftigen Stockungen unterbrochen und im Ganzen zu schwach, um einen weiteren Anstieg der Arbeitslosigkeit zu verhindern. Die wirtschaftspolitischen Probleme am Arbeitsmarkt und in den öffentlichen Haushalten erscheinen heute eher größer als zu Beginn der Aufwärtsentwicklung in 1993. Diese Umstände haben berechtigterweise zu einer neuen Standortdebatte geführt.

Aus wirtschaftspolitischer Sicht geht es bei der Standortfrage um eine Verbesserung der langfristigen Wachstumsbedingungen in der deutschen Volkswirtschaft, das heißt insbesondere darum,
- ob die Balance zwischen den Erträgen und den Risiken wirtschaftlicher Aktivität stimmt, oder ob steigende Kosten- und Steuerbelastungen ein Mißverhältnis haben entstehen lassen,
- ob genügend Freiräume für eine wirtschaftliche Aktivität existieren, oder ob durch Regulierung und Staatseingriffe Entfaltungsspielräume über Gebühr eingeengt werden und schließlich,
- ob auf der Angebotsseite des Arbeitsmarktes funktionierende Leistungsanreize vorhanden sind, oder ob durch steuerliche Eingriffe auf der einen und sozialpolitische Regelungen auf der anderen Seite diese Anreize verzerrt sind.

Wenn man diese Themen unter dem Begriff "Standortdiskussion" subsumiert, dann soll damit wohl vor allem die internationale Dimension der Wirtschaftspolitik unterstrichen werden. Aufgrund der steigenden Mobilität von Arbeit, Kapital und Wissen werden Investitions- und Produktionsentscheidungen heute zunehmend in einem internationalen Zusammenhang getroffen - und das gilt in zunehmendem Maße auch für die mittelständische Wirtschaft. Die Standorte und die Wirtschaftssysteme sind in einen intensiveren Wettbewerb getreten, und die starken Veränderungen in der Weltwirtschaft erfordern auch in Deutschland einen Wandel.

Anlässe, über einen Rückstand des Standortes Deutschland im globalen Wettbewerb zu reden, gibt es hinreichend. Die Wachstumsschwäche der letzten Jahre sowie die Unfähigkeit, dem Problem der Arbeitslosigkeit Herr zu werden, sind die wichtigsten. Weitere Schwächen lassen sich auch aus der Bilanz der Direktinvestitionen ableiten. Auch wenn die alarmierenden Zahlen des Jahres 1997 aus statistischen Gründen die Lage etwas überzeichnen dürften - es waren nach Bundesbankangaben rund DM 57 Mrd. an Direktinvestitionen ins Ausland abgeflossen, während das Ausland seinen Sachkapitalbestand in Deutschland um DM 0,3 Mrd. reduziert hat -, sind sie doch ein Indikator für gravierende Standortmängel. In die gleiche Richtung weist die Entwicklung des Weltmarktanteils deutscher Exporteure, der von rund 12 Prozent in 1986 auf 9,4 Prozent in 1997 zurückgegangen ist. Zwar haben auch andere hochentwickelte Industrieländer Marktanteile verloren, weil neue Anbieter auf den Weltmärkten aktiv geworden sind, aber in weitaus geringerem Umfang und im Falle der USA sogar gar nicht.

Besorgniserregend an der deutschen Entwicklung ist, daß sich die Beschäftigungsentwicklung vom Wachstum abgekoppelt hat. Während die Produktion in den letzten zehn Jahren um rund 28 Prozent gestiegen ist, konnte die Beschäftigung nur mit 3 Prozent zunehmen. Die Erklärung für das nur wenig beschäftigungsintensive Wachstum in Deutschland ist, daß die Kapitalintensität der Produktion über viele Jahrzehnte kräftig angestiegen ist. Zusätzliche Produktion wurde dadurch möglich, daß die Unternehmen sehr stark in die Modernisierung und Rationalisierung ihrer Produktionsanlagen investiert haben. Dies ermöglichte es, die Produktivität der geleisteten Arbeitsstunden wesentlich zu erhöhen und trotz des hohen Lohnniveaus in Deutschland wettbewerbsfähig zu bleiben. Die Kapitalintensivierung ist ein Phänomen, das nicht in allen hochentwickelten Industrieländern in gleichem Maße zu beobachten ist. Länder, die eine moderatere Lohnentwicklung zu verzeichnen hatten - das Paradebeispiel sind die Vereinigten Staaten -, haben einen weitaus arbeitsintensiveren Wachstumsprozeß erlebt.

Die Herausforderung, bei hohen Löhnen, Abgaben und sonstigen Kosten wettbewerbsfähig zu bleiben und weitere Produktivitätsfortschritte zu erzielen, macht die Investitionen zu einer Schlüsselgröße für das wirtschaftliche Wachstum in Deutschland. Deswegen ist es sehr bedenklich, daß die Ausgaben der Unternehmen für Anlagen und Maschinen seit dem Einbruch der Rezession 1992/93 kaum angestiegen sind; sie lagen 1997 in realer Rechnung lediglich um 6,6 Prozent über dem Jahr 1993, dem Tiefpunkt der Rezession. Sollte die Investitionstätigkeit in der deutschen Wirtschaft weiterhin schwach bleiben, wird es auf mittlere Sicht nicht möglich sein, die hohe deutsche Reallohnposition zu verteidigen.

Was kann getan werden, um die Position Deutschlands im internationalen Standortwettbewerb wieder zu verbessern? Richtig und wichtig ist zunächst, daß sich die Wirtschaftspolitik auf die vorhandenen Stärken des Standorts Deutschland besinnen muß. In einem globalen Wettbewerb, in dem Wissen und Know-how immer wichtiger werden, kann es als ein entscheidender Vorteil Deutschlands angesehen werden, auf ein gut ausgebildetes und hochqualifiziertes Arbeitskräftepotential bauen zu können. Hochqualifizierte Arbeitskräfte sind ein entscheidender Faktor, um durch ständige Produkt- und Prozeßinnovationen einen Vorsprung auf den Weltmärkten zu behalten und um in neuen hochtechnologischen Marktfeldern in Führung zu bleiben. Die Bedeutung des sogenannten Humankapitals für den Wachstumsprozeß entwickelter Volkswirtschaften wird unter dem Stichwort "neue Wachstumstheorie" inzwischen auch in der Wirtschaftstheorie in starkem Maße betont. Unbestritten dürfte dabei sein, daß die Qualität des Faktors Humankapital ständig gepflegt werden muß. Ohne durchgreifende Reformen des Ausbildungs- und des Hochschulwesens in Deutschland dürfte dieser Standortvorteil Deutschlands an Bedeutung verlieren.

Die Wirtschaftspolitik muß darüber hinaus aber auch bei den wichtigsten Nachteilen des Standorts ansetzen. Gefordert sind vor allem die Tarifpolitik und die Steuerpolitik, deren Aufgaben im folgenden etwas ausführlicher dargestellt werden sollen.

2. Lohnpolitik

Das Niveau der Lohn- und Lohnzusatzkosten in der westdeutschen Industrie liegt wesentlich höher als in anderen Ländern. Auf der Basis eines Vergleichs für das Jahr 1997 waren die Stundenlöhne für Industriearbeiter einschließlich bestimmter Zusatzkosten um etwa 16 DM höher als in den USA und um 13 DM höher als in Japan. Dagegen weisen die Arbeitskosten in Ostdeutschland gegenüber denen in den USA und Japan relativ geringe Differenzen auf. Negative Rückwirkungen eines solchen Lohnniveaus wurden lange Jahre über hohe Investitionen und hohe Produktivitätssteigerungen abgefangen. In den letzten Jahren mußte die deutsche Industrie allerdings in erheblichem Umfang Arbeitsplätze abbauen, um wettbewerbsfähig zu bleiben.

Gegen die Forderung nach Lohnmäßigung wird zuweilen vorgebracht, daß dies eine defensive Strategie sei, die letztlich zu größerer Ungleichheit führen würde und doch nicht erfolgreich sein könne, weil die Niedriglohnkonkurrenz unter anderem aus Mittel- und Osteuropa in arbeitsintensiven Bereichen zu stark sei. Es ist zwar sicher richtig, daß eine moderate Lohnpolitik alleine nicht die Antwort auf die Standortprobleme Deutschlands sein kann, sondern daß generell eine investitions- und innovationsfreundlichere Politik notwendig ist, die auch die Gründungsdynamik wieder erhöht. Aber so lange die Wege zu mehr Investitionen, Innovationen und Gründungen noch umstritten sind und vielfach auch der wirtschaftspolitische Handlungsspielraum fehlt, um als richtig Erkanntes umzusetzen, muß auch die Lohnpolitik einen wesentlichen Beitrag zur Verbesserung der Arbeitsmarktsituation leisten. Das Beispiel anderer Länder wie die USA, Holland und Großbritannien hat gezeigt, daß eine zurückhaltende Lohnpolitik nicht defensiv sein muß, sondern zu mehr Beschäftigung und zu mehr Investitionen führen kann und somit langfristig auch den Verteilungsspielraum in der Wirtschaft erweitert.

Ein beschäftigungsintensiveres Wachstum könnte schon dadurch erreicht werden, daß bei gegebenem Lohnniveau die Flexibilität der Löhne und der Arbeitszeiten vergrößert würde. Junge Unternehmen, die in ihrer Startphase in Schwierigkeiten kommen, oder alteingesessene, die vorübergehend konjunkturelle Rückschläge erfahren, würden durch eine größere Lohnflexibilität entlastet und könnten ihre Beschäftigung stabilisieren. Ein besonders krasser Mangel an Lohndifferenzierungsmöglichkeiten war und ist im übrigen in den neuen Bundesländern zu beobachten, wo hochproduktive, kapitalstarke Westunternehmen der gleichen Lohnkostenbelastung unterworfen waren wie die soeben privatisierten, kapitalschwachen und noch wettbewerbsunerfahrenen Unternehmen Ostdeutschlands.

Daß Handlungsbedarf in Richtung einer betriebsnäheren Tarifpolitik besteht, wird alleine dadurch deutlich, daß die Organisationsgrade, die Gewerkschaften und Arbeitgeberverbände erzielen, immer weiter zurückgehen und daß viele Unternehmen, selbst wenn sie tarifgebunden sind, offen zugeben, unter Tarif zu zahlen. Möglichkeiten, mehr Betriebsnähe zu erzielen, gibt es zahlreiche:
- Öffnungsklauseln in den Tarifverträgen, die es Unternehmen bei Einigung mit ihren Betriebsräten erlauben, unter Tarif zu zahlen. Diese Variante läßt sich auch mit einem Fokus auf die Problemgruppen des Arbeitsmarktes, etwa auf Langzeitarbeitslose, ausgestalten.
- Lohnkorridore, die für tarifgebundene Unternehmen Bandbreiten für die Abschlüsse eröffnen.
- Fix-/Flexi-Modelle, bei denen tarifvertragliche Optionen existieren, einen niedrigeren Fixlohn zu vereinbaren, wenn eine flexible, ertragsabhängige Komponente hinzukommt.

Die Einigungsbereitschaft auf betrieblicher Ebene, die solche Modelle voraussetzen, dürfte in weiten Bereichen der Wirtschaft vorhanden sein. In der Chemieindustrie haben innovative Elemente der Tarifverträge in den letzten Jahren von sich reden gemacht; weitere Öffnungsklauseln sind hier aktuell in der Diskussion. Überdies zeigen Umfragen, etwa die DG BANK-Mittelstandsumfrage, daß die Unternehmen die Vorteile einer betriebsnäheren Politik sehr hoch einschätzen würden und dafür möglicherweise auch etwas höhere Friktionen auf betrieblicher Ebene in Kauf nehmen würden. Da inzwischen auch von der Spitze des DGB eine Reform des Flächentarifvertrages in Angriff genommen wird, kann man wohl zuversichtlich sein, daß sich das Lohnkostenniveau und die Lohnkostenflexibilität schon in den kommenden Jahren in einer für die Wettbewerbsfähigkeit der Unternehmen vorteilhaften Weise verändern werden.

3. Finanzpolitik

Ein weiterer Schlüsselbereich für die Verbesserung der Standortqualität in Deutschland ist die Finanzpolitik. Die Diskussion der letzten Jahre hat den geringen Handlungsspielraum offenbar werden lassen. Aufgrund der prekären Haushaltslage konnten die Maastrichter Kriterien nur knapp erreicht werden.

Daß es zu dieser Situation gekommen ist, liegt daran, daß die nachdrücklich und unablässig von mehreren Seiten vorgebrachten Sparappelle in vielen Bereichen mißachtet wurden. Das ist nicht allein vom Finanzministerium zu verantworten; es fehlte auch die Unterstützung anderer Ressorts und vielfach auch die Konsensfähigkeit im Parlament. Verfehlungen der mittelfristigen Haushaltspläne wurden im wesentlichen der deutschen Wiedervereinigung zugeschrieben, und es wurde versäumt, eine grundlegende Überprüfung und Neufestlegung der Prioritäten in den öffentlichen Haushalten vorzunehmen. Bei der heutigen Haushaltssituation ist es deswegen kaum noch vorstellbar, daß eine den Privatsektor kräftig entlastende Steuerreform schon bald Wirklichkeit werden könnte.

Es ist abwegig, die Maastricht-Kriterien für die derzeitigen Probleme der Wirtschaftspolitik verantwortlich zu machen. Eine Defizitobergrenze von 3 Prozent des Bruttoinlandsprodukts ist keineswegs zu ehrgeizig. Selbst bei einem mittelfristigen Wachstumstempo der Wirtschaft von nominal 4 Prozent pro Jahr ist ein Defizit von 3 Prozent mehr, als der Staat sich auf Dauer leisten kann. Auch bei 4 Prozent Wachstum müßte das Defizit bei höchstens 2,4 Prozent des BIP liegen, um auch nur den Schuldenstand bei 60 Prozent zu stabilisieren und die Zinslastquote konstant zu halten. Eine Defizitquote von 3 Prozent würde bei den zu erwartenden Wachstumsraten immer noch eine fortschreitende Einengung des finanzpolitischen Handlungsspielraums bedeuten.

Weil eine hinreichend starke und dauerhafte Konsolidierung in den vergangenen Jahren versäumt wurde, sind die finanzpolitischen Verhältnisse alles andere als optimal. Es wird z.B. in den Bundesländern mit Haushaltssperren und linearen Kürzungen gearbeitet, die überwiegend die disponiblen Investitionsausgaben treffen.

Skeptisch muß man derzeit sein, ob im Wahljahr 1998 große Fortschritte bei der Konsolidierung erzielt werden können. Die meisten Maßnahmen einer Konsolidierungspolitik sind langfristiger Art und politisch umstritten, so der Abbau von Subventionen, systematische Reformen im Bereich der Renten-, Kranken- und Arbeitslosenversicherung, eine Verschlankung des Staates durch Privatisierung und Reformen in der Leistungserbringung des Staates.

Der wichtigere Teil der Steuerreform, nämlich die Herabsetzung der Einkommensteuersätze in der Lohnsteuer und für gewerbliche Einkünfte wird frühestens 1999 umgesetzt werden können. Aus heutiger Sicht ist von der Reform keine sehr starke Nettoentlastung der privaten Haushalte zu vermuten. Dabei wäre eine durchgreifende Steuerreform die große Chance für die Wirtschaftspolitik, der Wirtschaft in Deutschland wieder den benötigten Schub zu geben - nicht nur, weil ein Rückgang der steuerlichen Belastung kurzfristig die Nachfrage nach Konsum- und Produktionsgütern anregen würde, sondern auch, weil sie ein Signal wäre, daß die Wirtschaftspolitik etwas tut, um die langfristigen Wachstumsbedingungen in Deutschland zu verbessern.

4. Schlußbemerkung

Insbesondere von Seiten der Politik wird vielfach festgestellt, daß es in Deutschland an unternehmerischer Leistungs- und Risikobereitschaft mangelt, daß die Gesellschaft keinen Mut mehr hat, den Wandel, den die Weltwirtschaft uns diktiert, zu bewältigen, und daß eine Kultur der Selbständigkeit fehlt, was sich in geringer Gründungsdynamik und einem Mangel an Arbeitsplätzen spiegele. Wie könnte eine Aufbruchstimmung erzeugt werden? Fortschritte in der Tarifpolitik und in der

Steuerpolitik alleine werden wohl nicht ausreichen. Vielmehr bedarf es eines ganzen Bündels an wirtschaftspolitischen Maßnahmen, darunter auch ordnungspolitische Grundsatzentscheidungen. Es geht um eine Neuausrichtung der Staatstätigkeit insgesamt, die weitere Auflockerung der Arbeitsmarktbedingungen, die Beseitigung bürokratischer Hemmnisse, es geht um eine Verbesserung der Wettbewerbsfähigkeit des Humankapitals, mehr Zielgenauigkeit und Transparenz in der Mittelstandsförderung und echte Reformen in allen Zweigen der Sozialversicherung. Es sind diese Rahmenbedingungen, die für die Risiko- und Leistungsbereitschaft aller am Wirtschaftsprozeß Beteiligten entscheidend sind. Die notwendigen Reformen werden nur in einem länger andauernden Prozeß umgesetzt werden können. Dem Ziel, einen hohen Beschäftigungsstand wieder zu erreichen, wird man daher nur in kleinen Schritten näher kommen können.

F. Standortfaktoren in Deutschland

von Utta Ott

Standortbegriff und Standortfaktoren
Der Begriff "Standort" hat international Karriere gemacht. In jedem ausländischen Kommentar zur Wirtschaftspolitik in Deutschland kann man lesen, daß wir uns Sorgen um unsere wirtschaftliche Attraktivität machen. Es ist nicht schwer zu erklären, warum die Debatte hierzulande mit dieser Intensität geführt wird: Ausländische Investoren investieren immer weniger in Deutschland; deutsche Unternehmen gehen mit ihren Projekten zunehmend ins Ausland.

Direktinvestitionen sind jedoch nur auf den ersten Blick ein objektiver, eindeutiger Indikator. Wenn deutsche Unternehmen viel im Ausland investieren, kann dies auch ein Zeichen für Stärke im eigenen Land oder gute Wettbewerbsfähigkeit im Ausland sein. Für die Auslandsinvestitionen deutscher Unternehmen ist nach wie vor die Markterschließung primäres Motiv und eben nicht die Flucht vor zu hohen Arbeitskosten. (Dies zeigen auch die von der Kreditanstalt für Wiederaufbau (KfW) geförderten Investitionen deutscher mittelständischer Unternehmen im Ausland.) Zu beachten ist, daß vier Fünftel der deutschen Direktinvestitionen auf OECD-Länder mit hohen Lohnkosten entfallen. Wenn Ausländer weniger in Deutschland investieren, muß nicht notwendigerweise eine ungünstige Standortqualität die Ursache sein. Auch die Schaffung des europäischen Binnenmarktes hat, zumindest innerhalb Europas, die Parameter für Standortentscheidungen verändert.

Bei den gesamtwirtschaftlichen, landesspezifischen Standortbedingungen handelt es sich um eine recht heterogene Gruppe von Faktoren. Zu ihnen gehören unter anderem Ausmaß und Art der Besteuerung, das System der sozialen Sicherung, Lohnstückkosten, Infrastruktur, Qualifikation, Regulierungsdichte und Kapitalmarkt. Neben diesen "harten" sind die "weichen" Standortfaktoren zu nennen, wie Anpassungs- und Risikobereitschaft, Flexibilität, Aufgeschlossenheit gegenüber neuen Technologien. Zunächst einmal läßt sich feststellen, daß die meisten Standortfaktoren Deutschlands im Grundsatz nach wie vor ausgezeichnet sind, insbesondere Infrastruktur, ein moderner Sachkapitalbestand, Qualifikationsniveau sowie politische und soziale Stabilität. Eine Reihe von notwendigen Anpassungen bei anderen, weniger günstigen Faktoren ist auf den Weg gebracht. Insgesamt erscheint die Standortdiskussion zu außenlastig geführt. Mehr Flexibilität im Inneren ist notwendig, der häufig anzutreffende globale Standortpessimismus ist jedoch nicht begründet.

Zur aktuellen Situation: Die Investitionstätigkeit in Deutschland ist noch nicht wieder "angesprungen". (Am Rande sei eingefügt, daß möglicherweise auch der Investitionsbegriff nicht mehr adäquat ist. Die "immateriellen" Investitionen verdienen eine nähere Betrachtung nicht nur aus einzelwirtschaftlicher Sicht.)

Vom privaten Verbrauch kommen nicht genügend Anstöße. Die günstige Exportentwicklung hat noch nicht zu verstärkten Investitionen geführt. Dies paßt insofern nicht ganz ins Bild, als von den traditionellen Einflußfaktoren, wie Lohnkostenentwicklung, Gewinnentwicklung und Zinsen, derzeit keine negativen Einflüsse ausgehen. Die potentiellen Investoren sehen sich vermutlich besonderen Unsicherheiten ausgesetzt; sie erwarten mehr Stetigkeit und Verläßlichkeit der Rahmenbedingungen, unter denen sie Entscheidungen treffen.

Finanzierung

Aus einer ganzen Reihe von Gründen ist das Finanzierungssystem in Deutschland sehr stark auf die Fremdfinanzierung durch Banken (Hausbanken) angelegt. Dazu gehören das Steuersystem, das das Eigenkapital benachteiligt, schlechte Exitmöglichkeiten für Beteiligungsgeber und eine starke Herr-im-Haus-Mentalität der Unternehmen.

Es besteht keine globale Eigenkapitallücke; auch für ein mittelständisches Unternehmen ist die Eigenkapitalausstattung sehr weitgehend gestaltbar. Unbestreitbar ist aber, daß auf dem Gebiet des externen Risikokapitals Nachholbedarf besteht. Auch der Kapitalmarkt gehört zu den Standortbedingungen. Die Gefahr besteht, daß Wachstumschancen nicht genutzt werden können, weil die Finanzierungsbedingungen für Technologieunternehmen zu ungünstig sind. Die Bundesregierung und auch die Marktteilnehmer selbst (Börsen) haben schon wichtige Schritte zur Verbesserung getan.

Für die Kreditanstalt für Wiederaufbau wird die Förderung von Risikokapital immer wichtiger (1996: Zusagen DM 400 Mio., davon ein großer Teil für junge Technologieunternehmen). Hinzu kommen Maßnahmen, die Transparenz des Risikokapitalmarktes zu verbessern, z.B. durch eine (derzeit geplante) Eigenkapitalbörse, die risikokapitalsuchende Unternehmen und potentielle Investoren zusammenführt. Es geht nicht darum, ein sehr leistungsfähiges Finanzierungssystem - Fremdfinanzierung durch Kreditinstitute - herunterzufahren, sondern vielmehr darum, es durch zusätzliche Segment zu ergänzen.

Ob die Banken direkt stärker in Risikokapital einsteigen (sie sind bereits die größten Refinanciers der auf dem Markt agierenden Beteiligungsfonds), hängt von ihren geschäftspolitischen Entscheidungen ab, aber auch von den Rahmenbedingungen wie z.B. § 32a GmbH-Gesetz. Immer mehr Banken definieren die Innovations- und Risikokapitalfinanzierung als geschäftspolitische Aufgabe und entwickeln, zum Teil in Zusammenarbeit mit Forschungsinstituten, Methoden zur besseren Beurteilung von Innovationsrisiken. Globale Schelte in Richtung Banken ist nicht angebracht.

G. Mittelstandspolitik und Unternehmensgründungen in Deutschland

von Bernhard Lageman

1. Erwartungen an die staatliche Gründungsförderung

Deutschland benötigt, daran kann kein Zweifel bestehen, mit Blick auf Arbeitslosigkeit, Herausforderungen des postfordistischen industriellen Strukturwandels und Globalisierung mehr Unternehmensgründer und innovative Unternehmer. Nicht zuletzt der neidvolle Blick auf amerikanische Verhältnisse hat in jüngster Zeit das Bewußtsein um einschlägige Defizite der deutschen Wirtschaftsentwicklung in weiten Teilen der Öffentlichkeit geschärft. Dabei sind es allerdings weniger höhere Gründungsquoten, welche das Vorbild der Vereinigten Staaten in den Augen deutscher Beobachter attraktiv machen, als vielmehr die Präsenz von Clustern junger innovativer Unternehmen in verschiedenen Regionen der USA - so im Silicon Valley - und der spektakuläre Aufstieg einer ansehnlichen Zahl von High-Tech-Gründungen in den vergangenen Jahrzehnten.

In Deutschland hat das Wissen um Defizite im Bereich unternehmerischer Tätigkeit im weitesten Sinn des Wortes jüngst eine Flut von Diskussionsbeiträgen ausgelöst, die um Schlagwörter wie "Immobilismus", "blockierte Gesellschaft", "Reformstau", "fehlende Kultur der Selbständigkeit" kreisen. Diagnosen und vorgeschlagene Rezepturen überzeugen nicht immer, insbesondere dann, wenn sie kritische Problemfelder, die einem gesellschaftlichen Konsens nur bedingt zugänglich sind - wie z.B. die Frage der Flexibilisierung des Arbeitsmarktes - meiden. Problembewußtsein und zeitkritische Diagnosen schaffen indes heute für eine Gruppe von politischen Maßnahmen einen denkbar günstigen psychologischen Nährboden, die im folgenden zu behandeln ist: die Mittelstandsförderung bzw. die Politiken zur Förderung kleiner und mittlerer Unternehmen (KMU).

Grundsätzlich stellt sich die Frage, welche Möglichkeiten die Politik besitzt, die langfristige wirtschaftliche Dynamik, das Innovationsgeschehen und die Entfaltung des unternehmerischen Elements im Wirtschaftsleben zu beeinflussen. Die Einsicht in den spontanen Charakter der marktwirtschaftlichen Ordnung und die Rolle des Wettbewerbs als Entdeckungsverfahren legt hier prinzipiell eine gewisse Zurückhaltung nahe. Die praktische Erfahrung zeigt indessen, daß die Spannweite praktizierter Ansätze zu einer solchen Beeinflussung trotzdem sehr groß ist. Die KMU-Förderpolitiken sind vor diesem Hintergrund kritisch auf ihre Anlage und Wirksamkeit hin zu befragen.

Verbale Bekundungen der "Bedeutung des Mittelstandes" und Bekenntnisse zur Notwendigkeit seiner Förderung gehören in Deutschland seit Jahrzehnten bei Politikern aller Couleur zum Standardrepertoire der politischen Alltagsrhetorik. Im Laufe der vergangenen Jahrzehnten wurden denn auch die Förderpolitiken stetig - abgesehen von sporadischen, eher fiskalisch als ordnungspolitisch motivierten

Bremsversuchen - zum heutigen, stark ausdifferenzierten Fördersystem weiterentwickelt, das bei einer Vielzahl von spezifischen "Problemlagen" kleiner und mittlerer Unternehmen staatliche Abhilfe verspricht.

Mit der Entwicklung dieses Fördersystems gingen starke Veränderungen der Leitvorstellungen bezüglich der Rolle der KMU im Strukturwandel der Volkswirtschaft einher. In den fünfziger Jahren stand zunächst das Motiv im Vordergrund, "strukturelle Nachteile" der kleinen und mittleren Unternehmen zu kompensieren und auf diesem Wege die Leistungsfähigkeit der mittelständischen Unternehmen im Interesse der Aufrechterhaltung eines vitalen Wettbewerbsgeschehens zu stärken. In den siebziger Jahren gelangte der Beschäftigungsbeitrag der KMU ins Blickfeld und zugleich ein damals diagnostizierter Innovationsrückstand der mittelständischen Wirtschaft. Seitdem die großen Unternehmen ihren Beschäftigungsbestand im Inland im Zuge der Durchsetzung der "schlanken Produktion" tendenziell abbauen und sich durch weltweite Beschaffung und Vermarktung und die Verlagerung von Produktionsaktivitäten ins Ausland zusehends von ihrer nationalen Produktionsbasis entfernen, sind die Erwartungen in die KMU noch weiter gestiegen. Die in Europa aufmerksam verfolgte Beschäftigungsdynamik in den Vereinigten Staaten, die stark von kleinen und mittleren Unternehmen getragen wird, hat maßgeblich dazu beigetragen, daß die mittelständischen Unternehmen zunehmend zum Hoffnungsträger europäischer Beschäftigungspolitik geworden sind.

Die Politik knüpft in Deutschland an die Mittelstandsförderung somit zunehmend hochfliegende Erwartungen, mit denen der traditionell mit dieser verbundene Erwartungshorizont weit überschritten wird. Die Existenzgründungsförderung soll einen entscheidenden Beitrag zur Reduzierung der Arbeitslosigkeit und zur Dynamisierung des Wettbewerbsgeschehens leisten, die Innovationsförderung entsprechend zu Produkt- und Verfahrensinnovationen - insbesondere in den zukunftsträchtigen High-Tech-Branchen - führen. Ähnliche hochgesteckte Erwartungen werden auch in zahlreichen anderen Industrieländern in die KMU-Förderung gesetzt. Daß die KMU-Förderpolitiken all das zu leisten vermögen, was Politik von ihnen erhofft, kann nicht unbesehen unterstellt werden. Gefragt ist hier vielmehr eine kritische Prüfung der Ziele, Instrumente und Wirkungsmöglichkeiten der Förderpolitiken.

Im vorliegenden Beitrag wird danach gefragt, auf welchen Wegen die Mittelstandspolitik in Deutschland Unternehmensgründungen fördert und inwieweit die Fördermaßnahmen das zu halten vermögen, was die Politik sich von ihnen verspricht. Im zweiten Abschnitt wird auf Schwerpunkte und Inhalte der Förderpolitiken und ihre Stellung in der Mittelstandspolitik eingegangen. Der dritte Abschnitt befaßt sich mit der Gründungsförderung - Unternehmensgründungen, wirtschaftspolitische Begründung der Förderung, Maßnahmenspektrum, Förderung der technologieorientierten Unternehmensgründungen, der "Risikokapitalfrage" und der Frage nach den Förderwirkungen. Im abschließenden Abschnitt wird auf die jüngste Reformdiskussion zur KMU-Förderung eingegangen[1].

2. Mittelstandspolitik und -förderung in Deutschland

2.1 Förderpolitiken vs. rahmenorientierte Mittelstandspolitik

Mittelstandspolitik in Deutschland ist nach ihrem traditionellen Selbstverständnis in erster Linie rahmenorientierte Politik, die darauf abzielt, spezifische Benachteiligungen kleiner und mittlerer Unternehmen im Wettbewerbsprozeß zu korrigieren, die aus solchen Regelungen der Steuerpolitik, des Vertrags-, Arbeits-, Sozialrechts oder anderer Politikfelder resultieren, die kleine und mittlere Unternehmen diskriminieren, also das Prinzip der Unternehmensgrößenneutralität verletzen. KMU-bezogene Förderpolitiken haben demgegenüber nur eine komplementäre Funktion. Sie sollen Markt- und Wettbewerbsversagen beispielsweise im Finanzierungsbereich kompensieren, also korrigierend ins Marktgeschehen eingreifen, soweit die erwartete Relation von Aufwand und Ergebnis des Eingriffs dies gerechtfertigt erscheinen läßt. Gegenüber der rahmenorientierten Mittelstandspolitik kommt ihnen somit eine ergänzende und untergeordnete Funktion zu.

In einer etwas unpräzisen Formulierung wird bei Begründung von Fördermaßnahmen bisweilen auch vom "Ausgleich struktureller Nachteile" der kleineren Unternehmen gesprochen. Diese Begründung überzeugt keinesfalls, da es in einer marktwirtschaftlichen Ordnung nicht Aufgabe der Politik sein kann, Wettbewerbsnachteile einzelner Unternehmensgruppen oder Unternehmen auszugleichen, die aus deren Strukturen - Größe, Organisation, Rechtsform, vertikaler Integrationsgrad, räumlicher Absatzradius u.a. - erwachsen. Das Nebeneinander von "härteren", wirtschaftstheoretisch inspirierten Argumenten zugunsten der Mittelstandsförderung und von "weicheren" Argumenten, die theoretischer Reflexion kaum standhalten können, verweist auf ein grundsätzliches Problem: Bei der Einführung von KMU-Fördermaßnahmen bestehen in der Politik erhebliche Ermessensspielräume. Theoretische Begründungen spielen im Vergleich zu pragmatischen Erwägungen faktisch eine sekundäre Rolle.

Zur explosionsartigen Vermehrung des Programmangebots hat zweifellos die Nähe der Mittelstandsförderung zum politischen Tagesgeschäft beigetragen. Das Interesse der Politiker an einer Stimmenmaximierung und der Einfluß von Lobbyistengruppen wirken zuweilen dahin, daß relativ belanglose "Bagatellprogramme" aufgelegt werden, welche die Interessenlage einer bestimmten Klientelgruppe ansprechen. Eine ähnliche Ausweitung der KMU-Förderangebote des Staates ist in den Vereinigten Staaten und Japan zu beobachten und dürfte hier vergleichbare Ursachen haben (SBA, 1993, V; STORZ, 1997, 168). Aufgrund der institutionellen Zuständigkeiten für die KMU-Förderung ist in Deutschland die Förderpolitik der Länder derartigen Einflüssen in stärkerem Maße unterworfen als diejenige des Bundes. Die letztere ist durch die Zuständigkeit der Kreditanstalt für Wiederaufbau (KfW) und der Deutschen Ausgleichsbank (DtA) für die meisten Förderprogramme des Bundes weitgehend vom politischen Prozeß abgekoppelt. Die Länderprogramme werden hingegen in der Regel von den Landesregierungen für die jeweilige Legislaturperiode geplant und sind damit auch stark von den jeweiligen politischen Konstellationen abhängig. Obwohl eine gänzliche Ausschaltung des Einflusses von Interessengruppen auf die Förderung kaum realistisch erscheint, ist eine stärkere Abkopplung der Förderung von der Tagespolitik somit durchaus denkbar, wie das Beispiel der Spezialkreditinstitute des Bundes zeigt. Es bleibt abzuwarten, ob die Einrichtung von Landesförderinstituten durch die meisten Länder auf längere Sicht in ähnlicher Richtung wirkt.

Bei der Ausuferung der deutschen Förderszene hat sicher auch die Tatsache verstärkend gewirkt, daß sich Förderaktivitäten oft leichter in Szene setzen und publikumswirksam vermarkten lassen als beispielsweise die Korrektur steuer- oder gesellschaftsrechtlicher Benachteiligungen kleiner und mittlerer Unternehmen, die per saldo für die mittelständische Wirtschaft größere Effekte bringen, aber nur für Sachverständige verständlich sein mag. Manche Maßnahme der Mittelstandsförderung ist daher wohl in erster Linie als Palliativ für politische Unterlassungen an anderer, gravierenderer Stelle zu werten. Der Zug zum Aktionismus, welcher der Mittelstandsförderung zueigen ist und nicht unerheblich zur heutigen Unübersichtlichkeit der Förderkulisse beigetragen hat, dürfte sich wesentlich aus der relativen Politiknähe der KMU-Förderung erklären. Manche Programme verschwanden unter dem Einfluß tagespolitischer Entwicklungen "in der Versenkung", um an anderer Stelle unter neuer Etikette wiederaufzutauchen[2].

Angesichts dieser Umstände verwundert es nicht, daß die Förderpolitiken in den vergangenen Jahrzehnten eine Eigendynamik entwickelt haben, die am praktischen Vorrang der rahmenorientierten Mittelstandspolitik zweifeln lassen: Die korrekte Umsetzung von - bei zurückhaltender Zählweise - mehr als 400 Förderprogrammen des Bundes, der Länder und der EU für Existenzgründungen und kleine und mittlere Unternehmen setzt einen großen bürokratischen Apparat voraus und bindet auch einen erheblichen Teil der Aufmerksamkeit der relevanten Segmente der Ministerialbürokratien. Der Inflationierung der Förderprogramme entspricht eine Inflationierung der Fördertatbestände. Es gibt heute kaum einen Bereich unternehmerischer Tätigkeit - z.B. Finanzierung, Organisation, Produktion, Erneuerung des Sachkapitalbestands, Mitarbeiterweiterbildung, Einführung neuer Technologien, FuE, Beschaffung, Absatz, Reengineering, Krisenbewältigung, Betriebsübergabe - der nicht bereits in der einen oder anderen Form zum Gegenstand staatlicher Förderung avanciert wäre.

Angesichts der scheinbar unaufhaltsamen Ausweitung der Förderszene könnte der Eindruck entstehen, daß der Staat unversehens immer mehr in die problematische Rolle eines paternalistischen Übervaters der Unternehmen gerate, der diese quasi "von der Wiege zur Bahre" schützend zu begleiten versucht. Der Verbreitung einer Subventionsmentalität wäre damit Tür und Tor geöffnet. In der Realität stellen sich die Dinge jedoch anders dar: Nur ein Bruchteil aller Unternehmen hat in den alten Bundesländern in den vergangenen Jahrzehnten Leistungen der Mittelstandsförderung empfangen. Die meisten der Programme erreichen nur eine verschwindend kleine Minderheit der Unternehmen. Diejenigen Programme der

Spezialkreditinstitute, die größere Förderfallzahlen erreichen (insbesondere zinssubventionierte Kreditprogramme) beinhalten nur relativ geringfügige Subventionskomponenten. Auch bei raffiniertester Inanspruchnahme staatlicher Förderangebote aus der Mittelstandsförderung kann ein einzelnes Unternehmen nicht zum dauerhaften Empfänger von "KMU-Subventionen" avancieren.

2.2 Das deutsche Fördersystem

Als Träger der Mittelstandsförderung treten in Deutschland die Bundes- und die sechzehn Länderregierungen sowie neuerdings auch die Europäische Union in Erscheinung. Die Förderung umfaßt ein denkbar breites Spektrum von Fördermaßnahmen, das von der Ausreichung zinsverbilligter Kredite über finanzielle Maßnahmen zur Stärkung der Eigenkapitalbasis, Maßnahmen zur Unterstützung von Forschungs- und Entwicklungaktivitäten der KMU, betriebswirtschaftliche Beratung, Weiterbildungsmaßnahmen bis hin zu Hilfen beim Auslandsmarketing bzw. zur Unterstützung der Produktvermarktung auf den Inlandsmärkten reicht (siehe Tab. G1).

Derzeit sind der Mittelstandsförderung in Abhängigkeit vom Zuordnungsprinzip 400 bis 1.200 Programme des Bundes, der Länder und der Europäischen Union zuzurechnen, von denen allerdings jeweils nur 15 bis 20 für das einzelne Unternehmen bzw. den einzelnen Unternehmensgründer von Belang sind. Die Förderszene ist aufgrund der explosionsartigen Vermehrung des Programmangebots für Nutzer, Mittler und Initiatoren zunehmend unübersichtlich geworden und teilweise auch inkonsistent - Redundanzen, unterschiedliche Abgrenzungen von Fördertatbeständen.

Die Tatsache, daß Bund, Länder und EU über ein breit gefächertes Instrumentarium der Mittelstandsförderung mit einer Vielzahl von einzelnen Förderprogrammen verfügen, würde zunächst vermuten lassen, daß das finanzielle Volumen der Förderung von erheblichem Gewicht ist. Angesichts des besonderen politischen Popularitätswerts der Mittelstandspolitik in Deutschland sollte man indessen auf diesem Gebiet sorgfältig zwischen Sein und Schein unterscheiden. Faktisch nehmen sich die Ausgaben von Bund und Ländern für die Mittelstandsförderung eher gering aus: Für das Haushaltsjahr 1995 wurden im Bundes- und in den Länderhaushaltsplänen insgesamt rund 5,8 Mrd. DM für Zwecke der Mittelstandsförderung vorgesehen, wovon rd. 56 vH auf den Bundeshaushalt, 25 vH auf die Haushalte der alten Bundesländer und 19 vH auf diejenigen der neuen Länder entfielen[3].

Tab. G1: Anzahl und Bereich der KMU-Förderprogramme des Bundes, der Länder und der Europäischen Union 1996

	EU	D	NBL	BW	BY	BE	BB	HB	HH	HE	MV	NRW	NS	RP	SL	Sa	S-A	SH	TH
Finanzierung	4	20	3	13	19	19	13	10	7	11	8	10	10	12	13	12	8	7	12
Eigenkapital	2	5	2	1	3	3	2	1	1	2	1	1	1	2	3	2	1	2	2
Darlehen	2	11		7	6	1	2	1	0	3	0	2	2	2	3	4	1	1	4
Garantien	0	2	1	2	4	4	3	2	1	2	2	2	4	3	4	2	3	2	1
Zuschüsse	0	2		3	6	11	6	6	5	4	5	5	3	5	3	4	3	2	5
Beratung/Ausbildung	11	12	1	5	12	8	5	3	5	11	6	7	3	11	9	9	4	6	8
Information	5	1		1	2	0	0	0	0	0	0	0	0	1	0	1	0	0	0
Beratung	0	4		2	6	5	0	2	4	4	1	3	1	6	6	1	2	0	3
Training	2	2	1	1	1	1	1	0	0	0	0	0	0	0	1	1	0	0	1
Weiterbildung	4	5		1	3	2	4	1	1	7	5	4	2	4	2	6	2	6	4
F+E/Innovation	2	9	2	7	6	14	7	12	12	10	6	3	6	10	5	5	9	4	7
Forschung und Entwicklung	2	6	2	2	4	5	2	8	3	3	3	1	2	2	3	3	2	2	4
Technologietransfer	0	1		0	0	1	1	1	1	0	3	1	2	1	0	1	1	1	0
Innovationsberatung	0	0		0	2	0	2	2	3	4	0	0	1	1	1	0	2	0	2
Infrastruktur	0	2		2	0	8	2	1	5	3	0	1	1	6	1	1	4	1	1
Marketing/Absatz	3	8	2	3	5	6	6	5	5	7	6	5	4	8	3	7	3	5	5
inländische Messen	2	1	1	1	1	2	2	1	1	1	1	1	1	1	1	1	1	0	1
Exportförderung	1	6		1	3	2	3	4	2	3	3	3	3	2	2	2	1	3	1
Diverses	0	1	1	1	1	2	1	0	2	3	2	1	0	5	0	4	1	2	3
Summe	20	49	8	28	42	47	31	30	29	39	26	25	23	41	30	33	24	22	32

BMWi 1995 und eigene Erhebungen. - [1] Maßnahmen des Bundes für Ostdeutschland.
Legende: NBL - Neue Bundesländer, BW - Baden-Württemberg, BY - Bayern, BE - Berlin, BB - Brandenburg, HB - Bremen, HH - Hamburg, HE - Hessen, MV - Mecklenburg-Vorpommern, NRW - Nordrhein-Westfalen, NS - Niedersachsen, RP - Rheinland-Pfalz, SL - Saarland, Sa - Sachsen, S-A - Sachsen-Anhalt, SH - Schleswig-Holstein, TH - Thüringen.

Diese Aufwendungen schließen sowohl die Finanzierung infrastruktureller Einrichtungen - z.B. von Technologiezentren und Bildungseinrichtungen - ein als auch einzelbetriebliche Fördermaßnahmen. Die Zuordnung einzelner Programme zur Mittelstandsförderung ist nicht immer ganz unproblematisch. Enthalten sind in den unter der Rubrik "Mittelstandsförderung" geführten Haushaltsposten teilweise auch solche Maßnahmen, von denen ebenso große wie kleine und mittlere Unternehmen profitieren, oder die primär anderen Zwecken dienen. Nicht enthalten in den 5,8 Mrd. DM sind zum einen die Aufwendungen für die regionale Wirtschaftsförderung (1995 rd. 11,4 Mrd. DM) im Rahmen der Gemeinschaftsaufgabe "Verbesserung der regionalen Wirtschaftsstruktur" (GA), weil diese per saldo nur in begrenztem Ausmaß konzernunabhängigen KMU zugute kommen. Ebenfalls nicht eingeschlossen sind zum anderen die von den Spezialkreditinstituten des Bundes (KfW und DtA) aus dem ERP-Sondervermögen und aus Eigenmitteln ausgereichten Kredite (rd. 11 Mrd. DM im Jahre 1995). Diese Mittel werden aus zurückfließenden Zins- und Tilgungszahlungen refinanziert und beinhalten eine recht niedrige - aus der Geschäftstätigkeit der öffentlichen Kreditinstitute finanzierte - Zinssubventionskomponente, die in etwa die Spanne zwischen dem durchschnittlichen marktüblichen Zinsniveau für Großunternehmens- und KMU-Kredite abdeckt (HARMS, 1992, 12).

Bei Berechnung der für die KMU-Förderpolitiken aufgewandten Subventionen (siehe Tab. G2) stellt sich eine Reihe von Zurechnungsproblemen: In jüngster Zeit hat sich im politischen Tagesgeschäft die Praxis eingebürgert, die im Rahmen der Gemeinschaftsaufgabe "Verbesserung der regionalen Wirtschaftsstruktur" aufgewandten Mittel in einen engen Zusammenhang mit der Mittelstandsförderung zu bringen. Dies ist nur insoweit gerechtfertigt, als seit einiger Zeit im Zuge der teilweisen Abkehr vom Exportbasiskonzept KMU in stärkerem Maße von der GA-Förderung profitieren. Nicht übersehen werden sollte indessen, daß diese Förderung primär regionalpolitische Ziele verfolgt und daher nur bedingt der Mittelstandsförderung zugerechnet werden kann. Als problematisch stellt sich auch die Verrechnung der zinsverbilligten Darlehen dar. Die zuweilen praktizierte Addition der Kredite und staatlichen Zuschüsse vermittelt ein falsches Bild vom Umfang der tatsächlichen Subventionen. Als realistische Variante der Subventionsberechnung zur Mittelstandsförderung erscheint vor diesem Hintergrund die Variante III in Tab. G2, welche die um zweifelhafte Programmzuordnungen bereinigten Haushaltsansätze des Bundes- und der Länderhaushalte und die Subventionskomponente der ERP-Förderung summiert.

Tab. G2: Alternativrechnungen zur Höhe der Subventionen für den Mittelstand

	Subventionen nach Fördergebern, in Mill. DM		
	neue Bundesländer	alte Bundesländer	Bund
Variante I	1 108	1 468	3 246
Variante II	665	881	2 921
Variante III	665	881	4 285
Variante IV	8 837	2 230	4 285
Variante V	4 751	1 555	4 285
	Subventionen nach Sitzländern der Destinatare, in Mill. DM		
	neue Bundesländer	alte Bundesländer	Insgesamt
Variante I	3 725	2 098	5 823
Variante II	3 020	1 448	4 467
Variante III	3 881	1 950	5 831
Variante IV	12 053	3 299	15 352
Variante V	7 967	2 624	10 591
	Anteil an den Gesamtsubventionen, in vH		
	nach der Abgrenzung des Subventionsberichts		
Variante I	9,8	3,2	5,6
Variante II	8,0	2,2	4,3
Variante III	10,2	3,0	5,6
Variante IV	31,8	5,0	14,8
Variante V	21,0	4,0	10,2
Nachrichtlich: Subventionen[1], in Mill. DM	37 961	66 002	103 963
	nach der Abgrenzung der Forschungsinstitute		
Variante I	4,2	2,1	3,1
Variante II	3,4	1,5	2,4
Variante III	4,3	2,0	3,1
Variante IV	13,5	3,3	8,2
Variante V	8,9	2,7	5,6
Nachrichtlich: Subventionen[2], in Mill. DM	89 590	98 500	188 090

Variante I: Haushaltsansätze von Bund und Ländern für Zwecke der Mittelstandsförderung, Gliederung entsprechend BMWI (1995), einschl. von Bundesmitteln in Höhe von 421 Mill. DM für ERP-Förderung in den neuen Ländern. Variante II: Wie Variante I, 90 vH der Bundes- und 60 vH der Landesmittel wurden als Ausgaben der Mittelstandsförderung im engeren Sinn bewertet. Variante III: Wie Variante II, aber unter Berücksichtigung der Subventionseffekte der ERP-Förderung (durchschnittlicher Subventionswert West = 5 vH, Ost = 10 vH) sowie eines Aufschlages für Kreditausfälle in Höhe von 10 vH der 1995 ausgereichten Kredite. Variante IV: Variante III zzgl. 100 vH der GA-Förderung. Variante V: Variante III zzgl. 50 vH der GA-Förderung. - [1]Die ERP-Kredite wurden nur in Höhe des jeweiligen Subventionswertes und eines Ausfallaufschlages in Höhe von 5 vH der Kreditsumme berücksichtigt. - [2]Die ERP-Kredite wurden nur in Höhe des jeweiligen Subventionswertes und eines Ausfallaufschlages in Höhe von 5 vH der Kreditsumme berücksichtigt, Basis: Subventionsberechnung der Institute für das Jahr 1994. - Vgl. KLEMMER ET AL. (1996), 92.

Die für die Mittelstandsförderung aufgewendeten Subventionen nehmen sich vor diesem Hintergrund vergleichsweise bescheiden aus. Im Jahre 1995 entfielen nur rd. 2 vH aller im westlichen Bundesgebiet und 4,3 vH der in den neuen Ländern verausgabten Subventionen - im Sinne der Subventionsabgrenzung der Forschungsinstitute - auf die Mittelstandsförderung. Die KMU-Förderpolitik stellt sich angesichts des bescheidenen Umfangs der eingesetzten Subventionen, aber auch angesichts der Natur der Fördermaßnahmen - einmalige Inanspruchnahme, Hilfe zur Selbsthilfe, zeitliche Begrenzung - demnach keinesfalls als "exemplarischer Sündenfall" der deutschen Subventionspolitik dar.

Hervorzuheben ist, daß in den genannten Zahlen zur Mittelstandsförderung aus den Haushalten von Bund und Ländern, zur Regionalförderung und zu den Kreditausreichungen von DtA und KfW die umfangreichen Aufwendungen für Fördermaßnahmen in Ostdeutschland enthalten sind. Mit der Wiedervereinigung erfuhren die Fördermaßnahmen, die sofort auf die neuen Bundesländer ausgedehnt und um eine Reihe von Sonderprogrammen ergänzt wurden, eine zuvor nie gekannte Entfaltung. Da ostdeutsche Existenzgründer und die 1990 bestehenden wenigen privaten Unternehmen kaum über die notwendigen Finanzmittel zur Unternehmensgründung bzw. -erweiterung verfügten, wurde die Entwicklung der mittelständischen Wirtschaft insbesondere durch ein breit gefächertes Angebot an leicht zugänglichen öffentlichen Kreditlinien gefördert. Von den seit 1990 in Ostdeutschland gegründeten Unternehmen dürfte in den ersten fünf Jahren nach der Wiedervereinigung fast jedes zweite Unternehmen in den Genuß von Fördermitteln (zinsverbilligten Krediten, Zuschüssen oder Investitionszulagen) gekommen sein (ROLAND BERGER FORSCHUNGS-INSTITUT, 1995, 13). Bestrebungen, die auf eine baldige Reduktion des Ost-West-Fördergefälles abzielten, wurden angesichts der Verlangsamung der wirtschaftlichen Dynamik in den neuen Bundesländern einstweilen ad acta gelegt. Die fällige Angleichung wird angesichts der noch bestehenden enormen Herausforderungen des Strukturwandels in den neuen Bundesländern einen längeren Zeitraum in Anspruch nehmen.

3. Unternehmensgründungen als Objekt der Politik

3.1 Ein Defizit an Unternehmensgründungen in Deutschland?

Im öffentlichen Diskurs über Unternehmensgründungen in Deutschland wird vielfach ein Mangel an Unternehmensgründungen beklagt und auf positive ausländische Vorbilder - vornehmlich die Vereinigten Staaten - verwiesen. Zudem wird eine relativ zurückhaltende Gründungstätigkeit bisweilen in einen Zusammenhang mit einer im internationalen Vergleich relativ niedrigen Selbständigenquote in der deutschen Wirtschaft gebracht. Beim näheren Hinsehen stellt sich das hier festgestellte deutsche "Gründungsdefizit" indessen weitaus differenzierter dar. Hier stellt sich zunächst die Frage nach der Dynamik des Gründungsgeschehens in Deutschland und hierauf die Frage nach deren wirtschaftspolitischer Bewertung.

Tab. G3: Unternehmensgründungen und -liquidationen in Deutschland 1973-1996*

Jahr	Gründungen	Liquidationen	Saldo
		Alte Bundesländer	
1973	148	144	+4
1975	137	139	-2
1980	178	135	43
1981	215	184	31
1982	269	206	63
1983	297	235	62
1984	310	250	60
1985	310	267	43
1986	302	268	34
1987	307	261	46
1988	326	264	62
1989	337	268	69
1990	372	280	92
1991	391	297	94
1992	398	288	110
1993	407	298	109
1994	419	328	91
1995	452	358	94
1996	434	373	61
		Neue Bundesländer	
1990	110	n.v.	n.v.
1991	140	11	129
1992	96	24	72
1993	79	41	38
1994	74	44	30
1995	76	49	27
1996	68	58	10
		Deutschland	
1991	531	280	223
1992	494	308	182
1993	486	312	147
1994	493	339	121
1995	528	372	121
1996	502	407	71

* Angaben in 1.000

Quelle: Hochrechnung des IfM Bonn auf der Basis von bereinigten Gewerbemeldungen, BMWI (1997), 142 sowie BMWI (1993), 116.

Die Gründungsstatistik ist in Deutschland wie in den meisten Ländern - z.B. den Vereinigten Staaten -, die bei Bewertung des deutschen Gründungsgeschehens oft als Referenzmaßstäbe angeführt werden, notorisch lückenhaft und unzuverlässig. Immerhin gestattet eine Hochrechnung von Gewerbeanmeldungen einiger Bundesländer, die um Fehlzählungen bereinigt wurden, eine realistische Erfassung der relevanten Größenordnungen für das frühere Bundesgebiet (siehe Tab. G3). Für die neuen Bundesländer liegen seit 1990 vollständige Zeitreihen für die Gewerbemeldungen vor, die allerdings ebenfalls um Fehlzählungen zu korrigieren sind.

Danach hat die Zahl der Unternehmensgründungen seit Anfang der siebziger Jahre in den alten Bundesländern stark zugenommen und 1995 mit 452 000 ihren bisherigen Höhepunkt erreicht. Zugleich ist indes auch die Zahl der Unternehmensliquidationen stark angestiegen und hat ein Jahr später - 1996 - mit 373 000 ebenfalls einen Höhepunkt erreicht. Besonders in der zweiten Hälfte der achtziger und in den frühen neunziger Jahren waren starke Nettozuwächse beim Unternehmensbestand zu verzeichnen. Sektoral weisen dabei die Dienstleistungen mit einer Zugangsquote (Gründungen/jahresdurchschnittlicher Unternehmens-bestand) von 35 vH im Zeitraum 1987 bis 1990 die höchste Gründungsdynamik auf, gefolgt vom Sektor Verkehr und Nachrichtenübermittlung mit 32 vH und dem Handel mit 29 vH (PAULINI, 1997, 33).

Der hiermit verbundene Nettozuwachs des Unternehmensbestandes schlägt sich in einem deutlichen Anstieg der Selbständigenquote nieder. Diese betrug 1975 im früheren Bundesgebiet 7,3 vH und lag 1996 in Gesamtdeutschland bei 8,5 vH. Die Entwicklung der Selbständigenquoten in anderen Industrieländern im gleichen Zeitraum verlief sehr uneinheitlich: In Großbritannien ist ein Anstieg der Selbständigenquote von 7 vH auf 12,2 vH festzustellen, in Japan und Frankreich sind deutliche Rückgange (von 12,0 vH auf 9,2 vH bzw. von 10,9 vH auf 8,4 vH) zu verzeichnen. In den Vereinigen Staaten hat sich diese Quote geringfügig - von 6,5 auf 7,0 vH - erhöht[4].

Im internationalen Vergleich nimmt sich das deutsche Gründungsgeschehen somit wenig spektakulär aus. Der säkulare Rückgang der Selbständigkeit scheint in Deutschland seinen Tiefstpunkt durchschritten zu haben. Die fortschreitende Tertiarisierung führt zu einem allmählichen Anstieg der Selbständigenquote. In anderen Industrieländer ist ähnliches zu beobachten, obgleich die Entwicklungen insgesamt sehr stark durch die jeweiligen nationalen Konstellationen des sektoralen Strukturwandels bestimmt sind. Der Vergleich mit den Vereinigten Staaten scheint auf den ersten Blick bei der Orientierung an den Selbständigenquoten zugunsten der deutschen Wirtschaft auszufallen. Dieses Bild trügt freilich insofern, als in den Vereinigten Staaten Unternehmensgründungen und Erwerbstätigkeit phasenweise parallel zueinander stark angestiegen sind (siehe Tab. G4) und die Arbeitslosigkeit einen tiefen Stand erreicht hat. In Deutschland führt die hohe Arbeitslosigkeit hingegen arithmetisch zu einer deutlichen Erhöhung der Selbständigenquote.

Tab. G4: Entwicklung von Erwerbstätigkeit und Selbständigkeit in den OECD-Ländern 1975-1995*

	1975-1980	1980-1985	1985-1990	1990-1995	1975-1980	1980-1985	1985-1990	1990-1995
	Erwerbstätigkeit				Selbständigkeit			
	Europa							
Belgien	0,9	-3,8	6,4	0,1[a]	2,8	7,0	9,8	11,1[a]
Dänemark	3,7	7,2[b]	5,9	-1,6	-9,0	-6,6	5,9	-6,1
Deutschland	5,5	-1,0	8,6	28,1[c]	1,0	8,2	10,3	39,7[c]
Finnland	5,4	7,1	4,8	-15,5	-20,9	14,9	42,4	-6,6
Frankreich	2,9	-0,8	7,7	0,4	-0,8	-1,1	-4,5	-7,7
Griechenland		9,0	10,9	7,5		-4,1	11,8	8,8
Großbritannien	2,2	-2,7	10,8	-3,6	3,5	44,7	30,0	-2,0
Irland	13,9	-2,4	12,1	14,4	10,5	11,6	19,8	18,9
Italien	6,3	4,6	6,1	-4,5	-9,4	16,3	10,5	-1,9
Luxemburg	2,1	2,7	19,6	13,1	-6,7	-7,1	0,0	-7,7
Niederlande	7,6	2,2	23,8	10,1	9,2	-5,6	16,1	35,2
Österreich	6,3	7,1	6,8	10,3[d]	-1,2	-27,3	18,2	10,6[d]
Portugal	14,4	7,7	23,9	2,1	47,8	19,9	25,0	19,1
Schweden	4,2	2,4	5,4	-10,4	7,1	1,7	71,0	14,4
Spanien	-4,1	-6,8	27,7	-1,3	4,6	3,8	20,9	7,2
	Amerika							
Kanada	13,6	6,6	13,3	2,8	23,1	20,4	13,4	21,5
USA	11,9	7,9	10,9	5,1	20,9	11,7	11,6	2,1
	Asien							
Japan	5,0	4,9	7,6	3,3	8,1	0,9	-2,9	-9,4

*Veränderungsraten in vH
[a] 1990-1992
[b] 1981
[c] ab 1991 mit Ostdeutschland
[d] 1990-1994

Quelle: Eigene Berechnungen nach OECD (1997)

Eine wirtschaftspolitische Bewertung der Gründungsdynamik hat in Rechnung zu stellen, daß die Wissenschaft keinen theoretisch begründeten Maßstab für die Bestimmung einer "optimalen" Gründungsquote (Neugründungen/ Unternehmensbestand) oder einer "optimalen" Selbständigenquote (Selbständige/ Erwerbstätige) zu liefern vermag. Es ist im Prinzip davon auszugehen, daß in einer funktionierenden Wettbewerbsordnung das von Hayek beschriebene Entdeckungsverfahren des Wettbewerbs zu einer "adäquaten Versorgung" einer Branche bzw. der Volkswirtschaft insgesamt mit neuen Unternehmen führt. Durch die Politik geschaffene Markteintrittsbarrieren können die Zahl der Unternehmensgründungen verringern. Der empirische Nachweis entsprechender Wirkungen stellt sich allerdings äußerst kompliziert dar.

Der Ruf nach mehr - insbesondere qualitativ hoch stehenden - Unternehmensgründungen ist somit primär pragmatischer Natur und stellt vor allem auf die Arbeitslosigkeit ab. Unternehmensneugründungen können einen direkten Beitrag zum Abbau der Arbeitslosigkeit leisten sowie indirekt, über ihren Beitrag zum

Wettbewerbsgeschehen und zur Innovationstätigkeit, die wirtschaftliche Dynamik fördern. Aus diesem Grund ist Politik gut beraten, Barrieren für Unternehmensgründungen durch ordnungspolitische Gestaltung aus dem Weg zu räumen und Unternehmensgründungen durch - wirksame - Fördermaßnahmen zu unterstützen.

Hervorzuheben ist ein spezielles Defizit der deutschen Gründungstätigkeit, das seit einiger Zeit in der öffentlichen Diskussion zurecht stark betont wird. Die Zahl der technologieorientierten Unternehmensgründungen ist in Deutschland im Vergleich zu den Vereinigten Staaten relativ klein, es fehlen insbesondere jene innovativen Milieus, in denen sich High-tech-Branchen erfolgreich entwickeln können. Vor allem hat das institutionelle Umfeld die Gründung von technologieorientierten Unternehmen in Deutschland nur in relativ bescheidenem Maße unterstützt. Dies trifft insbesondere auf die Universitäten zu, die sich im Unterschied zu den Vereinigten Staaten in traditionellen Bahnen bewegt und den Kontakt zur Wirtschaft kaum gesucht haben. Die Ausbildungsgänge sind denn auch nach wie vor ganz überwiegend auf berufliche Karrieren der Absolventen in abhängigen Beschäftigungen ausgerichtet. Aktive Anstrengungen zur Stärkung der Verbindungen zur Wirtschaft - z.B. in Gestalt des "Science Brokerage" und von "Gründerkollegs" - sind überwiegend neueren Datums. Institutionen, Strukturen und mentale Prägungen wirkten hier bei der Entstehung jener Spezifika der deutschen Universität zusammen, welche die "Wirtschaftsferne" der Hochschulen ausmachen. Bemühungen um die Verbreitung einer "Kultur der Selbständigkeit" an den deutschen Hochschulen zielen vor diesem Hintergrund mindestens ebenso sehr auf Veränderungen des institutionellen Umfelds und der Strukturen der Universitäten ab wie auf die Veränderungen mentaler Prägungen.

3.2 Zur Ratio der Gründungsförderung

Die Untersuchung der wirtschaftspolitischen Ratio der Mittelstandsförderung wird dadurch erschwert, daß es eine in der theoretischen Wirtschaftspolitik allgemein anerkannte wissenschaftliche Grundlage der Mittelstandspolitik - in Gestalt einer durch den "Mainstream" der Wirtschaftspolitiker akzeptierten Theorie einer größenbezogenen Strukturpolitik - nicht gibt. Die Diskussion wird unter diesen Umständen durch Denkansätze unterschiedlicher Herkunft geprägt: durch Elemente normativer Theorie, durch Versatzstücke explikativer Theorie, durch wenig systematisierte empirische Erkenntnisse bezüglich der Rolle kleiner und mittlerer Unternehmen im Strukturwandel sowie durch diverse "Ad-hoc-Theorien" zu den Wirkungszusammenhängen von Fördermaßnahmen.

Den wichtigsten Ansatz zu einer systematischen theoretischen Begründung staatlicher Gründungsförderung bietet die Theorie des Marktversagens. Von Belang sind hier insbesondere Analysen von besonderen Finanzierungshemmnissen von Unternehmensgründungen und KMU, die aus einem echten oder vermeintlichen Marktversagen resultieren. Im Finanzierungsbereich ergeben sich dann spezielle Probleme für Gründer und kleine und mittlere Unternehmen, wenn diese gesamtwirtschaftlich sinnvolle Projekte - Projekte, bei denen die zu erwartende Rendite des eingesetzten Kapitals zumindest dem Marktzins entspricht - entweder überhaupt nicht zu marktüblichen Konditionen finanzieren können oder nur zu wesentlich schlechteren Bedingungen als große Unternehmen.

Anders als bei etablierten Unternehmen verfügt die angesprochene Bank bei Gründern und Unternehmen mit geringer Markterfahrung über wenig "harte" Information über das zu finanzierende Unternehmen. Der Kunde verfügt gegenüber der Bank über einen Wissensvorsprung bezüglich seiner wirtschaftlichen Voraussetzungen, Möglichkeiten und Absichten. Es ist also grundsätzlich von einer Informationsasymmetrie zwischen Bank und Neukunden zugunsten der letzteren auszugehen. Die Kunden können im Prinzip ihren Informationsvorteil zu Lasten der Bank ausnutzen und vor bzw. nach Vertragsabschluß Handlungen begehen, die gegen "Treu und Glauben" verstoßen ("moral hazard" - Problem). Vermutet die Bank besonders ausgepräge Risiken und problematische Handlungsabsichten beim Kunden, so wird sie die Konditionen der Kreditvergabe besonders ungünstig gestalten bzw. den Kredit von vornherein beschränken. Die Folge kann sein, daß ein Kreditgeschäft, das für beide Seiten vorteilhaft wäre, nicht zustande kommt ("adverse selection") (SCHNEIDER, 1992, 614ff.; CHITTENDEN/HALL/ HUTCHINSON, 1996, 64ff.).

Die tatsächliche Bedeutung des hier angesprochenen Problems für die Finanzierung von Unternehmensgründungen ist trotz der Aufmerksamkeit, welche die Forschung gerade in jüngster Zeit der Frage der Kreditrationierung zugewandt hat, durchaus umstritten (CRESSY/OLOFSSON, 1997). Zweifellos führt das höhere Risiko bei Kredittransaktionen mit Neukunden (Gründern) für die Bank zu relativ ungünstigen Kreditkonditionen - Zinssätzen, die eine entsprechende Risikoprämie enthalten - und zur Zurückhaltung bei der Vergabe langfristiger Kredite. In gleicher Richtung wirken die bei kleineren Kreditgeschäften relativ höheren Transaktionskosten des Kreditgeschäfts. Die durchschnittlichen Zinsen für Kredite an KMU liegen daher deutlich über denjenigen für Kredite an Großunternehmenskunden. Als Indiz für eine Kreditrationierung gegenüber kleineren Unternehmen oder Unternehmensgründern ist diese marktübliche Differenzierung der Kreditkonditionen indessen nicht automatisch zu werten.

Ein neuerlicher großangelegter Versuch der britischen KMU-Forschung, in der Tradition des Bolton Reports (1971) und des Wilson Reports (1979) im Rahmen des Cambridge-Survey (1992) die finanzielle Lage und die Finanzierungsmöglichkeiten kleiner und mittlerer Unternehmen zu erkunden, führte nicht zum eindeutigen Nachweis einer "systembedingten" Finanzierungslücke für KMU bzw. größenspezifischer Kreditrationierung (HUGHES, 1997). Eine Befragung von mehr als 2 000 Unternehmen führte zu dem Ergebnis, daß sehr viele britische KMU im Zeitraum 1987-1989 auf eine Kreditfinanzierung seitens der Banken zurückgreifen konnten. 84 vH der investierenden KMU erhielten Darlehen. Bei mehr als 65 vH dieser Unternehmen finanzierten die Banken mehr als die Hälfte der benötigten zusätzlichen finanziellen Mittel. Gründer praktizierten in ihrem Finanzierungsverhalten die "Hackordnung" der Finanzquellenwahl, die auch aus anderen Kontexten bekannt ist: zunächst wird auf eigene und familiäre Ressourcen zurückgegriffen, in zweiter Linie auf Bank- und Handelskredite, die Hereinnahme von Teilhabern ins eigene Geschäft wird nur als "letzter Ausweg" ernsthaft erwogen.

Zu wesentlich skeptischeren Befunden hinsichtlich der Fähigkeit des Kapitalmarkts, eine adäquate Versorgung kleiner und mittlerer Unternehmen mit finanziellen Mitteln zu gewährleisten, kommt eine neuere Untersuchung der deutschen KMU-Finanzierung (AUDRETSCH/ELSTON, 1997). Danach führen die Eigentümlichkeiten des deutschen Finanzierungssystems - Dominanz der Bankfinanzierung, gering entwickelte Zugriffsmöglichkeiten der KMU auf externe Kapitalmarktressourcen - zu einer ausgeprägten Finanzierungslücke insbesondere bei schnell wachsenden technologieorientierten Unternehmensgründungen. Hier zeigt sich, daß die Frage der Kreditrationierung nicht losgelöst von den Besonderheiten des jeweiligen Bank- und Finanzsystems untersucht werden kann. Als besonders kritischer Engpaß stellt sich in Deutschland die Zugangsmöglichkeit der KMU zum organisierten Kapitalmarkt dar. Ende 1994 gab es in Deutschland nur 3 200 Aktiengesellschaften, von denen 666 börsennotiert waren. Im internationalen Vergleich sind dies recht niedrige Zahlen, so waren zum Beispiel 1994 in Großbritannien 1 667 Unternehmen an der Börse notiert (GERKE, 1995; BUNDESVERBAND DEUTSCHER BANKEN, 1996, 9f.). Die Bemühungen der Politik um die Entwicklung des Risikokapitalmarkts, die Schaffung der EASDAQ und die Einführung der Rechtsform der kleinen AG haben den mittelständischen Unternehmen zwar in jüngster Zeit neue Finanzierungsperspektiven erschlossen. Ein Durchbruch bei der Überwindung des spezifischen deutschen - allerdings auch in anderen kontinentaleuropäischen Länder anzutreffenden - Finanzierungsengpasses ist damit allerdings nicht gegeben.

Generell fallen die empirischen Befunde zur Leistungsfähigkeit des Kapitalmarkts recht unterschiedlich aus (BINKS/ENNEW, 1996; KLODT, 1995, 18ff.). Einiges spricht für die Existenz eines Marktversagens, das die Finanzierungsmöglichkeiten insbesondere für Unternehmensgründungen, die mit hohen Risiken und Investitionen verbunden sind, ernsthaft einschränkt. Programme, die eine finanzielle Förderung von Unternehmensgründungen und Erweiterungsinvestitionen von KMU vorsehen, erscheinen vor diesem Hintergrund durchaus gerechtfertigt.

Insgesamt überzeugen die konventionellen Begründungen der Gründungs- und Mittelstandsförderung auf Basis der Theorie des Marktversagens allerdings nur bedingt. Ein Großteil der Sachverhalte, die inzwischen zu "Fördertatbeständen" avanciert sind - z.B. Defizite von jungen Unternehmen im Management- und Marketingbereich - lassen sich schlechthin nicht auf "Markt- oder Wettbewerbsversagen" zurückführen. Gleiches trifft auf solche Fördermaßnahmen zu, die - wie beispielsweise der Aufbau unternehmensstützender Infrastrukturen oder die Förderung von FuE-Kooperationen - die Innovationsdynamik fördern und eine impulsgebende Funktion ("Katalysatorfunktion") für die Unternehmen im Wettbewerbsprozeß spielen sollen.

Neuere Begründungsansätze der Mittelstandsförderung nehmen von der eher defensiven Begründung größenbezogener Förderpolitiken Abstand und setzen auf die dynamische, wachstumsfördernde und damit indirekt wohlstandsmehrende Funktion der Fördermaßnahmen. Insbesondere die KMU-bezogene Innovationsförderung und Forschungs- und Technologiepolitik wird damit begründet, diese solle kleine und mittlere Unternehmen dazu ermutigen, sich stärker als bisher im Innovationsgeschehen zu engagieren. Damit ist insbesondere der relativ kleine Kreis innovationsorientierter junger Technologieunternehmen angesprochen. Neben direkten einzelbetrieblichen Fördermaßnahmen werden dabei insbesondere solche Maßnahmen befürwortet, die auf eine Stärkung der unternehmensbezogenen Infrastruktur von Förder- und Mittlereinrichtungen abzielen (z.B. Technologie- und Gründerzentren, Wissenstransferstellen).

3.3 Schwerpunkte und Praxis der deutschen Gründungsförderung

Unternehmensneugründungen finden im Rahmen der deutschen Mittelstandsförderung eine außerordentlich starke Berücksichtigung, die sowohl in der Vielzahl von gründerorientierten Förderprogrammen als auch in den Volumina der für Zwecke der Existenzgründungsförderung ausgereichten Mittel ihren Niederschlag findet. Nicht nur die Existenzgründungsprogramme der Spezialkreditinstitute des Bundes, sondern auch ein Großteil der übrigen Programmangebote sind stark auf Unternehmensneugründungen orientiert. Dabei sind Betriebsübernahmen den Neugründungen zum Teil gleichgestellt.

Unter den Gründungshilfen überwiegen die finanziell orientierten Unterstützungsangebote. Von den 1995 durch den Bund für Mittelstandsförderung verausgabten Mitteln (3,2 Mrd. DM) entfielen rd. 60 vH auf finanzielle Unterstützungsangebote (siehe Tab. G5). Die aus dem ERP-Vermögen ausgereichten Kredite (11 Mrd. DM) sind in dieser Zahl nicht enthalten. Der Anteil der Finanzierungshilfen an der Mittelstandsförderung der Länder erreichte rd. 55 vH. Die Förderung der Neugründungen hat insbesondere durch die Entwicklung in den neuen Bundesländern starken Auftrieb erhalten, in denen ein erheblicher Teil der Unternehmensneugründungen - geschätzte 45 vH - Fördermittel in Anspruch genommen hat. In Westdeutschland liegt der Anteil der Nutznießer der Gründungshilfen an allen Neugründungen dagegen unter 5 vH.

Tab. G5: Ausgaben des Bundes und der Länder für Mittelstandsförderung auf der Basis der Haushaltspläne 1995

Unterstützung	Finanzierung 1,000 DM	%	Beratung/ Ausbildung 1,000 DM	%	F+E/ Innovation 1,000 DM	%	Marketing/Absatz 1,000 DM	%	Total 1,000 DM
Baden-Württemberg	83,460.0	5.8	23,905.6	6.3	55,848.9	8.1	0	0	163,214.5
Bayern	188,620.0	13.2	42,900.0	11.4	21,000.0	3.1	11,500.0	13.8	264,020.0
Berlin	83,553.6	5.9	2,508.0	0.7	87,169.0	12.7	3,560.0	4.3	176,900.6
Brandenburg	96,300.0	6.7	37,038.0	9.8	57,527.0	8.4	7,350.0	8.8	198,215.0
Bremen	11,020.0	0.8	0	0	8,924.0	1.3	670.0	0.8	20,614.0
Hamburg	8,600.0	0.6	1,255.0	0.3	17,345.0	2.5	280.0	0.3	27,480.0
Hessen	10,760.0	0.7	18,726.0	5.0	8,580.0	1.2	2,455.0	2.9	40,521.0
Mecklenburg-Vorpommern	54,200.0	3.8	64,020.4	17.0	29,530.0	4.3	7,142.6	8.5	154,893.0
Niedersachsen	129,010.0	9.0	0	0	0	0	4,400.0	5.3	133,410.0
Nordrhein-Westfalen	289,410.0	20.3	70,507.0	18.7	150,050.0	21.8	500.0	0.6	510,467.0
Rheinland-Pfalz	75,645.1	5.3	7,427.0	2.0	7,845.0	1.1	2,961.0	3.6	93,878.1
Saarland	6,625.0	0.5	3,645.0	1.0	6,855.0	1.0	530.0	0.6	17,655.0
Sachsen	90,400.0	6.3	65,100.0	17.3	86,240.0	12.5	4,060.0	4.9	245,800.0
Sachsen-Anhalt	170,692.0	12.0	29,088.0	7.7	44,300.0	6.4	13,700.0	16.4	257,780.0
Schleswig-Holstein	1,400.0	0.1	6,700.0	1.8	12,130.0	1.8	0	0	20,230.0
Thüringen	128,700.0	9.0	4,320.0	1.1	94,420.0	13.7	24,250.0	29.1	251,690.0
Ausgaben aller Länder	1,428,505.7	100.0	377,140.0	100	687,763.9	100.0	83,358.6	100.0	2,576,768.2
Ausgaben aller ostdeutschen Länder	540,292.0		199,566.4		312,017.0		56,502.6		1,108,378.0
Ausgaben aller westdeutschen Länder	888,213.7		177,573.6		375,746.9		26,856.0		1,468,390.2
Ausgaben des Bundes	1,941,393.0		315,948.0		732,000.0		256,559.0		3,245,900.0
darunter für									
- Ostdeutschland									2,616,400.0
- Westdeutschland									629,500.0

Quelle: Eigene Berechnungen auf der Basis von Haushaltsplänen,- P. Klemmer u.a., S. 91.

Existenzgründer dürfen bei Inanspruchnahme von Fördermitteln vielfach unterschiedliche Programme des Bundes und der Länder miteinander kombinieren - wie z.B. zinsverbilligte Kredite, Eigenkapitalhilfe, in bestimmten Fällen auch Zuschüsse. Berücksichtigt man den hieraus resultierenden Kumulationseffekt, so können aus den Förderprogrammen beträchtliche Teile der jeweils getätigten Investitionen finanziert werden. In der Förderpraxis werden - bei korrekter Beratung der interessierten Gründungskandidaten - durch die Hausbanken auf das jeweilige individuelle Gründungsprojekt zugeschnittene Finanzierungspakete geschnürt, die einen moderaten Eigenfinanzierungsanteil, die Inanspruchnahme diverser Fördermittel sowie einen Kredit der Hausbank einschließen. Angesichts des Umfangs der Förderangebote des Bundes und der Länder, der ständigen Änderungen des Programmangebots und vielfältiger Eigentümlichkeiten der Förderpraxis wären auch erfahrene Experten der Banken mit der Aufgabe, optimale Finanzierungspakete zu schnüren, überfordert. Hier schaffen die diversen Förderprogrammdatenbanken - wie GENOSTAR bei den Volks- und Raiffeisenbanken - Abhilfe, die eigens für Zwecke der Kundenberatung entwickelt wurden. Hierbei werden auf Basis des Kriteriums einer möglichst niedrigen Effektivverzinsung der eingeworbenen Fremdmittel optimale Finanzierungspakete zusammengestellt.

Das bei der Finanzierung angewandte Hausbankenprinzip sieht vor, daß der Ausreichung der Mittel eine normale Kreditwürdigkeitsprüfung vorausgeht. Da die Hausbanken im Fall eines Forderungsausfalls bei den Förderkrediten für einen - je nach Programm unterschiedlichen - Teil des Ausfalls aufkommen müssen, geht der Vergabe der Fördermittel im allgemeinen eine recht strenge Prüfung voraus. Insgesamt recht niedrige Forderungsausfälle sprechen für die Funktionsfähigkeit des Hausbankenprinzips. Freilich ziehen die Banken in diesem Zusammenhang immer wieder die Kritik mittelständischer Interessenvertreter auf sich, sie verhielten sich übermäßig restriktiv und vergäben - zum Nachteil des Kunden - lieber eigene Kredite, als auf die Möglichkeit der Inanspruchnahme öffentlicher Fördermittel zu verweisen. Die Stichhaltigkeit dieser "Bankenschelte" läßt sich schwer überprüfen. Von einer systematischen Vernachlässigung der Vermittlung öffentlicher Kredite und Zuschüsse kann indessen angesichts des Umfangs der stattfindenden Förderung kaum die Rede sein. Kritiker des Hausbankenprinzips haben im übrigen bislang keine überzeugenden Alternativvorschläge hierzu unterbreitet.

Die Tatsache, daß der Schwerpunkt der Gründungsförderung eindeutig bei den finanziellen Förderprogrammen und hierunter wiederum bei zinsverbilligten Krediten mit niedriger Subventionskomponente liegt, hat in jüngster Zeit den Ruf nach verstärkten flankierenden Maßnahmen aufkommen lassen. Existenzgründer und Betriebsnachfolger sollen bereits im Vorfeld der Gründung systematisch beraten werden und bei Konsolidierung ihrer Gründung einschlägige Beratungshilfen in Anspruch nehmen können. Insbesondere die Länder haben zu diesem Zweck - mit recht unterschiedlichem Nachdruck - entsprechende Förderangebote entwickelt. An der faktischen Dominanz der finanziellen Förderung hat dies indessen bislang wenig geändert. In jüngster Zeit ist eine Tendenz zur Entwicklung integrierter

Programme festzustellen, die finanzielle Fördermaßnahmen mit Innovations-, Weiterbildungs-, Beratungsförderung und sonstigen Förderangeboten kombinieren und somit eine komplexe Förderung "aus einer Hand" anbieten. Ein herausragendes Beispiel für ein solches "Mehrzweckprogramm" bildet das Innovationsprogramm der KfW (KFW, 1996). Letzteres spricht eine besondere Gruppe von KMU an, die innovativen, schnell wachsenden Unternehmen, die bei der Finanzierung von Sprunginvestitionen auf die Zuführung beträchtlicher externer Mittel angewiesen sind. Die Ausdehnung integrierter Programmkonzepte auf die "Breitenförderung" erscheint indessen angesichts ihrer Implikationen - erhöhter Verwaltungsaufwand, Ausbau des Intermediärssystems, deutliche Erhöhung der Subventionskomponente der Förderung - weder erstrebenswert noch praktikabel.

Die deutsche Gründungsförderung spricht bislang überwiegend einen sehr breiten Adressatenkreis an. Die Existenzgründungsprogramme können originäre und derivative Gründungen aller Wirtschaftsbereiche in Anspruch nehmen. Alternativ denkbar wäre eine stärkere Fokussierung der Förderung auf einen Teil der Gründungen - z.B. diejenigen bestimmter Wirtschaftssektoren, innovative Unternehmensgründungen im weiteren Sinne oder High-Tech-Gründungen. Die Konzentration der Gründungsförderung wurde zuletzt insbesondere im Bezug auf den Strukturwandel in den neuen Bundesländern diskutiert.

Grundsätzlich sollte bei der Diskussion des Adressatenkreises der Förderung zwischen zwei Typen von KMU-Förderprogrammen unterschieden werden. Die "Massenförderprogramme" der Spezialkreditinstitute des Bundes stellen ein bewährtes Grundförderangebot mit niedriger Subventionskomponente bereit, das eine Stärke des deutschen Fördersystem im Vergleich zur KMU-Förderung der meisten anderen Industrieländer darstellt. Die Einschränkung der Möglichkeiten ihrer Inanspruchnahme auf bestimmte Gruppen von Unternehmen würde ein Element der Willkür in das Fördersystem einführen und es somit eines wesentlichen positiven Zuges berauben. Die Innovations-, Technologie- und Absatzförderung folgen dagegen einer anderen Logik. Sie sind per se auf bestimmte Gruppen von KMU zugeschnitten. Die genaue Eingrenzung des Adressatenkreises steht im genuinen Zusammenhang mit einer präzisen Zielbestimmung und Instrumentenwahl. Hier erweist sich eine Fokussierung der Förderaktivitäten in den neuen Bundesländern auf das Verarbeitende Gewerbe und insbesondere den Ausbau der Exportbasis durchaus als sinnvoll. Im folgenden soll auf einen Bereich fokusierter Gründungsförderung eingegangen werden, der seit einiger Zeit - in alten wie neuen Bundesländern - die Aufmerksamkeit der Politik in besonderem Maße auf sich gezogen hat - die technologieorientierten Gründungen.

3.4 Die Förderung technologieorientierter Neugründungen

Unter "jungen technologieorientierten Unternehmen" seien neu gegründete oder junge Unternehmen verstanden, die als Kern ihrer Geschäftstätigkeit Güter, Verfahren oder Dienstleistungen entwickeln, erstellen und vermarkten, die auf eigenen Produkt- und Verfahrensinnovationen beruhen. Sie unterschieden sich von anderen Gründungen und jungen Unternehmen durch die relativ große Bedeutung von FuE-Arbeiten für ihre wirtschaftliche Aktivität. Sie führen kontinuierlich Entwicklungsprojekte durch, die zum Teil auch beträchtliche Entwicklungsaufwendungen voraussetzen. Innovative Produkte besitzen ein großes Gewicht in ihrem Produktprogramm und sind von entscheidender Bedeutung für die Sicherung ihrer Wettbewerbsposition (KULICKE ET AL., 1993, 14; WUPPERFELD, 1996, 17).

Die technologieorientierten Unternehmensgründungen machen nur einen Bruchteil (bei enger Definition weniger als 0,1 vH, bei weiterer Definition weniger als 0,5 vH) aller Markteintritte neuer Unternehmen aus. Während 1995 in Deutschland etwa 530 000 Markteintritte neugegründeter Unternehmen zu registrieren waren, dürfte die Zahl der technologieorientierten Gründungen bei Anlegen eines "harten" Definitionsmaßstabs 300 sowie bei Einbeziehung aller Neugründungen in High-Tech-Industrien 2000 kaum überstiegen haben. Das an der Zahl der Hochschulabsolventen ingenieur- und naturwissenschaftlicher Fachrichtungen und hochqualifizierter Fachkräften gemessene Potential an Gründern für derartige Unternehmen wird derzeit wohl weder in Deutschland noch in anderen europäischen Ländern ausgeschöpft. Da technologieorientierte Unternehmen den Kern des sehr kleinen Kreises aller Unternehmensneugründungen bilden, die auf längere Sicht größere Wachstumschancen haben, und von solchen Gründungen Anstöße für das Innovationsgeschehen zu erwarten sind, sind diese Neugründungen aus volkswirtschaftlicher Sicht von besonderem Interesse.

Besondere Probleme bei der Finanzierung technologieorientierter Unternehmensneugründungen ergeben sich aus der Höhe der notwendigen Investitionen und der Schwierigkeit einer realistischen Einschätzungen von Ertragschancen und Verlustrisiken. Die benötigten Investitionen übersteigen in der Regel 500 000 DM und können weit über 1 Mill. DM liegen. Es ist davon auszugehen, daß die große Mehrheit (über 90 vH) aller Banken nicht dazu in der Lage ist, die technischen und betriebswirtschaftlichen Chancen und Risiken derartiger Investitionen adäquat zu beurteilen. Das grundsätzliche Finanzierungsproblem, vor dem alle Unternehmensneugründungen stehen, stellt sich bei den technologieorientierten Neugründungen mit besonderer Schärfe.

Technologieorientierte Neugründungen finden vor diesem Hintergrund in der Mittelstands- und Technologiepolitik seit den achtziger Jahren besondere Aufmerksamkeit:

- Der Bund hat sukzessive spezielle Förderprogramme (TOU, BJTU, BTU) aufgelegt, die sich des speziellen Finanzierungsproblems der technologieorientierten Neugründungen annehmen. In den Ländern wurden zum Teil ähnliche

Programme eingeführt. Von diesen Programmen wird jeweils nur eine kleine Zahl von technologieorientierten Neugründungen erfaßt. Im Rahmen der genannten, aufeinander folgenden Bundesprogramme wurden auf dem Höhepunkt des Engagements im Jahre 1987 etwa 80 Gründungen (neu) gefördert, derzeit dürfte es sich etwa um 20 Unternehmen handeln (FISCHER, 1995, 6).[5] Diese Programme dienen mehr oder weniger als Experimentierfeld für eine "innovative mittelstandsbezogene Strukturpolitik". Nach den vorliegenden Informationen überwiegen sowohl die betriebswirtschaftlichen Vorteile für die geförderten Unternehmen als auch die volkswirtschaftlich positiven Aspekte dieser Fördermaßnahmen. Im Gesamt der technologieorientierten Unternehmensneugründungen stellen sie allerdings nicht wesentlich mehr als "ein Tropfen auf dem heißen Stein" dar.

- Auch technologieorientierte Unternehmensgründungen profitieren von den verschiedenen Programmen zur Existenzgründungsförderung und Eigenkapitalhilfe. Die Zahl der hieran partizipierenden Neugründungen liegt weitaus höher als diejenige der an den speziellen Förderprogrammen für technologieorientierte Unternehmen teilnehmenden Neugründungen. Fremdfinanzierung und Eigenkapitalzufuhr (EKH) werden dabei im Einzelfall in der Regel durch die Kombination unterschiedlicher staatlicher Förderangebote unterstützt. Der jeweils übliche Programmix unterscheidet sich dabei (in Abhängigkeit von den Länderprogrammen) stark von Bundesland zu Bundesland.

- Technologieorientierte Unternehmensgründungen sind (zumindest theoretisch betrachtet) ideale Kandidaten für die Aufnahme von Wagniskapitalbeteiligungen. Die Ertragsschancen und Verlustrisiken sind hier besonders hoch. Derartige Unternehmensgründungen haben in der Regel einen besonderen Beratungsbedarf gerade auf betriebswirtschaftlichem Gebiet. Beteiligungskapitalgesellschaften, die mit der notwendigen technischen und betriebswirtschaftlichen Kompetenz ausgestattet sind, können zusätzlich zur Lösung des Finanzierungsproblems den erforderlichen Know-how-Transfer in die Gründungsunternehmen sicherstellen. Die öffentliche Diskussion um Impulsgebungen für technologieorientierte Gründungen hat sich denn auch in jüngster Zeit auf diesen Aspekt konzentriert, der unten erörtert werden soll.

- Innovative Unternehmensgründungen sind in besonderem Maße auf die Zufuhr von Know-how sowie Produkt- und Verfahrensideen aus Universitäten und Forschungseinrichtungen angewiesen. Herausragende Beispiele hierfür liefern die Rolle des MIT bei der Entwicklung der Elektronikindustrie an der "Route 128" in Massachusetts, die Schlüsselstellung der Stanford University bei der Entwicklung der Mikroelektronik-Industrie im späteren "Silicon Valley" und die enge Verflechtung von DV-Industrie und wissenschaftlicher Infrastruktur in dieser Region (SAXENIAN, 1996, 11ff.). Politik versucht seit den siebziger Jahren, gestalterisch auf die Entwicklung innovativer Milieus im Umfeld deutscher Hochschulen und die Schaffung von Clustern innovativer Unterneh-

mensgründungen einzuwirken. Hinzuweisen ist hier auf die Schaffung von Transferstellen an den Universitäten, die Gründung von "Vermarktungsagenturen" für Produkt- und Verfahrensideen, die Gründung diverser Förderinstitutionen auf regionaler und lokaler Ebene, nicht zuletzt auch die Einrichtung eines dichten Netzes von Technologiezentren. Die Erfahrungen mit diesen Ansätzen fallen unterschiedlich aus, die hochgesteckten Erwartungen konnten indessen an keiner Stelle voll eingelöst werden. Neuere Versuche zur Belebung des Innovationsgeschehens setzen stärker auf eine Veränderung der Strukturen der Hochschulen; dies trifft beispielsweise auf den jüngst durchgeführten Wettbewerb des BMBF "EXIST - Existenzgründer aus Hochschulen" zu.
Eine abschließende Wertung der Förderaktivitäten des Staates zugunsten junger Technologieunternehmen ist derzeit schon deswegen nicht möglich, weil die wichtigsten Programme neueren Datums sind. Ein grundsätzliches Problem derartiger Förderansätze liegt allerdings darin, daß innovative Gründungen nur in einem wirtschaftlichen und sozialen Umfeld gedeihen können, das solche Aktivitäten ermutigt. Faktisch ist das Innovationsgeschehen jedoch auch stark vom Innovationsregime abhängig, das eine Branche oder eine Region prägt. Pfadabhängigkeiten spielen sowohl in der Innovationstätigkeit großer Unternehmen als auch kleiner und mittleren Unternehmen eine wichtige Rolle. Dies erklärt z.B., daß sich auch die technologieorientierten Unternehmensgründungen in Baden-Württemberg überwiegend in technologisch konventionellen Bahnen bewegen (KRAUSS, 1997, 19ff.). Fördermaßnahmen des Staates konzentrieren sich naheliegenderweise auf bestimmte Engpaßfaktoren wie z.B. eine bestehende "Finanzierungslücke". Die Initiierung innovativer Milieus, in denen sich High-tech-Branchen entwickeln können, erweist sich dagegen als außerordentlich schwierig.

3.5 Die "Risikokapitalfrage" aus mittelstandspolitischer Sicht

Die Risikokapitalfrage ist in jüngster Zeit zum meistbehandelten Thema der mittelstandspolitischen Diskussion in Deutschland avanciert. Dies hängt zum einen damit zusammen, daß der Risikokapitalmarkt in Deutschland nach wie vor weitaus schwächer entwickelt ist als in den Vereinigten Staaten und einigen europäischen Ländern. Zum anderen aber auch damit, daß man sich von einer verstärkten Verfügbarkeit von Risikokapital letztlich wesentliche Anstöße für die wirtschaftliche Dynamik und die Lösung des Beschäftigungsproblems erhofft. Das Beispiel der Vereinigten Staaten zeigt, daß von der stärkeren Bereitstellung von Risikokapital günstige Wirkungen auf den industriellen Strukturwandel, insbesondere die Entwicklung der High-Tech-Branchen, ausgehen können. Insofern ist die Politik gut beraten, das ihr Mögliche zur Förderung des Risikokapitalmarkts beizutragen. Zugleich ist aber auch zu betonen, daß mit der Lösung des "Risikokapitalproblems" zuweilen gänzlich unrealistische Erwartungen verknüpft werden. Die große Mehrheit - weit über 95 vH - aller Unternehmensgründungen, die sich stets in konventionellen Bahnen bewegt und nur sehr begrenzte Wachstumsaussichten hat, ist für Wagniskapitalgeber gänzlich uninteressant. Bestehende Finanzierungslücken dürften hier im übrigen hinlänglich durch die öffentlichen Kredit- und Eigenkapitalhilfeprogramme abgedeckt sein.

Ein Anhaltspunkt für die quantitative Bedeutung des Risikokapitals für die KMU-Investitionen liefert der bereits zitierte Cambridge Survey. Danach wurden 1987-1989 nur 2,9 vH aller Investitionen in britischen KMU durch Einbeziehung von Wagniskapital finanziert (HUGHES, 1997, 158f.). Bei den Gründungen war dieser Anteil nur leicht höher - 3,4 vH. Es ist anzunehmen, daß die entsprechenden Werte in Deutschland deutlich niedriger liegen und in den Vereinigten Staaten höher.

Nach Angaben des Verbandes deutscher Kapitalbeteiligungsgesellschaften lag das Gesamtbeteiligungsvolumen der Mitglieder des Verbandes (75 vH aller Beteiligungskapitalgesesellschaften, darunter überwiegend die finanzstärkeren) 1994 bei 5,5 Mrd. DM. Das Gesamtvolumen der Beteiligungen von Beteiligungskapitalgesellschaften in Deutschland dürfte derzeit bei 6,5-7,0 Mrd. DM liegen.

Diese Zahlen vermitteln einen Eindruck von den derzeitigen Dimensionen des Kapitalbeteiligungsmarktes in Deutschland. Nur ein kleinerer Teil der hier angesprochenen Beteiligungen erfüllt die Definition des "Venture Capital" im engeren Sinn: Wagniskapitalgeber stellen einem Unternehmen haftendes Kapital über einen bestimmten Zeitraum hinweg in der Absicht zur Verfügung, aus der Veräußerung ihres Anteils eine marktübliche Rendite zu realisieren, die das Risiko des Kapitaleinsatzes als lohnend erscheinend läßt. Sie engagieren sich aktiv in der unternehmerischen Beratung des kapitalnehmenden Unternehmens und übernehmen hierbei notfalls selbst Managementfunktionen. Hierdurch unterscheidet sich das "Wagniskapital" vom bedeutend weiter gefaßten Begriff des Risikokapitals, der alle mit besonders hohen Risiken und gleichzeitig außergewöhnlichen Ertragserwartungen verbundenen Kapitalanlagen umfaßt. Als Kapitalnehmer des "Venture Capital" kommen kleine und mittlere Unternehmen in Betracht, die sich durch herausragende Wachstums- und Renditeaussichten und damit verbundene besondere Risiken auszeichnen.

Von den rd. 100 in Deutschland operierenden Kapitalbeteiligungs-gesellschaften haben sich lediglich 10 auf Unternehmensneugründungen spezialisiert. 1994 entfielen von 2 780 insgesamt bestehenden Beteiligungen gerade 150 auf Gründungsfinanzierungen (BUNDESVERBAND DEUTSCHER BANKEN, 1995, 27f.). Der Risikokapitalmarkt ist also nicht nur in Deutschland insgesamt relativ schwach entwickelt, sondern die technologieorientierten Unternehmensneugründungen profitieren derzeit auch nur in einem sehr bescheidenen Ausmaß von derartigen Beteiligungsangeboten.

Als besonders kritischer Engpaß erweisen sich Risikokapitalbeteiligungen an FuE- und technologieorientierten Unternehmen in der Markteinführungsphase. Während in den Vereinigten Staaten 1996 über 2,5 Mrd. ECU in solchen Unternehmen angelegt wurden, waren es in den EU-Ländern weniger als 0,5 Mrd. ECU (KOMMISSION DER EUROPÄISCHEN GEMEINSCHAFTEN, 1998, 7).

Diese Zahlen beziehen sich auf Anlagen formeller Kapitalgeber, sie schließen also die Anlagen von "Business Angels" aus. Bei deren Berücksichtigung würde das Gefälle zwischen den Vereinigten Staaten und der EU noch deutlicher ausgeprägter erscheinen.

Zur Erklärung der im Vergleich zu einigen anderen Industrieländern schwächeren Entwicklung des Risikokapitalmarkts in Deutschland und den meisten anderen kontinentaleuropäischen Ländern bieten sich vor allem drei Faktorengruppen an: erstens die historisch gewachsenen institutionellen Ausprägungen des Kredit- und Kapitalmarkts sowie der Unternehmensfinanzierungspraktiken ("Fremdfinanzierungskultur"), zweitens mit diesen in Zusammenhang stehende "mentalitätsbedingte" Barrieren sowohl auf Nachfrager- als auch auf Anbieterseite gegenüber derartigen Formen des Risikoengagements bzw. der Hereinnahme von Beteiligungen sowie drittens allgemeine Rahmenbedingungen der wirtschaftlichen Betätigung der Unternehmen, insbesondere die Regelungen des Steuerrechts und der Aktivitäten der institutionellen Anleger. Mittelstandspolitisches Engagement zur Erhöhung des Risikokapitalstocks kann zum einen an der Behebung dieser Ursachen des Risikokapitaldefizits ansetzen, zum anderen ist - als kompensatorische Maßnahme - die Bereitstellung von Risikokapital durch (quasi-) staatliche Beteiligungsgesellschaften oder (indirekt) die staatliche Förderung privater Kapitalbeteiligungsgesellschaften denkbar.

In den vergangenen Jahrzehnten wurden mit unterschiedlichem Erfolg beide Wege beschritten. Alle Bundesländer verfügen über Kapitalbeteiligungsgesellschaften, die durch eine ERP-Refinanzierung sowie durch Garantien öffentlich gefördert werden. Deren Tätigkeit bewegt sich allerdings insgesamt in einem recht bescheidenen Rahmen und ein spektakulärer Ausbau ist nicht beabsichtigt. Die jüngsten staatlichen Bemühungen zielen vielmehr insbesondere darauf ab, die Rahmenbedingungen für Risikopitalengagements zu verbessern (BMWI, 1996). Hierbei geht es zum einen um steuerliche Anreize (u.a. die angestrebte steuerliche Besserstellung der Eigenmittel gegenüber dem Fremdkapital, die Abschaffung der Gewerbekapitalsteuer und Senkung der Gewerbeertragssteuer), zum anderen um eine risikokapitalfreundlichere Ausgestaltung der den Kapitalmarkt betreffenden institutionellen Regelungen (u.a. Aufbau eines neuen Marktsegments für kleinere Unternehmen, erleichterte Zulassung von Wertpapierfirmen, Modernisierung der Prospekthaftung für emissionsbegleitende Institute, Erleichterungen für das Risikokapitalengagement großer institutioneller Anleger).

Die neuen kapitalmarktrechtlichen Regelungen und Maßnahmen zur Stimulierung des Risikokapitalmarkts dürften zumindest auf längere Sicht geeignet sein, eine Schlüsselfrage von Risikokapitalbeteiligungen in Deutschland wenn nicht zu lösen, so doch wenigstens zu entschärfen: das angesichts der äußerst begrenzten Möglichkeiten des Börsenverkaufs der Beteiligungen höchst kritische Exit-Problem. Auch von den steuerlichen Neuregelungen - so sie denn im geplanten Maße umgesetzt werden sollten - sind positive Impulse für die Entwicklung des Risikokapitalmarkts zu erwarten.

Ungewiß erscheint indessen, ob mit derartigen Maßnahmen bereits eine grundsätzliche Wende am Risikokapitalmarkt herbeigeführt werden kann. Hier ist auf die seitens der Politik kaum beeinflußbaren kulturellen Barrieren für die Entfaltung des Risikokapitalmarkts hinzuweisen, die Deutschland im übrigen mit zahlreichen europäischen Ländern gemein hat. Von der Existenz solcher Barrieren ist sowohl auf Anbieterseite - bei den Anlegern - als auch bei den Nachfragern - den Unternehmen - auszugehen, deren "Herr-im-Hause"-Position die Bereitschaft zur Hereinnahme externer Teilhaber dämpft. Die in jüngster Zeit in Deutschland monierte Risikoaversion ist Teil einer Finanzierungskultur, die sich im Wechselspiel mit der Entwicklung der Finanzinstitutionen seit Beginn des Industrialisierungsprozesses in Deutschland herausgebildet hat.

Das deutsche Finanzierungssystem unterscheidet sich von denjenigen der Vereinigten Staaten und Großbritanniens unter anderem durch die Schlüsselstellung der Geschäftsbanken bei der Unternehmensfinanzierung, die Kontrollfunktion der Banken als Anwalt der Anteilseigner in den Aufsichtsräten der Großunternehmen (Depotstimmrecht) und eine vergleichsweise sehr schwach entwickelte Börsenkapitalisierung der Aktiengesellschaften. Das finanzielle Engagement Privater in fremden Unternehmen (Business Angels) ist in Deutschland vermutlich weitaus weniger entwickelt als in den Vereinigten Staaten - verläßliche Zahlen hierzu sind allerdings trotz der Beliebtheit des Themas in der Literatur nicht verfügbar. Das deutsche Finanzierungssystem hat in der Vergangenheit einen im ganzen hervorragenden Beitrag zur Entwicklung der Wirtschaft geleistet, der angesichts nunmehr offenkundiger Schwächen bei der Finanzierung kostspieliger Investitionsprojekte in jungen High-Tech-Unternehmen nicht in Vergessenheit geraten sollte[6]. Auch sollte nicht übersehen werden, daß bei der Entwicklung des amerikanischen formellen Risikokapitalmarkts nach dem Zweiten Weltkrieg die öffentliche Hand eine in der deutschen Diskussion oft übersehene erhebliche Rolle gespielt hat (PFIRRMANN/WUPPERFELD/LERNER, 1997, 21ff.).

Zumindest weist der nunmehr eingeschlagene Weg in die richtige Richtung. Ein wesentlich über das heute Praktizierte hinausgehendes Engagement des Staates als "Risikokapitalunternehmer" wäre hingegen verfehlt. Für die kommenden Jahren ist eine starke Ausweitung des Beteiligungsvolumens zu erwarten, welche die hohen Zuwachsraten des vergangenen Jahrzehnts noch übertreffen dürfte. Im Zuge dieser Entwicklung werden sich auch größere Spielräume für Beteiligungen an technologieorientierten Unternehmensgründungen öffnen.

3.6 Die Wirksamkeit der Gründungsförderung

Aussagen bezüglich der Wirkungen der Gründungsförderung auf Gründungsprozeß und volkswirtschaftliche Entwicklung sind derzeit relativ enge Grenzen gesetzt. Generell ist auf allen Ebenen der Förderung - bei Konzipierung der Maßnahmen, ihrer Durchführung und Auswertung - ein Evaluationsdefizit festzustellen (KLEMMER ET AL., 1996, 113). Zwar werden die größeren Programme des

Bundes - zusätzlich zu den üblichen internen Vollzugskontrollen - Wirkungsanalysen durch externe Gutachter unterzogen. Das Gros der Förderprogramme, die in der Regie der Länder durchgeführt werden, ist indes hiervon nicht betroffen. Auch ist die Aussagekraft der meisten von externen Gutachtern erstellten Evaluationsstudien begrenzt. Die Tatsache, daß Programmevaluationen zumeist zu positiven Ergebnissen führen und nur in den seltensten Fällen eine Abschaffung des evaluierten Programms empfohlen wird, stärkt nicht unbedingt das Vertrauen des externen Beobachters in die gängige Evaluationspraxis.

Für die begrenzte Aussagekraft vieler Evaluationen sind zum Teil methodische Schwächen verantwortlich, so z.B., wenn bei der Ermittlung von Förderwirkungen mittels der Befragung geförderten Unternehmen auf die Einbeziehung von Kontrollgruppen verzichtet wird. Generell ist das angewandte methodische Instrumentarium nur bedingt geeignet, Wirkungen der Förderung auf die Entwicklung des Unternehmensbestandes, Marktdynamik und Wettbewerb in geförderten Bereichen und Beschäftigungsdynamik zu erfassen. Hierbei ist natürlich einzuräumen, daß die Förderwirkungen Bestandteil komplexer Kausalzusammenhänge sind, die sich mit dem der Evaluationsforschung zur Verfügung stehenden methodischen Instrumentarium allenfalls im Ansatz erfassen lassen. Es fehlt somit nicht nur seitens der staatlichen Bürokratie an Bereitschaft, sich in stärkerem Maße auf Evaluationen seitens Dritter einzulassen, die auch zu "unerfreulichen" Ergebnissen führen könnten, sondern es wäre auch in der "scientific community" an der Verbesserung der methodischen Standards der Evaluation zu arbeiten.

Zentrale Befunde der Evaluationsforschung zu den Wirkungen der Gründungsförderung sind wie folgt zusammenzufassen:

- Die Gründungsförderung erreicht die angesprochenen Adressatenkreise weitgehend. Dies trifft nicht nur auf die großen Existenzgründerförderprogramme der Spezialkreditinstitute des Bundes zu, sondern auch auf diejenigen Programme, die spezielle Zielgruppen ansprechen (wie z.B. das KfW-Innovationsprogramm).
- Für die meisten Programmangebote der Gründungsförderung ist von merklichen Mitnahmeeffekten auszugehen, d.h. sie werden auch (rationalerweise) von Gründern in Anspruch genommen, die ihre Gründungsinvestition im erfolgten Umfang auch ohne die Inanspruchnahme der Förderung getätigt hätten. Eine Evaluation des Eigenkapitalhilfeprogramms (für die alten Bundesländer) geht z.B. von einer "Mitnahmequote" von 20 vH der Förderfälle aus (BREITENACHER/KLANDT, 1994, 116).
- Die Einschätzungen der Auswirkungen der Förderung auf die Entwicklung des Unternehmensbestandes fallen jedoch insgesamt überwiegend positiv aus. Die Gründungsförderung trägt danach nicht nur dazu dabei, daß Gründungspläne, die ansonsten nicht verwirklicht worden wären, umgesetzt wurden, sondern auch dazu, daß mehr Eingangsinvestitionen getätigt werden konnten, als dies ohne Förderung möglich gewesen wäre. Die Gründungsförderung leistet zugleich einen Beitrag zur Erhöhung der Bestandsfestigkeit und wirtschaftlichen Lei-

stungsfähigkeit der neuen Unternehmen (ELFERS, 1996, 109ff.). Eine Untersuchung des ERP-Programms für die neuen Bundesländer ergab z.B. im Vergleich zu nicht geförderten Unternehmen tendenziell höhere Umsätze in den geförderten Unternehmen (ROLAND BERGER FORSCHUNGINSTITUT, 1995, 6).
- Der Selektionsprozeß der staatlichen Förderung bevorzugt tendenziell größere und betriebswirtschaftlich besser situierte Unternehmen (BRÜDERL/ PREISENDÖRFER/ZIEGLER, 1996, 181f.). Bei den geförderten Gründungen handelt es sich also um eine Positivauswahl, welche die in den Programmstatistiken von KfW und DtA zum Ausdruck kommende hohe Überlebenswahrscheinlichkeit der geförderten Unternehmen erklären kann.
- Überwiegend werden der Gründungsförderung auch positive Beschäftigungseffekte zugesprochen. Diese stehen zum einen mit der angenommenen Vergrößerung des Unternehmensbestandes im Zusammenhang. Zum anderen wurde z.B. in einer Studie zur Gründungsförderung in Baden-Württemberg festgestellt, daß die Zahl der Arbeitsplätze in geförderten Unternehmen größer ist als in vergleichbaren nicht geförderten Unternehmen (UNTERKOFLER, 1988, 101ff.).
- Dem Modellversuch Beteiligungskapital, mit dem neue Wege bei der Förderung innovativer Unternehmensgründungen beschritten wurden, werden positive Wirkungen auf die Entwicklung der geförderten Unternehmen sowie die Entwicklung technologieorientierter Unternehmen insgesamt zugesprochen (KULICKE/WUPPERFELD, 1996, 236ff.).

Bei kritischer Wertung dieser Evaluationsergebnisse ist zu berücksichtigen, daß die meisten Studien auf den Versuch einer umfassenden Einordnung der zumeist durch Befragung von Nutznießern der Förderung und von Angehörigen von Kontrollgruppen gewonnenen Ergebnisse verzichten. Einflüsse auf die volkswirtschaftliche Gründungsdynamik hätten z.B. auch die Verdrängung von Grenzunternehmen durch die neu in den Markt eingetretenen Unternehmen in Betracht zu ziehen. Effekte auf die Marktdynamik und das Wettbewerbsgeschehen in ausgewählten Branchen lassen sich gemeinhin nur sehr schwer erfassen und bleiben daher in der Regel unberücksichtigt. Der Nachweis positiver Effekte der Förderung auf die Unternehmen liefert zwar ein notwendiges, aber kein hinreichendes Argument für die Beibehaltung der Fördermaßnahmen (BRÜDERL/PREISENDÖRFER/ZIEGLER, 1996, 183).

So hat die Förderung z.B. gewiß einen positiven Einfluß auf das dynamische Gründungsgeschehen in den neuen Bundesländern in den ersten Jahren nach der Wiedervereinigung ausgeübt und sich stabilisierend auf die betriebliche Entwicklung der geförderten Unternehmen ausgewirkt. Es erschiene indessen problematisch, die hohe Gründungsdynamik in Ostdeutschland kausal auf die Fördermaßnahmen zurückzuführen. Die volkswirtschaftliche Gründungsdynamik hängt von vielen Faktoren ab, so unter anderem von den Faktorpreisverhältnissen und dem Ausbau des sozialen Sicherungssystems (Opportunitätskosten der Selbständigkeit), von Marktstrukturen und Wettbewerb, von konjunkturellen Einflüssen, aber auch von der demographischen Entwicklung, von gesetzlichen Regularien, administrativen Bestimmungen und Auflagen, dem Ausmaß der Unternehmensbesteuerung und vom sozio-kulturellen Umfeld der unternehmerischen Betätigung. Zudem haben auch die Höhe und Entwicklungstendenz der Arbeitslosigkeit und der sektorale Strukturwandel (z.B. Tertiarisierung und Outsourcing) einen Einfluß (INTERNATIONAL LABOUR OFFICE, 1990, 15). Wir haben es also mit sehr komplexen Zusammenhängen zu tun, deren analytische Erfassung sich sehr schwierig darstellt.

Die Entwicklung der Beschäftigung ist stets Ergebnis einer höchst komplexen Unternehmensdynamik, zu der Unternehmensgründungen und die Expansion bestehender Unternehmen ebenso beitragen wie Schrumpfungsprozesse von Unternehmen und Marktaustritte. Da Markteintritte in der Regel auch zur Verdrängung und Schrumpfung bestehender Unternehmen führen, lassen sich die Beschäftigungseffekte der Gründungen nicht allein an der Beschäftigtenentwicklung in den neu gegründeten Unternehmen messen. Beschäftigungsgewinne, die sich in mittlerer und langer Frist ganz überwiegend auf eine recht kleine Zahl schnell wachsender mittelständischer Unternehmen konzentrieren, sind also gegen die an anderer Stelle auftretenden Beschäftigungsverluste aufzurechnen. Es überrascht angesichts der Komplexität der hier vorliegenden Zusammenhänge nicht, daß empirische Untersuchungen zu den mittel- und langfristigen Beschäftigungseffekten von Existenzgründungen in den europäischen Staaten zu höchst unterschiedlichen Ergebnissen führen (DAS EUROPÄISCHE BEOBACHTUNGSNETZ FÜR KMU, 1994, 93ff.). Für Deutschland liegen empirische Untersuchungen vor, die auf positive beschäftigungspolitische Wirkungen von Unternehmensgründungen schließen lassen (HUNSDIEK, 1987). Aussagen über die Nettobeschäftigungseffekte der staatlichen Gründungsförderung lassen sich derzeit kaum treffen.

Insgesamt besteht bezüglich der Wirkungen der Gründungsförderung noch ein erheblicher Untersuchungsbedarf in der empirischen Wirtschaftsforschung. Bei Schlußfolgerungen bezüglich der Auswirkungen von Maßnahmen zur Förderung des Mittelstandes ist daher eine gewisse Vorsicht am Platze (SEMLINGER, 1995, 10ff.). Bei den durch die verfügbaren Studien vermittelten Erkenntnissen handelt es sich in der Regel eher um "weiche" Informationen als um "harte" empirische Evidenz. Eine politische Schlußfolgerung ist dennoch zu vertreten: Zwar liegen Gründe dafür vor, anzunehmen, daß die Existenzgründungsförderung sich langfristig positiv auf das Gründungsgeschehen und die Beschäftigung auswirkt. Als "Allheilmittel" zur Lösung des Problems der Arbeitslosigkeit ist Mittelstandsförderung - mit welchen konkreten Förderinstrumenten sie auch immer betrieben werden mag - jedoch nicht geeignet.

4. Ansätze für eine förderpolitische Neuorientierung

Die politische Diskussion um die deutschen KMU-Förderpolitiken hat sich in den zurückliegenden Jahren primär auf institutionelle Aspekte des Fördersystems konzentriert: die Vielzahl der einschlägigen Förderprogramme von Bund und

Ländern - neuerdings auch der EU - und die hieraus resultierende Intransparenz des Fördersystems. Hinzu kommt die Diskussion um Adressatenkreise und Instrumentenwahl der Förderung kleiner und mittlerer Unternehmen in den neuen Bundesländern. Die Förderung als solche oder wesentliche ihrer Teilkomplexe wurden weder im politischen Raum noch von wissenschaftlicher Seite ernsthaft in Frage gestellt. Die Komplikationen der wirtschaftlichen Umstrukturierung in den neuen Bundesländern und die zu ihrer Bewältigung initiierten massiven strukturpolitischen Maßnahmen - einschließlich einer stark ausgebauten KMU-Förderpolitik - dürften dazu beigetragen haben, daß die Frage nach Sinn und Zweck sowie konkreten Wirkungen der Mittelstandsförderung in jüngster Zeit kaum gestellt worden ist. Eine Diskussion über die Förderpolitiken sollte indes diese grundsätzlichen Aspekte ebenso wenig aussparen wie die "Inflation" der Förderprogramme und die Intransparenz des Förderwesens für potentielle Nutzer, die über keine einschlägigen Fördererfahrungen verfügen.

Zur Ausuferung der Palette der Förderprogramme in Deutschland hat das gleichzeitige Engagement unterschiedlicher Träger der Mittelstandsförderung - Länder, Bund, EU - maßgeblich beigetragen. Insbesondere die Förderprogramme von Bund und Ländern sind oftmals unzureichend koordiniert. Ergebnis dieser Entwicklung ist das vielfach zu beobachtende Nebeneinander sehr ähnlicher Programmangebote zum Beispiel auf dem Feld der Finanzierungshilfen für KMU und Existenzgründer. Zumindest stellenweise kann in diesem Zusammenhang von einer "Förderkonkurrenz" von Bund und Ländern gesprochen werden. Ein Wettstreit um attraktive Förderangebote, die sich jeweils an die eigene mittelständische Klientel richten, ist auch unter den Bundesländern zu beobachten. Dieser führte zu einer gewissen Angleichung der Programmangebote zunächst der alten, neuerdings auch der neuen Bundesländer, untereinander, die allerdings durch die jeweils unterschiedliche fiskalische Leistungskraft der Träger gebremst wird. Das Förderangebot könnte in Zukunft dann entscheidend vereinfacht werden, wenn sich Bund und Länder zu einer klaren Abgrenzung ihrer jeweiligen Tätigkeitsbereiche in der Förderung durchringen könnten. Der jüngste Anlauf zur Lösung dieses institutionellen Abstimmungsproblems ist indessen fürs erste im Sande verlaufen.

Ein Ärgernis besteht darin, daß der ernsthafte Versuch einer systematischen Wirkungsanalyse der Förderpolitiken in Deutschland - der sowohl Programme des Bundes als auch solche der Länder einbeziehen müßte und nicht bereits im Ansatz vor den methodischen Problemen der Erfassung der Effekte kapitulieren dürfte - bislang nicht unternommen wurde. Zweifellos vorhandene methodische Probleme der Erfassung von Fördereffekten sollten nicht als Entschuldigung für den Verzicht auf den ernsthaften Versuch deren Erfassung herhalten. In diesem Zusammenhang ist auch anzumerken, daß die realen Fördertransaktionen der unterschiedlichen Träger der Fördermaßnahmen weder in den Ländern noch im Bund und schon gar nicht auf nationaler Ebene an zentraler Stelle erfaßt werden. Die Auswirkungen der vielfach üblichen und - soweit der im EU-Beihilferecht gesetzte Rahmen nicht gesprengt wird - durchaus legalen Kumulierungspraktiken können somit ebenso wenig erfaßt werden wie die sukzessive Inanspruchnahme unterschiedlicher Förderangebote. Die Einrichtung einer zentralen Förderdatenbank zur Erfassung von Fördertransaktionen könnte hier Abhilfe schaffen und auch Klarheit über die jeweilige praktische Bedeutung von Bund- und Länderangeboten für die Förderung von Unternehmensgründungen und KMU bringen.

Die bisherige Ausrichtung der Mittelstandsförderung mit einer eindeutigen Schwerpunktsetzung im Bereich der Gründungsförderung und dem weitgehenden Verzicht auf eine Spezifizierung der jeweils angesprochenen Adressatenkreise hat sich bewährt und sollte daher im Prinzip beibehalten werden. Die beispielsweise in Großbritannien in jüngster Zeit erfolgte Konzentration der Förderung auf den kleinen Kreis schnell wachsender, dynamischer KMU (GAVRON ET AL., 1998) wirft das Problem der richtigen Auswahl der "Wachstumskandidaten" auf - eine Aufgabe, mit der sowohl eine staatliche Bürokratie als auch die Hausbanken überfordert sein dürften. Ein substanzieller Beitrag zur Erleichterung von "Sprunginvestitionen" in schnell wachsenden KMU und zur Finanzierung technologieorientierter Unternehmen ist von den jüngst beschlossenen Maßnahmen zur Förderung des Wagniskapitalmarkts, insbesondere der Verbesserung der steuerlichen Rahmenbedingungen für derartige Anlagen und den erweiterten Möglichkeiten eines Engagements institutioneller Anleger zu erwarten. Es geht hier wesentlich darum, dem deutschen Finanzierungssystem seine gegenüber innovativen, schnell wachsenden Unternehmensgründungen gezeigte Lethargie zu nehmen, ohne seine traditionellen Vorzüge zu zerstören.

Technologieorientierte Unternehmensgründungen genießen angesichts ihrer Bedeutung für den sektoralen Strukturwandel zurecht die Aufmerksamkeit der Politik. Die vielversprechenden Ansätze zur Entwicklung des deutschen Risikokapitalmarkts können ein günstigeres Umfeld für die Finanzierung derartiger Unternehmensgründungen schaffen. So wichtig dieses Umfeld ist, es dürfte kaum dafür ausreichen, eine breitere Entwicklung technologieorientierter Unternehmen herbeizuführen. Hierfür bedarf es vor allem innovativer Milieus für die Entwicklung neuer Technologien und Industriebranchen. Neuerdings hat sich die Förderpolitik in verschiedenen Industrieländern der Aufgabe angenommen, derartige Milieus künstlich zu kreieren - allerdings mit bislang wenig überzeugenden Ergebnissen. Angesichts der Bedeutung dieses Ziels ist der Versuch der Politik, in einem "trial-and-error" - Prozeß nach adäquaten Lösungen zu suchen und dabei auch neue Wege zu gehen, zu befürworten, solange dieser sich marktkonformer Mittel bedient.

Endnoten

1 Die hier enthaltenen Einschätzungen basieren zum Teil auf Ergebnissen einer Grobevaluation des Systems der Mittelstandsförderung in Deutschland, die das RWI 1996 gemeinsam mit der WSF Wirtschafts- und Sozialforschung Kerpen im Auftrag des Bundesministeriums für Wirtschaft durchgeführt hat. Vgl. KLEMMER ET AL. (1996).

2 Ähnliches berichtet Storey für Großbritannien. Vgl. STOREY (1994), 295ff.

3 Die kommunale Wirtschaftsförderung bleibt hierbei außer Betracht, insofern sie nicht über die Landeshaushalte (ko-) finanziert wird.

4 Anteil der Selbständigen außerhalb der Landwirtschaft an allen Erwerbstätigen ohne Landwirtschaft. Eigene Berechnungen nach OECD (1997).

5 Diese Angaben basieren auf einer weichen Definition der technologieorientierten Neugründungen. Sie sind also auf geschätzte Neugründungen von 2000 pro Jahr zu beziehen.

6 Vgl. die Eloge auf das deutsche Banksystem aus britischer Sicht bei HUTTON (1996), 267f.

Literatur

AUDRETSCH, D.B. und J.A. ELSTON (1997), Financing the German Mittelstand, "Small Business Economics", Dordrecht, vol. 9, 97-110.

BARTEL, R. (1990), Organisationsgrößenvorteile und -nachteile: Eine strukturierte Auswertung theoretischer und empirischer Literatur, "Jahrbuch für Sozialwissenschaft", Jg. 41, Heft 2, 135-159.

BINKS, M.R. und C.T. ENNEW (1996), Growing Firms and the Credit Constraint, "Small Business Economics", Jg. 8, 17-25.

BMWI (1995), Verbesserung der Transparenz und Konsistenz der Mittelstandsförderung, 1. Bericht der gemeinsamen Arbeitsgruppe des Bundes und der Länder unter Vorsitz des Beauftragten der Bundesregierung für den Mittelstand, BMWi-Dokumentation, Nr. 379, Bonn.

BMWI (Hrsg., 1993), Unternehmensgrößenstatistik 1992/93, Daten und Fakten, BMWi-Studienreihe, Nr. 80, Bonn.

BMWI (Hrsg., 1996), Risikokapital für Existenzgründer und mittelständische Unternehmen, BMWi-Dokumentation, Nr. 391, Bonn.

BMWI (Hrsg., 1997), Unternehmensgrößenstatistik 1997/98, Daten und Fakten, BMWi-Studienreihe, Nr. 96, Bonn.

BREITENACHER, M.; H. KLANDT ET AL. (1994), Gesamtwirtschaftliche Wirkungen der Existenzgründungspolitik sowie Entwicklungen der mit öffentlichen Mitteln - insbesondere Eigenkapitalhilfe - geförderten Unternehmensgründungen, ifo Studien zur Finanzpolitik, 56, München.

BRÜDERL, J.; PREISENDÖRFER, P. und R. ZIEGLER (1996), Der Erfolg neugegründeter Betriebe, Eine empirische Studie zu den Chancen und Risiken von Unternehmensgründungen, Betriebswirtschaftliche Schriften, Heft 140, Berlin.

BUNDESVERBAND DEUTSCHER BANKEN (Hrsg., 1995), Zur Bereitstellung von Risikokapital in Deutschland, Köln.

BUNDESVERBAND DEUTSCHER BANKEN (Hrsg., 1996), Eigenkapitalausstattung deutscher Unternehmen: Daten, Fakten, Argumente, Köln.

CHITTENDEN, F.; HALL, G. und P. HUTCHINSON (1996), Small Firm Growth, Access to Capital Markets and Financial Structure: Review of Issues and an Empirical Investigation, "Small Business Economics", vol. 8, 59-67.

CRESSY, R. und C. OLOFSSON (1997), European SME Financing: An Overview, "Small Business Economics", vol. 9, 87-96.

DAS EUROPÄISCHE BEOBACHTUNGSNETZ FÜR KMU (Hrsg., 1994), Dritter Jahresbericht, Zoetermeer.

ELFERS, J. (1996), Unternehmensgründungen, Eine empirische Erfolgskontrolle der Bremer Finanzierungshilfen zur Existenzgründungsförderung, Studien der Bremer Gesellschaft für Wirtschaftsforschung, Band 6, Frankfurt am Main u.a.

FISCHER, F. (1995), Risiko-Geschäft statt Risiko-Kapital, Wirkung der Förder-Konzepte für Technologieorientierte Unternehmensgründungen, Stuttgart.

GAVRON, R. ET AL. (1998), The Entrepreneurial Society, London, IPPR.

GERKE, W. ET AL. (1995), Hindernisse und Probleme deutscher mittelständischer Unternehmen und Unternehmensgründer beim Zugang zum deutschen und internationalen Kapitalmarkt im Vergleich zu ausgewählten EU-Ländern, Gutachten im Auftrag des BMWI, Mannheim.

HARMS, C. (1992), The Financing of Small Firms in Germany, Policy Research Working Papers, 899, Washington, D.C., The World Bank.

HUGHES, A. (1997), Finance for SMEs: A U.K. Perspective, "Small Business Economics", vol. 9, 151-166.

HUNSDIEK, D. (1987), Beschäftigungspolitische Wirkungen von Unternehmensgründungen und –aufgaben, in: FRITSCH, M. und C. HULL (Hrsg.), Arbeitsplatzdynamik und Regionalentwicklung, Beiträge zur beschäftigungspolitischen Bedeutung von Klein- und Großunternehmen, Berlin, 101-127.

HUTTON, W. (1996), The State We're in, London.

INTERNATIONAL LABOUR OFFICE (1990), The Promotion of Self-employment, International Labour Conference, 77th Session 1990, Report VII, Seventh item on the agenda, Geneva.

KFW - Kreditanstalt für Wiederaufbau (1996), Dem Mittelstand verpflichtet, 25 Jahre KfW-Mittelstandsprogramm, Frankfurt.

KLEMMER, P. ET AL. (1996), Mittelstandsförderung in Deutschland - Konsistenz, Transparenz und Ansatzpunkte für Verbesserungen, Untersuchungen des Rheinisch-Westfälischen Instituts für Wirtschaftsforschung, Heft 21, Essen.

KLODT, H. (1995), Grundlagen der Forschungs- und Technologiepolitik, WiSo Kurzlehrbücher, Reihe Volkswirtschaft, München.

KOMMISSION DER EUROPÄISCHEN GEMEINSCHAFTEN (1998), Risikokapital: Schlüssel zur Schaffung von Arbeitsplätzen in der Europäischen Union, Mitteilung der Kommission, Brüssel.

KRAUSS, G. (1997), Technologieorientierte Unternehmensgründungen in Baden-Württemberg, Arbeitsbericht, Nr. 77, Stuttgart, Akademie für Technologiefolgenabschätzung in Baden-Württemberg.

KULICKE, M. und U. WUPPERFELD (1996), Beteiligungskapital für junge Technologieunternehmen, Ergebnisse des Modellversuchs "Beteiligungskapital für junge Technologieunternehmen (BJTU)", Technik, Wirtschaft und Politik, Band 22, Heidelberg.

LEICHT, R. (1995), Die Prosperität kleiner Betriebe, Das längerfristige Wandlungsmuster von Betriebsgrößen und –strukturen, Beiträge zur Mittelstandsforschung, Band 3, Heidelberg.

LERNER, J. (1997), The Government as Venture Capitalist: the Long-Run Impact of the SBIR Program, Paper for "The Workshop on Firm Dynamics in High Tech Industries ZEW, Mannheim, 9 - 10 June 1997".

OECD (1997), Labour Force Statistics 1976-1996, Paris.

PAULINI, M. (1997), Gesamtwirtschaftliche Bedeutung von Existenzgründungen, in: R. RIDINGER (Hrsg.), Gesamtwirtschaftliche Funktionen des Mittelstandes, Veröffentlichungen des Round Table Mittelstand; Band 1, Berlin, 27-40

PFIRRMANN, I.; WUPPERFELD, U. und J. LERNER (1997), Venture Capital and Technology Based Firms, An US-German Comparison, Technology, Innovation and Policy, vol. 4, Heidelberg.

ROLAND BERGER FORSCHUNGS-INSTITUT (1995), Effizienzanalyse öffentlicher Wirtschaftsförderung anhand einer Repräsentativbefragung von kleinen und mittleren Unternehmen in den neuen Bundesländern, Bedeutung, Einfluß und Wirkung der ERP-Förderung, Gutachten, erstellt im Auftrag des Bundesministeriums für Wirtschaft, März 1995, BMWi-Dokumentation, Nr. 36, Bonn.

SAXENIAN, A. (1996), Regional Advantage, Culture and Competition in Silicon Valley and Route 128, Cambridge, Massachusetts, und London.

SBA - U.S. Small Business Administration, Office of Advocacy (Hrsg., 1993), The States and Small Business, A Directory of Programs and Activities, Washington, D.C.

SCHNEIDER, D. (1992), Investition, Finanzierung und Besteuerung, Wiesbaden.

SEMLINGER, K. (1995), Arbeitsmarktpolitik für Existenzgründer, Plädoyer für eine arbeitsmarktpolitische Unterstützung des Existenzgründungsgeschehens, Discussion Paper, FS I 95-204, Berlin, WZB.

STOREY, D.J. (1994), Understanding the Small Business Sector, London.

STORZ, C. (1997), Possibilities for the improvement of economic and social environment for start-ups and SMEs in Japan, in: Rheinisch-Westfälisches Institut für Wirtschaftsforschung, Max-Planck-Institut für Gesellschaftsforschung, Infratest Burke Sozialforschung, Möglichkeiten zur Verbesserung des wirtschafts- und gesellschaftspolitischen Umfeldes für Existenzgründer und kleine und mittlere Unternehmen - Wege zu einer neuen Kultur der Selbständigkeit, Gutachten im Auftrag des BMWi, Essen/Köln/München, 144-176.

UNTERKOFLER, G. (1988), Unternehmensgründung und öffentliche finanzielle Förderung, "Internationales Gewerbearchiv", Berlin, Jg. 36.

VIALA, P. (1998), Financing young and innovative enterprises in Europe: Supporting the venture capital industry, "EIB Papers", vol. 3, no. 1, 127-143.

WEIMER, S. (1991), Federal Republic of Germany, in: SENGENBERGER, W.; LOVEMAN, G. und M.J. PIORE (Hrsg.), The Re-emergence of Small Enterprise: Industrial Restructuring in Industrialised Countries, Geneva.

WUPPERFELD, U. (1996), Management und Rahmenbedingungen von Beteiligungsgesellschaften auf dem deutschen Seed-Capital Markt, Schriften zur Unternehmensplanung, Band 34, Frankfurt am Main.

H. Firmengründungsprobleme in Deutschland aus unternehmerischer Sicht: Regulierungsdichte, kommunale Effizienzprobleme und Eigenkapitaldefizite

von Wolfgang Mainz

1. Einleitung

Bundespräsident Roman Herzog hat auf der Jahresversammlung der ASU am 5. März 1997 auf dem Petersberg festgestellt, daß der Mittelstand insgesamt das Herzstück der sozialen Marktwirtschaft und damit der eigentliche Beschäftigungsmotor der deutschen Wirtschaft ist. Auch er fordert, wie auf fast allen Festreden zum 100. Geburtstag von Ludwig Erhardt: "Deutschland braucht eine neue Gründerzeit!" Gleichzeitig fordert er aber auch mehr Mut zur Selbständigkeit. Hierzu ist ihm sicherlich uneingeschränkt zuzustimmen. Jedoch kann anhand der nachfolgenden Ausführungen aufgezeigt werden, daß dieser Mut schon im Keim erstickt werden kann.

Zwar ist nach drei Jahrzehnten rückläufiger Entwicklung die Selbständigenquote in den alten Bundesländern wieder auf etwa neun Prozent angestiegen. Ähnliches gilt auch für die neuen Bundesländer, wo die Einführung der Marktwirtschaft zu einer Vielzahl von Neugründungen geführt hat. Die Selbständigenquote liegt dort bei über sieben Prozent. Dennoch darf diese positive Entwicklung nicht darüber hinweg täuschen, daß der Schritt in die Selbständigkeit mit vielen Hürden gepflastert ist. Ich möchte drei Hauptprobleme besonders hervorheben:
- die hohe Regulierungsdichte,
- die kommunalen Effizienzprobleme und
- die Eigenkapitaldefizite, die eine gute Idee oft schon in den Anfängen scheitern lassen kann.

2. Regulierungsdichte

56 Mrd. an unentgeltlichen Leistungen (Statistiken, Berechnungen von Steuer- und Sozialabgaben) erbringt die deutsche Wirtschaft pro Jahr für den Staat. Die überdurchschnittliche Last haben hierbei die kleinen Unternehmen zu tragen. Jüngstes Beispiel für eine zunehmende bürokratische Belastung ist die Kindergeldauszahlung über die Unternehmen. Ein weiteres traditionelles Beispiel ist die Meisterprüfung als Voraussetzung für die Selbständigkeit im Handwerk. Auch das Werbeverbot bei den freien Berufen ist eine klare Marktzutrittsschranke für Neueinsteiger.

Hier fordert der Bundesverband Junger Unternehmer (BJU), daß alle bürokratischen Anforderungen auf den Prüfstand gehören und Marktzutrittsschranken abgebaut werden.

3. Kommunale Effizienzprobleme

Gerade auf kommunaler Ebene werden viele Investitionsvorhaben durch schwerfällige, bürokratische Strukturen verzögert oder sogar ganz verhindert. Hierzu lassen sich einige Beispiele zur Erläuterung anführen.

Eine Großdruckerei im Familienbesitz in einer ländlichen Region plant eine Ausweitung der Produktion. Da im bestehenden Gewerbegebiet kein Platz zur Verfügung steht, soll auf einen Bauplatz auf der gegenüberliegenden Straßenseite ausgewichen werden. Der Transport der Druckplatten und somit die Verbindung zur bestehenden Anlage soll durch eine Überführung gelöst werden. Da die Überführung 10 Meter außerhalb der geschlossenen Ortschaft über eine Landstraße führt, wird die Genehmigung und somit die Investition unverhältnismäßig lange hinausgezögert. Nicht durchführbare Alternativvorschläge wie z.B. der Bau eines Tunnels, der die Investitionskosten verzehnfachen würde, werden diskutiert. Während der Planungsphase werden vom Bauherrn verstärkt Ausweichmöglichkeiten zu anderen europäischen Standorten mit erheblichen Standortvorteilen in Erwägung gezogen.

Ein weiteres Beispiel betrifft eine junge Handwerksmeisterin, die die Konditorei der Familie in einer historischen Altstadt weiterführen will. Die Produktionsstätte wurde über einige Jahre nicht mehr genutzt, da Konditoreiwaren von einem Lieferanten bezogen wurden. Die Wiederaufnahme der Produktion ist jedoch nicht mehr möglich, da zwischenzeitlich die Gesetzgebung mehr Tageslicht in Produktionsräumen vorsieht. Eine Schaffung von zusätzlichem Tageslicht ist nicht möglich, da Denkmalschutzbestimmungen bauliche Änderungen nicht zulassen. Als Alternative wird ein Neubau im Gewerbegebiet vorgeschlagen, der jedoch von der jungen Konditormeisterin nicht finanziert werden kann. Die Investition dieser Existenzgründerin und die Schaffung von weiteren Arbeitsplätzen wird verhindert.

Diese Beispiele aus bereits bestehenden Unternehmen sind beispielhaft für die Probleme, die Unternehmer bei Investitionen und Gründungen belasten. Je kleiner die Unternehmenseinheit und je jünger das Unternehmen ist, desto größer wird die Unsicherheit in bürokratischen Entscheidungsprozessen. Gerade Existenzgründer haben oft nicht die Kapazitäten und das Know-how, Planungs- und Genehmigungsverfahren schnell und effizient umzusetzen. Insbesondere Planungs- und Genehmigungsverfahren müssen flexibilisiert und vereinfacht werden, um mehr Investitionen freizusetzen. Die Vorschläge der Schlichter-Kommission sollten nicht nur auf Bundesebene, sondern insbesondere auf kommunaler und Landesebene umgesetzt werden, da hier die größten Behinderungen entstehen. Bürokratie erstickt unternehmerische Dynamik. Leistungsprämien für die effiziente Bearbeitung von Planungs- und Genehmigungsverfahren und ein Ranking, das die Städte und Gemeinden auszeichnet, die Investitionsvorhaben besonders schnell ermöglichen, sind Bausteine für schnellere Entscheidungsprozesse.

Alternativ zu langwierigen Genehmigungsverfahren könnte eine Anzeigepflicht für nicht wesentliche Veränderungen dem Bürokratieabbau förderlich sein (ähnliches gilt auch für die Teilbearbeitung eines Antrags). Denn gerade der Faktor Zeit ist für Existenzgründer im Zeitalter des globalen Wettbewerbs ein wichtiger Faktor.

Kommunale Effizienzprobleme bestehen insbesondere aber auch auf dem Gebiet kommunaler Dienstleistungen. Durch neue, private Anbieter könnte hier ein Wettbewerb entfacht werden, der den Wohlstand aller steigern würde. Aufgrund des höheren Kostendrucks arbeiten private Anbieter kostengünstiger, effizienter, preisgünstiger und kundenorientierter. Die immer wieder artikulierte Behauptung einer Einheitlichkeit der Lebensverhältnisse im Raum könne nur dadurch erreicht werden, indem kommunale Dienstleistungen hoheitlich angeboten werden, trägt nicht. Der BJU fordert daher eine Umkehr der Beweislast: Der Staat muß den Beweis dafür erbringen, daß er die kommunalen Dienstleistungen wie Abwasserentsorgung und Wasserversorgung, Abfallbeseitigung und Energie besser und damit effizienter bereitstellen kann als ein privater Anbieter.

4. Eigenkapitaldefizite

Existenzgründer in den alten und in den neuen Bundesländern beklagen immer wieder, daß die Banken bei der Kreditvergabe meist risikoscheu sind und sich Neuerungen gegenüber wenig aufgeschlossen zeigen. Aber auch der Förderdschungel mit seinen über 400 Förderprogrammen, die sich die Europäische Union, Bund und Länder ausgedacht haben, trägt nicht gerade dazu bei, dem angehenden Unternehmer den Schritt in die Selbständigkeit zu erleichtern. Vielmehr kann die Unzahl von Förderprogrammen die Einstellung eines Existenzgründers insofern eher verderben, als nicht mehr die Innovation am Markt im Vordergrund steht, sondern die Suche nach Subventionstöpfen, die man schröpfen kann. Als die wirklich wichtigen Instrumente, die jungen Firmengründern zu Startkapital verhelfen, können hingegen die günstigen ERP-Kredite, als auch die Eigenkapitalhilfe durch die Deutsche Ausgleichsbank angesehen werden.

Ein weiteres großes Hindernis für innovative Existenzgründungen in Deutschland ist der Mangel an privatem Risikokapital. Im Vergleich zu den USA steht gerade technologieorientierten Unternehmen, die hohe Startinvestitionen haben, zu wenig Beteiligungskapital zur Verfügung. Um hier Abhilfe zu schaffen, hat der BJU an der Gründung der europäischen, privaten Computerbörse EASDAQ mitgewirkt. Sie soll den Handel mit Beteiligungen an jungen Unternehmen erleichtern. Auch der Neue Markt, der am 10. März 1997 als neues Handelssegment an der Frankfurter Wertpapierbörse gestartet ist, hat diese Funktion. In diesem Zusammenhang sind auch die Bemühungen der Bundesregierung um erste gesetzliche Maßnahmen zur Deregulierung des Risikokapitalmarktes zu begrüßen.

Der erste Schritt zur Förderung von Risikokapital sollte jedoch der Abbau von Diskriminierungen verschiedener Anlageformen sein. Sollte wirklich eine große Steuerreform gelingen, entscheidet sie auch ein Stück über künftige Anreize, in Unternehmensbeteiligungen zu investieren. Im Vordergrund muß hier der Abbau der Benachteiligung investiver Anlagen gegenüber reinen Finanzinvestitionen stehen. So würde eine generelle Besteuerung von Veräußerungsgewinnen bei Aktien auch den Risikokapitalmärkten schaden.

I. Ideen suchen Kapital - Kapital sucht Ideen: Die Rolle liberalisierter Aktienbörsen bei der Beschaffung von Risikokapital

von Reto Francioni

Junge innovative wachstumsstarke Unternehmen haben oft großen Bedarf an Eigenmitteln, um die Herstellung und Vermarktung ihrer Produkte zu finanzieren. Dieser Bedarf wird verstärkt durch kürzere Produktlebenszyklen und eine aufwendigere internationale Vermarktung bei Produktinnovationen. Als Option zur Finanzierung solcher Unternehmen bietet sich ein Börsengang an, wenn die Unternehmen eine gewisse Größe erreicht haben und Erfolge am Markt vorweisen können.

Der Zugang zu Aktienkapital und die Börsennotierung vollziehen sich für junge Unternehmen meist in drei Phasen: Zuerst wird die Innovation durch Risikokapital in der sogenannten Seed- bzw. Start-Up-Phase finanziert. In einem zweiten Schritt werden weitere Anteile bei institutionellen Anlegern und Venture Capitalists plaziert. In der dritten Phase erreicht das Unternehmen eine Größenordnung, die eine öffentliche Plazierung der Anteile erlaubt. In Deutschland gelingt es nur selten, Anteile privat zu plazieren, wenn ein Unternehmen nicht schon in der ersten Phase sehr erfolgreich ist. Zudem fehlt meistens ein liquider Sekundärmarkt, an dem Risikokapitalgeber durch Verkäufe Kursgewinne realisieren oder sich von Investitionen wieder trennen können.

Die börsennotierte Aktie bietet dem Unternehmer den Vorteil, günstiges Eigenkapital von außen zu gewinnen, ohne die unternehmerische Initiative mit einem großen Kapitalgeber teilen zu müssen. Eigenkapital als Finanzierungsmittel steht dem Unternehmen im Gegensatz zum Fremdkapital unbefristet zur Verfügung. Unter dem Gesichtspunkt seiner Funktion als haftendes Kapital ist Eigenkapital eine Voraussetzung für die Aufnahme zusätzlicher Fremdmittel. Als weiterer Vorteil des Börsenganges steigt der Bekanntheitsgrad des Unternehmens und dessen Reputation auf den Beschaffungs- und Absatzmärkten. Umgekehrt ist die Aktie für Kapitalgeber das geeignete Instrument, um am Gewinnpotential des Unternehmens teilzuhaben.

Mit ihrer Wachstumsbörse "Neuer Markt" bringt die Deutsche Börse diese beiden Gruppen, Wachstumsunternehmen und risikobewußte Investoren, zusammen. Der Neue Markt ist am 10. März 1997 als Handelssegment an der FWB (Frankfurter Wertpapierbörse) gestartet. Die FWB, deren Trägerin die Deutsche Börse AG ist, ist die größte deutsche Wertpapierbörse mit einem Anteil von rund 80 Prozent am gesamten börslichen Wertpapierumsatz in Deutschland. Die Unternehmen des Neuen Marktes sollen aus zukunftsweisenden Branchen kommen oder mit Produkt-, Prozeß- oder Serviceinnovationen aufwarten können. Als Meßgröße für Wachstumsunternehmen, auf die der Neue Markt zielt, gelten zweistellige

Wachstumsraten. Das Emissionsvolumen beim Börsengang muß mindestens DM 10 Mio. betragen.

Im Dezember 1997 waren 17 Unternehmen im Neuen Markt gelistet. Mitte 1998 waren es bereits über 40 wachstumsstarke Unternehmen, die an diesem Markt notiert wurden.

Der Neue Markt stellt an die Aktiengesellschaften höhere Anforderungen als die anderen Marktsegmente, er bietet ihnen aber auch mehr. Die Unternehmen müssen vor allem höhere Publizitätsstandards erfüllen, Transparenz ist ein Schlüsselkriterium: Geschäftsberichte sind innerhalb von vier Monaten zu veröffentlichen. Zusätzlich müssen die Gesellschaften Quartalsberichte erstellen und alle Informationen auch in englischer Sprache zur Verfügung stellen. Außerdem sollen die Unternehmen des Neuen Marktes ihre Abschlüsse nach den international gängigen Regeln IAS (International Accounting Standards) bzw. den amerikanischen US-GAAP (Generally Accepted Accounting Principles) erstellen. Schließlich sollen die Gesellschaften auch Analystenveranstaltungen durchführen. Durch die höhere Publizität und die international vergleichbaren Abschlüsse können und sollen sich die Unternehmen, so der Ansatz der Deutschen Börse, eine breitere Investorenbasis gezielt erschließen.

Besondere Bedeutung kommt im Neuen Markt der liquiditätsspendenden Funktion der Betreuer zu. Bisher mangelte es dem deutschen Aktienmarkt vor allem bei den kleineren Werten an Liquidität. Hier sollen die Betreuer Abhilfe schaffen, indem sie Kauf- und Verkaufspreise stellen, die es dem Investor ermöglichen, Positionen in einem Papieren aufzubauen oder Wertpapiere zu verkaufen. Als Betreuer fungieren zum Beispiel Banken, Freimakler oder Wertpapierhandelshäuser. Darüber hinaus kann der Betreuer weitere Dienstleistungen für die Emittenten erbringen, indem er sie bei Investor-Relations-Maßnahmen, wie der Durchführung der Hauptversammlung, berät oder regelmäßig über den Handel in den von ihm betreuten Aktien berichtet.

Der Neue Markt in Frankfurt konkurriert mit anderen Wachstumsbörsen wie der EASDAQ in Brüssel und der NASDAQ in New York um Emittenten und Anleger. Ein deutscher Emittent kann aber nirgendwo auf der Welt zu günstigeren Bedingungen Eigenkapital aufnehmen als am Neuen Markt.

Dafür spricht zunächst einmal das Heimatmarktprinzip. Es ist für Länder mit gut funktionierenden Kapitalmärkten empirisch belegt, daß der Handel von Aktien hauptsächlich im Heimatland stattfindet. Hier kommt die Nachfrage sowohl von inländischen als auch ausländischen Investoren zusammen. Dies gilt für große Konzerne genau so wie für mittelständische Unternehmen. Die Aktien von Pfeiffer Vacuum und Qiagen, die 1996 das Going Public in den USA durchgeführt haben, werden zum überwiegenden Teil in Deutschland gehandelt. Bei Daimler Benz und Deutsche Telekom bekommen Händler die engsten Spreads in Frankfurt. Das Doppellisting an der NYSE hat erhöhte Flows generiert, die Ausführung dieser Orders findet jedoch durchweg in Frankfurt statt.

Weiterhin werden Unternehmen beim Going Public im Ausland in der Regel schlechter bewertet als im Heimatland. Außerdem sind auch die Kosten einer Börseneinführung im Ausland deutlich höher. Der fremde Rechtsrahmen, unterschiedliche steuerliche Gegebenheiten und ein aufwendiges Finanzmarketing zur Plazierung der Aktien schlagen mit zusätzlichen Kosten für Anwälte, Wirtschaftsprüfer und Emissionsbegleiter zu Buche.

Schließlich schafft die Deutsche Börse eine einzigartige Plattform für Unternehmen, die ihre Anteilseigner zeitnah und qualitativ besser informieren wollen. Der Investor honoriert dies mit höheren Kursen. In der Konsequenz kann das Unternehmen Eigenkapital noch kostengünstiger beschaffen.

Mit der Einführung des Neuen Marktes hat die Deutsche Börse ein Rollenmodell geschaffen, das Beispielcharakter für den gesamten Finanzplatz haben soll. Hinsichtlich Transparenz und Liquidität im täglichen Handel setzt der Neue Markt Maßstäbe, an denen sich künftig andere deutsche Aktienwerte mittlerer Größe messen lassen müssen. Damit sind die Voraussetzungen geschaffen, daß Emissionen auch langfristig zum Erfolg geführt werden können.

Der Gedanke einer gesteigerten Liquidität durch den Einsatz von Betreuern findet sich wieder im Xetra, dem neuen elektronischen Handelssystem für den Kassamarkt. Xetra steht für Exchange Electronic Trading und wurde schrittweise seit Mitte 1997 eingeführt. In Xetra wird es später für weniger liquide Werte einen oder mehrere Betreuer pro Wert geben. Das elektronische Handelssystem tritt neben den Parketthandel und hat das bestehende System IBIS ersetzt. Im Gegensatz zu IBIS, das auf die 100 größten deutschen Aktien beschränkt ist, werden in Xetra in der Endstufe alle deutschen Aktien handelbar sein.

Xetra wird - wie bisher IBIS - einen standortunabhängigen Marktzugang für die Handelsteilnehmer schaffen. So erschließen wir den deutschen Wachstumsunternehmen Investoren im Inland und im Ausland. Diese europäische Dimension wird schon heute unterstrichen durch die Kooperation EURO.NM, die die Wachstumsbörsen in Amsterdam, Brüssel, Frankfurt und Paris verbindet. Ziel der Kooperation ist die Harmonisierung der Märkte und mittelfristig ihre elektronische Vernetzung. So entsteht ein virtueller europäischer Markt, bei dem die gesamte Liquidität im jeweiligen Heimatmarkt gebündelt ist.

J. Die Rolle der Bürgschaftsbanken bei der Förderung von Existenzgründungen

von Gabriele Knödgen

Bei der Tagung "Technologieorientierte Unternehmensgründungen und Mittelstandspolitik in Europa" wurde die Bedeutung von Kapitalbeteiligungsgesellschaften und Aktienbörsen für die Förderung innovativer Unternehmen dargestellt. Daneben ist die wichtige Rolle der Bürgschaftsbanken insbesondere in den neuen Bundesländern hervorzuheben.

Es ist das erklärte Ziel der Bundes- und der Landesregierungen, den Aufbau eines tragfähigen Mittelstandes in den neuen Bundesländern durch Finanzierungshilfen zu fördern, die die Eigenkapitalbasis stärken, die Aufnahme von zinsgünstigen Fremdmitteln erleichtern und Fremdmittel besichern sollen.

Eine große Hürde bei der Unternehmensgründung ist die Kapitalbeschaffung: Existenzgründer und Existenzgründerinnen können typischerweise nicht die von Kreditinstituten geforderten Sicherheiten stellen. Bundes- und Landesbürgschaften sollen dazu beitragen, daß tragfähige Unternehmens- und Finanzierungskonzepte nicht an fehlenden Sicherheiten scheitern und damit dazu beitragen, das fehlende Risikokapital zu beschaffen.

Gestaffelt nach Höhe des Mittelbedarfs wird deshalb ein dreistufiges Kreditprogramm angeboten:

- Bürgschaften bis 1 Mio. DM und in bestimmten Einzelfällen bis zu 1,5 Mio. DM durch die Bürgschaftsbanken in den neuen Bundesländern
- Bürgschaften von 1 - 20 Mio. DM durch die Deutsche Ausgleichsbank (DtA)
- Bürgschaften ab 20 Mio. DM durch den gemeinsamen Bürgschaftsausschuß von Bund und Ländern

Daneben besteht in bestimmten Einzelfällen - nachrangig zu einer DtA-Bürgschaft beispielsweise im Fall einer Unternehmenssanierung - die Möglichkeit, eine Landesbürgschaft zu erhalten.

Eine kurze Beschreibung der Bürgschaftsbanken am Beispiel der Bürgschaftsbank Brandenburg soll darstellen, wie mit diesem Instrument Existenzgründern der Zugang zum Kapitalmarkt erleichtert wird.

Die Bürgschaftsbank Brandenburg ist eine Selbsthilfeeinrichtung der mittelständischen Wirtschaft. Gesellschafter sind die Handwerkskammern und Industrie- und Handelskammern im Land Brandenburg, mehrere Wirtschaftsverbände, die im Land tätigen Banken sowie einige Versicherungsgesellschaften.

Die Bürgschaftsbank verbürgt sich für bis zu 80% der Kredite der Hausbanken. Grundlage der Finanzierung ist der Haftungsmittelfonds des Bundes und des Landes und zugleich deren Rückbürgschaft in Höhe von insgesamt 80% der Bürgschaftssumme.

Verbürgt werden dabei alle Formen der Kreditfinanzierung wie langfristige Darlehen, Kontokorrentkredite und Avalrahmenkredite für Unternehmen der gewerblichen Wirtschaft sowie des Gartenbaus und Angehörige der Freien Berufe. Personen, die sich in diesen Gewerben selbständig machen wollen, stellen regelmäßig einen hohen Anteil der Antragsteller. Häufig begleitet die Bürgschaftsbank Existenzgründungen auch weiterhin bei Betriebs- und Geschäftserweiterungen, Betriebsverlagerungen, der Finanzierung von Betriebsmitteln, Avalen und Avalrahmen für Garantien und Gewährleistungen.

Die Bedeutung der Bürgschaftsbank, insbesondere für Existenzgründungen, läßt sich ablesen am hohen Anteil der Existenzgründungen durch Neueröffnungen oder Übernahmen am Geschäft der Bürgschaftsbanken: Mehr als ein Drittel der Bürgschafts- und Garantiebeträge - gemessen an der Zahl der Fälle sogar 43% - wurden für sie im Geschäftsjahr 1996 in Brandenburg bewilligt. Der Anteil der Existenzgründungen in der Bundesrepublik Deutschland insgesamt am Neugeschäft der Bürgschaftsbanken lag mit 48% im Vergleichsjahr noch über diesem Anteil; Brandenburg verbürgte 1996 aber deutlich mehr Kredite und Garantien für Gründerbetriebe als die neuen Bundesländer insgesamt (35%).

Gemäß der Bürgschaftsrichtlinie sollte zwar kein Kredit an fehlenden Sicherheiten scheitern, soweit vorhanden darf aber das private Vermögen des Existenzgründers auch nicht geschont werden: "Der Antragsteller hat alle zumutbaren Sicherheiten anzubieten." Es soll damit verhindert werden, daß Risiken auf die öffentliche Hand verlagert werden, die privatwirtschaftlich abgedeckt werden können. Hausbanken bedienen sich der Bürgschaftsbanken, um

- Sicherheiten darzustellen, ohne die das Engagement nicht genehmigt werden könnte,
- das Risiko zu minimieren und Freiräume für weitere Kreditvergaben bei einer Geschäftsausweitung zu schaffen und um
- das Vorhaben durch einen nicht kundenabhängigen Dritten überprüfen zu lassen.

Voraussetzung einer Verbürgung eines Vorhabens ist, daß einerseits der Kapitaldienst - einschließlich dem für eine bestehende Verschuldung - erbracht werden kann und die verbleibenden Überschüsse dem Unternehmer eine Vollexistenz ermöglichen. Das Vorhaben muß dem Haupterwerb des Antragstellers dienen, d.h. die Bürgschaftsbank begleitet keine hobbyähnlichen Finanzierungen.

Entscheidend für die erfolgreiche Arbeit der Bürgschaftsbank ist die sorgfältige Prüfung der persönlichen, kaufmännischen und fachlichen Qualifikation des Antragstellers sowie des Unternehmenskonzeptes. Die Person, ihre Ausbildung und Berufstätigkeit müssen branchenspezifische Kenntnisse und unternehmerisches Know-how erkennen lassen sowie das Vertrauen in die Person und das Vorhaben herstellen.

Das Vorhaben muß realistisch sein; Stellungnahmen von Kammern und Fachverbänden ergänzen die Prüfungen der Marktchancen, des Standortes und der Konkurrenzsituation. Wenn eine Überprüfung der Antragsunterlagen kein ausreichendes Bild gibt, überprüft die Bürgschaftsbank Investitionsvorhaben auch "vor Ort". Insbesondere innovative Produkte und Produktionsprozesse erfordern häufig eine derartige Prüfung.

Dadurch, daß Vertreter der Gesellschafter sowie des Finanz- und des Wirtschaftsministeriums im Bürgschaftsausschuß vertreten sind, wird ein vielseitiges Know-how bei der Prüfung der Vorhaben einbezogen.

Die intensive Prüfung des Unternehmenskonzeptes bedeutet für den Antragsteller regelmäßig eine wertvolle Beratung. Gleichwohl fehlt den meisten Unternehmen ein Frühwarnsystem, daß sie rechtzeitig auf kritische Unternehmensentwicklungen reagieren läßt. Häufig sind mangelnde Kenntnisse unternehmensinterner Strukturen Ursache von Liquiditätsschwierigkeiten. Hier erweist sich ein EDV-gestütztes Controlling-System, das die Bürgschaftsbank mit der Mittelständischen Beteiligungsgesellschaft Berlin - Brandenburg (MBG) für ihr Beteiligungsmanagement entwickelt hat, als ein wertvolles Steuerungs- und Frühwarnsystem: Rentabilitäts- und Liquiditätsplanungen sind schnell und flexibel den jeweiligen Situationen anzupassen und auf Konsistenz zu prüfen.

Voraussetzung für die auch zukünftig erfolgreiche Arbeit der Bürgschaftsbanken sind eine Rückbürgschafts- und Rückgarantieerklärung des Bundes, die den Bürgschaften Gebühren ermöglicht, die nicht zu einer zu hohen Belastung der kleinen und mittleren Unternehmen durch zu hohe Finanzierungskosten führt und die den Bürgschaftsbanken eine ausreichende Kapitalbasis sichert. Die Wirtschaftsminister der Länder wenden sich deshalb gegen Überlegungen der Bundesregierung, das Ausfallrisiko der Bürgschaftsbanken mittelfristig durch Gebühreneinnahmen zu decken (Protokoll der Wirtschaftsministerkonferenz am 20./21. März 1997 in Eltville).

Angesichts der sehr weitgehenden Haftungsfreistellung bei Kreditprogrammen der Förderbanken des Bundes könnten Hausbanken dazu neigen, relativ "bessere" Risiken zur Kreditanstalt für Wiederaufbau und Deutschen Ausgleichsbank zu verlagern. Das Ausfallrisiko der Bürgschaftsbanken stiege; die Gebühren müßten weiter erhöht werden. Das Angebot der Bürgschaftsbanken würde sich auch dann relativ verschlechtern, wenn sich der Anteil der durch Bund und Länder rückverbürgten Kreditsumme verringerte.

Damit die Bürgschaften auch zukünftig ihren Beitrag zur Bereitstellung von Risikokapital für den Aufbau eigener Existenzen liefern können, sollte ein derartiger Teufelskreis durchbrochen werden: Eine ausreichende Kapitalbasis durch Bund, Länder und Gesellschafter und Rückbürgschaften, die prohibitiv hohe Gebühren vermeiden helfen, werden dazu beitragen, daß ein innovativer Mittelstand entwickelt werden kann.

K. Neue Ansätze zur Förderung innovativer Unternehmen

von Manfred Boersch

Strukturelle Veränderungen hat es in der Wirtschaft immer gegeben. Die derzeitigen Veränderungen sind von zwei Entwicklungen besonders geprägt.
1. Das Veränderungstempo ist heute schneller als in der Vergangenheit.
2. Aufgrund der hohen Technisierung und der hohen Produktivität werden durch den Strukturwandel mehr Arbeitskräfte frei gesetzt, als daß neue Arbeitsplätze entstehen.

Bei allen Verantwortlichen besteht Einigkeit darüber, daß neue Arbeitsplätze in erster Linie bei Klein- und Mittelunternehmen sowie bei neu gegründeten Unternehmen entstehen. Die entscheidende Frage ist aber, warum hat diese Erkenntnis nicht zu entsprechenden Rahmenbedingungen geführt, so daß ausreichend neue Arbeitsplätze entstehen konnten. Dafür gibt es im wesentlichen drei Gründe:
1. Die hohe Besteuerung und die hohen Lohnnebenkosten haben die Schaffung von Arbeitsplätzen erschwert.
2. Das Image des Unternehmers ist in der Vergangenheit besonders durch die Medien negativ dargestellt worden.
3. Das bei vielen Menschen ausgeprägte Sicherheitsdenken hat dazu beigetragen, daß sich zu wenig junge Menschen bereit gefunden haben, unternehmerische Verantwortung anzustreben. Zu viele haben es vorgezogen, sich bei Konzernen oder öffentlichen Arbeitgebern zu bewerben.

Es gibt jedoch Ansätze, die Fehlentwicklungen der Vergangenheit zu korrigieren. So will "GO", die Gründungsoffensive NRW, mit der landesweiten Kommunikationskampagne "Den Mut zur Selbständigkeit stärken" auf Informations- und Beratungsangebote sowie Finanzierungshilfen aufmerksam machen, mit dem Ziel,
- Neugründungen zu stabilisieren helfen und
- unternehmerisches Handeln zu ermuntern.

Die Gründungsinitiative NRW findet landesweit breite Unterstützung seitens der Kommunen, der Verbände, der Kreditwirtschaft und der Technologie- und Gründerzentren und hat zu zahlreichen erfolgversprechenden Aktivitäten vor Ort geführt.

Was wurde noch getan, um zu mehr innovativen Existenzgründungen zu kommen und was ist noch zu tun, damit sich dieser eingeleitete, positive Trend fortsetzt?

Unternehmerimage verbessern

Es muß das Bild des Unternehmers in unserer Gesellschaft verbessert werden. Dabei muß gesehen werden, daß nur bei erfolgreichen Unternehmen nach Investitionen neue Arbeitsplätze entstehen können.

Technologie- und Gründerzentren

Besonders in Nordrhein-Westfalen, aber auch in sehr vielen anderen Bundesländern, sind zahlreiche Technologie- und Gründerzentren entstanden. Die Technologiezentren sind für junge Unternehmen eine sehr hilfreiche Einrichtung. Sie arbeiten erfolgreich.

Im HAMTEC - dem Hammer Technologie- und Gründerzentrum - haben seit der Gründung im Jahr 1988 87 Unternehmen ihre ersten unternehmerischen Schritte getan. 47 Unternehmen mit 307 Mitarbeitern sind in der Zwischenzeit ausgezogen, um ihre erfolgreichen Aktivitäten außerhalb des Technologiezentrums fortzusetzen. 40 Unternehmen mit 199 Mitarbeitern sind noch im Technologiezentrum angesiedelt.

Aufgabe der Technologiezentren ist es, als Knotenpunkt der Technologieinfrastruktur zu wirken und als Public-Private-Partnership die Zusammenarbeit von wissenschaftlichen Einrichtungen, Neugründern und innovationsorientierten Unternehmen in der Region zu organisieren. Mit dieser Zielsetzung hat sich das HAMTEC mit seinen Arbeitsschwerpunkten Umwelt- und Energietechnik, Anlagensicherheit und Explosionsschutz sowie Gesundheits- und Kurtechnologie zu einem kompetenten Partner der Wirtschaft entwickelt. Des weiteren machen die Agentur für Existenzgründungs- und Projektberatung sowie Weiterbildungs- und Qualifizierungsinitiativen das HAMTEC zu einem attraktiven Standort für technologieorientierte Unternehmensgründer und Jungunternehmen.

Die 1991 gegründete Agentur für Existenzgründungs- und Projektberatung (AGEX) ist sei 1995 im HAMTEC tätig. AGEX wendet sich an alle Gründerinnen und Gründer in Hamm, und ist in Sachen Gründung die erste Anlaufstelle. AGEX bietet Personen und Personengruppen, die nur geringe oder keine unternehmerische Erfahrung haben und eine selbständige Existenz als Alternative zur abhängigen Beschäftigung oder Arbeitslosigkeit anstreben, eine kostenlose oder bezuschußte Beratung an. So besteht die Möglichkeit, vorhandene Defizite im betriebswirtschaftlich-organisatorischen und technischen Bereich aufzuzeigen und zu beseitigen, um damit den Aufbau einer wirtschaftlich tragfähigen Existenz zu sichern. Daneben werden Seminare und Weiterbildungsveranstaltungen für Existenzgründer und -gründerinnen organisiert und durchgeführt, Kontakte zu Kammern und Verbänden, Beratern und Kreditinstituten hergestellt und Zuschüsse für Unternehmensberatungen vergeben.

Die Ziele der HAMTEC in 1997 waren:
- der Aufbau eines sich selbst tragenden Unternehmens zur Stärkung des Strukturwandels in Hamm,
- Existenzgründer und mittelständische Unternehmen für innovative Projekte durch gezielte Eigenakquisition sowie Einbeziehung von Multiplikatoren, Gesellschaftern sowie der örtlichen Wirtschaft zu gewinnen sowie
- die Akquirierung von technologieorientierten, den Schwerpunkt des Zentrums ergänzenden Unternehmen.

Öffentliche Finanzierungshilfen
Hilfreich für die innovativen Existenzgründer sind auch die zahlreichen öffentlichen Finanzierungshilfen. Aber ohne EDV-Hilfe ist ein Überblick über die vielfältigen Förderungsmöglichkeiten gar nicht mehr möglich. Die genossenschaftliche Bankengruppe hat schon vor vielen Jahren ein Expertensystem, genannt "Geno-Star" (genossenschaftlicher Staatshilfenratgeber), entwickelt. Dieses Expertensystem optimiert die einzelnen Programme, so daß sie für den Existenzgründer und/oder für den Investor zu einem bestmöglichen Ergebnis führen.

Risikokapital
Es mangelt auch nicht an öffentlichem Risikokapital, um junge Unternehmen zu unterstützen. Vielmehr mangelt es an den notwendigen steuerlichen Rahmenbedingungen für privates Risikokapital, an der notwendigen Markttransparenz und an der hinreichenden Fungibilität des Beteiligungskapitals. In diesem Zusammenhang stellen sich zwei Fragen:
1. Warum stellen insbesondere Privatpersonen und Unternehmen so wenig Risikokapital zur Verfügung?
2. Warum hat der Staat durch steuerliche Regelungen und Subventionen in der Vergangenheit zwar auf viele Wirtschaftsbereiche Einfluß genommen, aber Existenzgründungen nicht ausreichend gefördert. Seit Jahrzehnten gibt es geförderte Schiffsfinanzierungen, Wohnungsbauförderungen, Sonderabschreibungen und Subventionen in vielfältiger Form, aber es gab in der Vergangenheit keine angemessene Förderung privater Risikofinanzierungen.

Anfang 1997 war allerdings zu lesen, daß im Zuge des Jahressteuergesetzes 1997 der § 7 g EStG um einen neuen Absatz 7 erweitert werden soll. Danach soll es für natürliche Personen sowie für Personen- und Kapitalgesellschaften möglich sein, für Existenzgründer während eines Zeitraums von fünf Jahren für spätere Investitionen eine steuerfreie Rücklage von bis zu DM 600.000,- zu bilden.

In den USA stellen Venture-Capital-Gesellschaften, aber auch Privatpersonen, Risikokapital zur Verfügung, wohlwissend, daß auch nach sorgfältiger Prüfung eines Business-Planes nicht jede Existenzgründung erfolgreich sein wird. Diese nimmt man bewußt in Kauf. Man geht allerdings davon aus, daß es auch einige sehr erfolgreiche Existenzgründungen geben wird, und daß die daraus zu erzielenden Verkaufserlöse höher sind als die Verluste aus den "Flops". Zur erfolgreichen Entwicklung von jungen Gesellschaften tragen Venture-Capital-Gesellschaften, neben der Bereitstellung von Eigenkapital, auch durch Management-Beratung bei.

Business-/Geschäftspläne
Für eine erfolgreiche Existenzgründung, eine erfolgreiche Erweiterungsinvestition oder eine sonstige Investition, die auf neue Produkte und neue Märkte ausgerichtet ist, besteht die Notwendigkeit, sich mit einem detailliert zu erarbeitenden Business-Plan auseinanderzusetzen. Zwar erfolgt eine Projektbeschreibung für die öffentlichen Stellen, es ist aber zu beobachten, daß in diese Planungen zuviel

Optimismus einfließt. Es fehlt ganz eindeutig ein sorgfältig und realistisch erarbeiteter Business-Plan.

Die Existenzgründer sollten bei der Entwicklung ihrer Unternehmenskonzeption sehr sorgfältig vorgehen. Diese Sorgfalt trägt dazu bei, sich später erfolgreich zu behaupten. Das Problem für den Existenzgründer: Er erstellt einen Business-Plan nur einmal und bekommt dazu nur wenig Hilfen. Ein Geschäftsplan sollte folgende Schwerpunkte enthalten:
- Projektidee
- wirtschaftliche Perspektiven des kapitalsuchenden Unternehmens
- strategische und operative Elemente
- Produktpalette
- Markt- und Kundenbedürfnisse
- Managementfähigkeiten
- Risikofaktoren
- Kapitalbedarf und Kapitalstruktur
- Prognosen und Zukunftsziele

Mit Hilfe des Geschäftsplanes sollte vor allem folgende Frage beantwortet werden können: Welche Ziele werden auf welche Weise mit welchen Mitteln innerhalb welcher Zeit erreicht?

Aufgaben von Universitäten und Hochschulen

Die potentiellen Existenzgründer rekrutieren sich ganz eindeutig aus dem Kreis der Absolventen von Universitäten und Fachhochschulen. Die Gründung innovativer Unternehmen erfolgt durch Ingenieure und Techniker. Diese zeichnen sich aber dadurch aus, daß sie nicht über den notwendigen kaufmännischen Sachverstand verfügen. Ich stelle mir die Frage, ob wir es uns noch leisten können, an den Universitäten auf die besondere Unterrichtung über Möglichkeiten von Existenzgründungen und Schulungen hierzu zu verzichten.

Ich zitiere aus der "Welt am Sonntag" vom 09.03.97: "In Deutschland weiß selbst ein Diplom-Ökonom nicht, wie man sich selbständig macht. Bestenfalls lernt er, Bewerbungen zu schreiben, um eine möglichst lebenslange Anstellung zu finden. Der Umgang mit einem Geschäftsplan ist ihm völlig fremd. Darüber hinaus sind die Studiengänge an den meisten Hochschulen zu wenig praxisorientiert."

Finanzierungen durch Kreditinstitute

Noch eine kritische Anmerkung zu den Finanzierungen durch Kreditinstitute. Immer wieder liest man, daß die Kreditinstitute nicht oder nur unvollkommen bereit sind, risikobehaftete Finanzierungen, insbesondere von Existenzgründern, aber auch von innovativen Investitionen, vorzunehmen. Diese kritische Haltung ist sicherlich in einem hohe Maße berechtigt.

Die Existenzgründer benötigen Finanzmittel zur Investition und Finanzierung des Umlaufvermögens. Die Erstinvestitionskosten werden in der Regel günstig finanziert. Zusätzliche Mittel für die Anlaufphase, die Marktreife der Produkte und

Marketingmaßnahmen - also sogenannte Betriebsmittelkredite - stehen anschließend nicht in ausreichendem Umfang zur Verfügung.

Jeder Verantwortliche in einem Kreditinstitut ist verpflichtet, Kreditrisiken möglichst zu vermeiden bzw. sie in vertretbaren Grenzen entsprechend der Risikotragfähigkeit der Bank zu halten. Das führt häufig zu ablehnenden Kreditentscheidungen.

Aus der Genossenschaftsorganisation liegt mir eine empirische Untersuchung vor, die die Hauptgründe für die starke Zurückhaltung bei Existenzgründungsfinanzierungen aufzeigt:
- Fehlende Identifikation des Vorstandes und der Führungskraft mit der Existenzgründung.
- Die innovativen Planungen und das Konzept sind nicht nachvollziehbar.
- Die Bank oder die Filiale ist zu klein und hat kein dafür qualifiziertes Personal.
- Die Bank hat im starken Wettbewerb andere Sorgen und nimmt sich nicht genug Zeit für Innovationsfinanzierungen.
- Die Risiken sind nicht überschaubar.
- Probleme mit dem Abschlußprüfer und dem Prüfungsverband.
- Probleme mit dem Kreditwesengesetzt (KWG), insbesondere mit Blick auf die Offenlegung der wirtschaftlichen Verhältnisse.
- Schlechte Erfahrungen mit jungen Unternehmern in der Vergangenheit.
- Kein ausreichendes Eigenkapital bzw. Kreditsicherheiten.

Auflagen und Reglementierungen
Jungunternehmer sind häufig überfordert, wenn es darum geht, den vielfältigen staatlichen Auflagen und Reglementierungen gerecht zu werden. Das beste wäre, wenn sich der Staat der Aufgabe annehmen würde, dieses Regulierungsdickicht auszudünnen.

Schlußbemerkung
Das Klima und das Umfeld für innovative Existenzgründungen haben sich verbessert. Durch weitere Unterstützung aller Verantwortlichen und durch Mut und Sorgfalt der Gründer sollte die Zahl der erfolgreichen Existenzgründungen zunehmen.

L. Die Technologie- und Gründerzentren in Nordrhein-Westfalen: Partner für technologieorientierte Existenzgründer und junge Unternehmen

von Bernd Rosenfeld

1. Der Aufbau einer technologischen Infrastruktur in Nordrhein-Westfalen

Das Land Nordrhein-Westfalen (NRW) hat in den letzten Jahrzehnten wie kaum ein anderes Bundesland einen enormen Strukturwandel gestalten müssen. Alte Industriestrukturen mußten aufgebrochen werden, um neue innovative Beschäftigungsmöglichkeiten für die Menschen an Rhein und Ruhr zu eröffnen. Das erklärte Ziel der NRW-Landesregierung war und ist noch heute vor allem die "technologische Erneuerung der Wirtschaftsstruktur".

So ist in NRW seit Anfang der 80er Jahre ausgehend von regionalen Initiativen und mit Unterstützung durch die Landesregierung eine national und international einzigartige technologische Infrastruktur entstanden: Die ersten Technologie- und Gründerzentren wurden zunächst an Hochschulstandorten gebaut, um das dort vorhandene Potential zu technisch-wissenschaftlichen Firmengründungen zu aktivieren. Mit der Regionalisierung der Strukturpolitik entstanden Zentren auch an Standorten ohne Hochschulen, in Industrieregionen und im ländlichen Raum, die jedoch in aller Regel Kooperationsvereinbarungen mit Hochschulen getroffen haben. Heute verfügt NRW mit 65 Zentren über ein flächendeckendes Netzwerk. Zusammengeschlossen im Verein "Technologiezentren im Land Nordrhein-Westfalen e.V." verstehen sich die Technologiezentren in NRW als landesweites Netzwerk zur Förderung von Innovationen, Synergien und Kooperationen sowie als Foren für den Technologietransfer und Beratungsinstitutionen für technologieorientierte Existenzgründer und junge Unternehmen.

Auf ein einheitliches Konzept für Technologie- und Gründerzentren an unterschiedlichen Standorten wurde seitens der Landesregierung und der jeweiligen Träger bewußt verzichtet. Unterschiedliche Standortfaktoren und verschiedene Formen der Zusammenarbeit der Träger der Technologie- und Gründerzentren sowie unterschiedliche regionale Aufgaben im Rahmen der innovationsorientierten Wirtschaftspolitik führten zu verschiedenen Formen mit jeweils eigener Berechtigung:

- Technologiezentren mit FuE-orientierten Unternehmen aus dem Forschungsumfeld der angrenzenden Hochschulen sowie "Spin-offs" bzw. Abteilungen mittelständischer und größerer Unternehmen mit FuE-Bezug verfolgen vorrangig Produkt- und Verfahrensinnovationen insbesondere durch die Neugründung und Ansiedlung technologieorientierter Unternehmen.
- Gründerzentren beraten in erster Linie Existenzgründer und Firmenneugründer verschiedener Branchen und stellen ihnen flexibel zugeschnittene Räumlichkeiten sowie Serviceleistungen zur Verfügung.

- In Handwerkerhöfen werden Räume und Serviceleistungen für Handwerksunternehmen angeboten.
- Im Umfeld von Technologie- und Gründerzentren entstehen Technologie- und Gewerbeparks, in denen sich Firmen niederlassen, die aus den Zentren herauswachsen und in denen sich große - zum Teil international ausgerichtete - Unternehmen ansiedeln, um die spezielle Infrastruktur dieser Parks zu nutzen.

Allen Technologie- und Gründerzentren ist gemeinsam, daß sie durch die speziellen Immobilien und unterstützt durch das Management des jeweiligen Zentrums Standortgemeinschaften mit besonderen Möglichkeiten der Zusammenarbeit der ansässigen Firmen untereinander sowie im Umfeld bilden und daß Synergieeffekte entstehen.

An vielen Standorten von Technologie- und Gründerzentren haben sich Mischformen entwickelt und bewährt, die die endogenen Potentiale bestmöglich nutzen. Charakteristisch ist also in Nordrhein-Westfalen die Vielfalt mit den Vorteilen der Flexibilität bei unterschiedlichen Anforderungen.

Im Rahmen ihrer regionalisierten Strukturpolitik hat die Landesregierung diese Individualität der Zentren in den einzelnen Regionen aktiv unterstützt und damit regionale und lokale Entscheidungen zur Basis der Technologieförderung des Landes gemacht.

Technologie- und Gründerzentren haben in unterschiedlichem Umfang und je nach spezieller Aufgabenstellung verschiedene Teilaufgaben übernommen:
- Gründung und Ansiedlung technologieorientierter Unternehmen und damit Schaffung neuer Arbeitsplätze
- Förderung von Produkt und Verfahrensinnovationen
- Wissens- und Technologietransfer zwischen Hochschulen, Forschungseinrichtungen und Unternehmen auf Landes-, Bundes- und internationaler Ebene
- Wirtschaftsförderung und Regionalmarketing
- spezialisierte Weiterbildung

Technologie- und Gründerzentren arbeiten eng und erfolgreich zusammen mit Forschungseinrichtungen und Unternehmen, mit Kammern und Verbänden, mit Beratungsfirmen und -einrichtungen sowie mit den zuständigen Institutionen auf Landes-, Bundes- und internationaler Ebene. In zunehmendem Maße entwickeln sich auch regionale und fachspezifische bundesweite Netzwerke der Technologie- und Gründerzentren untereinander mit dem Ziel, für die Kunden eine höhere Leistungsfähigkeit zu ermöglichen. Trotz unterschiedlicher Struktur der einzelnen Zentren ergibt sich insgesamt ein hohes Potential zur Modernisierung der Wirtschaftsstruktur NRW, das gezielt verknüpft und gestärkt werden muß.

An ihren jeweiligen Standorten haben sich die Technologie- und Gründerzentren nach der nunmehr weitestgehend abgeschlossenen Aufbauphase inzwischen fest etabliert als auf Dauer angelegte Einrichtungen der technologieorientierten Wirtschaftsförderung und als Motoren des Strukturwandels. Sie sind im Rahmen des anhaltenden wirtschaftsstrukturellen Wandels unverzichtbar. Die Aufbau- und Anlaufphase mit baulich investiven Schwerpunkten der Arbeit der

Technologie- und Gründerzentren ist weitestgehend abgeschlossen und wird zugunsten der gezielten inhaltlich-fachlichen Weiterentwicklung der Betreibergesellschaften und zur stärkeren Vernetzung der Zentren untereinander und ihrer Partner weitergeführt.

2. Die nordrhein-westfälischen Technologie- und Gründerzentren als Partner der Gründungsoffensive "GO!"

Die wirtschaftlichen Rahmenbedingungen sind in Deutschland in den letzten Jahren nicht gerade einfacher geworden: Zunehmender internationaler Wettbewerb, steigender Kostendruck und begrenzte Nachfrage zwingen Unternehmen zu Anpassungsmaßnahmen mit der Folge, daß Arbeitsplätze verlorengehen. Es liegt nahe, durch die Gründung neuer Unternehmen mit neuen Produkten und Dienstleistungen zusätzliche Arbeitsplätze schaffen zu wollen, zumal sich gerade kleine und mittlere Unternehmen als flexibel und wachstumsstark bezogen auf neue Arbeitsplätze erwiesen haben.

Die Förderung und fachliche Unterstützung von Firmengründungen ist in Deutschland nicht neu; vieles war bzw. ist allerdings "eingefahren". Eine gemeinsame Initiative der am Gründungsgeschehen beteiligten Institutionen mit neuen motivierenden Impulsen, der Erschließung weiterer Gründungspotentiale und der Ergänzung bzw. Feinabstimmung der Instrumente der Beteiligten trifft deshalb den Kern der Thematik, und genau hier setzt die Gründungsoffensive GO an. Die nordrhein-westfälischen Technologie- und Gründerzentren unterstützen nachhaltig die Ziele der GO als Partner und arbeiten gleichzeitig auf Grundlage ihrer Erfahrungen aus der Gründung technologieorientierter Unternehmen in verschiedenen Bereichen mit. Gemeinsam mit der Landesregierung und den GO-Partnern tragen die nordrhein-westfälischen Technologiezentren die Gründungsoffensive mit.

Für neu gegründete Firmen und ihre Erfolgsaussichten sind zahlreiche unterschiedliche Faktoren maßgeblich: Angefangen von der Einstellung und Wertehaltung zur Selbstständigkeit und zum Unternehmertum, die in Familie, Schule und Ausbildung geprägt werden und häufig noch undifferenziert mit Negativimage behaftet sind, über die persönliche Motivation der Einzelnen (vermeintlich sichere abhängige Beschäftigung im Gegensatz zu freiem, selbstständigem Arbeiten als Freiberufler/in oder Unternehmer/in) und die fachliche Vorbereitung der Unternehmensgründung (marktfähiges Produkt bzw. Dienstleistung, Unternehmensplanung, Finanzierung) bis hin zur Fähigkeit, ein Unternehmen tatsächlich führen zu können und schwierige Zeiten durchzustehen, um nachhaltigen Erfolg zu erreichen.

In der Fachdiskussion über das Gründungsgeschehen sind in der Vergangenheit überwiegend nur Einzelaspekte wie z.B. die Finanzierung von Unternehmen erörtert worden, während die ganzheitliche Betrachtungsweise des Gründungsprozesses in der Regel zu kurz gekommen ist. Die Gründungsoffensive GO setzt gerade auch hier an: Zusätzlich zur Steigerung der Zahl der Gründungen und ihrer Festigung sowie der Verbesserung der Rahmenbedingungen wendet sich GO der Imageverbesserung und der neuen Kultur der Selbstständigkeit zu, und das ist gut so!

Die nordrhein-westfälischen Technologie- und Gründerzentren haben bereits in den vergangenen Jahren erhebliche Beiträge zur Unterstützung bei der Gründung neuer Unternehmen und damit zum Schaffen neuer Arbeitsplätze geleistet. Seit Mitte der 80iger Jahre sind in Nordrhein-Westfalen in den Technologiezentren und ihrem Umfeld fast 40.000 Arbeitsplätze geschaffen worden. Zusätzlich zu den Firmen, die technische Produkte entwickeln und herstellen, hat sich zudem eine zweite Säule aufgebaut. Konzentriert auf die Schwerpunkte "Vertrieb, Handel und Beratung" haben diese Firmen das Ziel, Absatzchancen innovativer Produkte zu verbessern. In dieser Verbindung von High-Tech-Firmen und Marketingspezialisten liegen Chancen für die Zukunft.

Besonders erfolgreich waren Technologiezentren an Hochschulstandorten. Etwa die Hälfte der heute dort angesiedelten Unternehmen sind direkt aus dem Wissenschaftsbereich heraus gegründet worden; dabei handelt es sich in 77 Prozent um technologieorientierte Gründungen im engeren Sinne. Innerhalb Deutschlands nehmen abgesehen von Berlin und neuerdings Dresden die nordrhein-westfälischen Standorte und Technologiezentren in Aachen, Bochum, Münster und Dortmund die führende Rolle ein.

Ermöglicht wurden diese Erfolge durch die Förderung des Aufbaus von Technologie- und Gründerzentren durch die Landesregierung sowie durch die individuelle Ausrichtung der Konzeption einzelner Zentren auf die Rahmenbedingungen in ihrem Umfeld. Die nordrhein-westfälischen Technologie- und Gründerzentren verstehen sich als lokale und regionale Ansprechpartner für die Gründung von Unternehmen, als Informationsdrehscheibe sowie als Lotse für Firmengründerinnen und Firmengründer. Sie verfügen selbst über Beratungskompetenz oder organisieren die Information und Beratung von Gründungsinteressierten mit Partnern aus Kammern, Verbänden, verschiedenen Institutionen sowie Vertretern freier Berufe (s.o.). Zusätzlich stellen sie zu Partnerunternehmen wichtige Erstkontakte für Firmengründer her. Diese Beratungsfunktion macht nicht mit der Gründung neuer Unternehmen selbst halt, sondern umfaßt auch die Festigungsphase nach der Gründung neuer Unternehmen.

Insgesamt ist diese Art der Gründungsberatung überaus erfolgreich. Während üblicherweise über alle Branchen mit Firmeneinstellungen in Höhe von rund 50 Prozent in den ersten 5 Jahren gerechnet wird, sind von 100 Firmen in Technologie- und Gründerzentren nach 5 Jahren noch 94 am Markt. Anders ausgedrückt bedeutet dies, die Ausfallquote der Unternehmen in Technologie- und Gründerzentren liegt bei nur 6 Prozent. Die wesentliche Ursache für diese erfolgreiche Tätigkeit wird in der Vorbereitung und Planung der Firmenneugründungen sowie im Kontaktnetzwerk in den Technologie- und Gründerzentren (Standortgemeinschaften) gesehen. Ist also alles in Ordnung in der Gründerszene? Können sich alle Beteiligten ruhig zurücklehnen? Eine solche Haltung wäre unverantwortlich. Vielmehr kommt es darauf an, einzelne Hemmnisse zu beseitigen und die technologieorientierte und gründungsbezogene Infrastruktur in Nordrhein-Westfalen gezielt zu stärken und auszubauen. Im Grunde geht es vom Gründungsprozeß her betrachtet in allen Branchen prinzipiell um die gleichen Schritte: Ansprache von Gründungsinteressierten (Motivation), Information über Rahmenbedingungen, Unterstützung bei der Erarbeitung des Unternehmenskonzepts (Geschäftsplan), Hilfestellung bei der Lösung einzelner Fragen in der Gründungsphase, Nachbetreuung in den ersten Jahren nach der Unternehmensneugründung (Festigungsphase).

Was ist also zu tun?

An erster Stelle - auch wenn es nicht neu ist - gilt es, die Zusammenarbeit der Beteiligten noch zu verbessern und die Kräfte zu bündeln: Weder sind zusätzliche Agenturen, Beratungs- und Betreuungseinrichtungen gefragt noch ist das z.T. ausgeprägte Zuständigkeitsdenken zwischen einzelnen Institutionen hilfreich. Die vorhandenen Kerne in der Gründungsberatung einschließlich der Möglichkeit zur individuellen Beratung von Gründerinnen und Gründern müssen gestärkt sowie die Aufgabenteilung und Zusammenarbeit untereinander verbessert werden. Diejenige Einrichtung soll beraten, die die individuellen Fragen von Gründern am besten beantworten kann; niemand sollte zögern, Kunden an einen Partner im Rahmen des Gründungsnetzwerks weiterzugeben. Für eine derart verstandene arbeitsteilige Gründungsberatung gibt es positive Beispiele.

Die Landesregierung überprüft, modifiziert und ergänzt ihr Instrumentarium und schafft damit gute Voraussetzungen. Sie sollte aber auch vor der Förderung von gründungsbezogenen Einzelvorhaben wieder stärker prüfen, ob die Vorhaben lokal bzw. regional abgestimmt sind und einer Zersplitterung von Aktivitäten entgegenwirken. Über die Förderung von Vorhaben hat sie dazu durchaus die Möglichkeit.

Sicher müssen im Rahmen der Gründungsoffensive Impulse für weitere Firmengründungen gesetzt werden. Das Potential für tragfähige Gründungen ist allerdings nicht beliebig vermehrbar. Der Wettbewerb auf den verschiedenen Märkten ist hart, dies setzt eine optimale Vorbereitung und Beratung von Gründerinnen und Gründern voraus, die ein hohes Maß an Verantwortung erfordert. Dazu zählt auch der Mut, in Einzelfällen von Gründungen abzuraten; denn das Potential für Gründungen ist begrenzt.

Die Initiierung und Betreuung zusätzlicher Unternehmensgründungen ist ein Prozeß, der mittel- und langfristig angelegt sein muß. Dies betrifft z.B. die dichte Hochschullandschaft Nordrhein-Westfalens, aus der heraus zahlreiche innovative Unternehmen gegründet worden sind. Erforderlich ist, daß Hochschullehrer, Wissenschaftler und Studierende sich viel eher und stärker als in der Vergangenheit auf Gründungen von jungen flexiblen Unternehmen einstellen müssen. Dies setzt eine Überprüfung und Änderung eigener Einstellungen voraus und ist sicherlich nur mittelfristig zu erreichen, allerdings unumgänglich.

Die nordrhein-westfälischen Technologie- und Gründerzentren sind die natürlichen Partner für die Gründung technologieorientierter Produktions- und Dienstleistungsfirmen. Für bestimmte Zielgruppen z.B. aus den Hochschulen und Großforschungseinrichtungen sind sie lokale und regionale Anlaufpunkte. Sie sind auf die Zusammenarbeit mit Kammern, Kreditinstituten, Wirtschafts- und Technologieförderungseinrichtungen eingestellt. Deshalb sind sie im Rahmen der Gründungsoffensive gefordert. Wie bereits in der Vergangenheit eindrucksvoll bewiesen, werden sie auch in Zukunft ihre nachhaltigen Beiträge zum Schaffen neuer Arbeitsplätze leisten.

M. Technologietransfer in den neuen Bundesländern

von Klaus Pohl

Auffassungen zum Technologietransfer sind stark vom Standpunkt des Betrachters abhängig. In dem Namen meiner Firma "Technologie- und Innovations-Agentur Brandenburg" sind drei Begriffe enthalten, auf die ich aufmerksam machen möchte, um eine Wertung der vorgetragenen Bemerkungen zu unterstützen.

Der Begriff Agentur: Ich komme von keiner Institution, die Theorien oder Statistiken über den Technologietransfer entwickelt. In die Meinungsvielfalt über Sinn, Ziele, Gegenstand, Wege, Partner und Instrumente des Technologietransfers wird daher von meiner Seite keine weitere Meinung eingebracht. Mir geht es vielmehr darum, einige Erfahrungen aus der Sicht einer rund fünfjährigen Begleitung von Unternehmen darzustellen. So alt ist nämlich die T.IN.A. Brandenburg GmbH, deren wichtigste Zielgruppe kleine und mittlere Firmen bis etwa 250 Mitarbeiter sind.

Aufgrund der Zielsetzung meines Vortrages möchte ich Sie nicht mit verschiedenen Definitionen zum Begriff "Technologietransfer" langweilen. Mit der Begriffsbestimmung zum Technologietransfer nach BÖHLER ET AL. (1995) *"Technologietransfer ist die Übertragung von Wissen über neue Produkte und Verfahren und des zu deren Nutzung und/oder Markteinführung notwendigen Know-hows von einem Technologieproduzenten über einen möglichen Technologiemittler an einen Technologienutzer."* können wir vielleicht alle leben.

Der geographische Begriff "Brandenburg" besagt, daß diese Erfahrungen in diesem Bundesland gesammelt wurden. Ich möchte mir nicht anmaßen, im Namen der anderen neuen Bundesländer (NBL) zu sprechen. Dazu sind die Entwicklungsvoraussetzungen, wie Bevölkerungsdichte, traditionelle Branchenstrukturen, die Wissenschaftslandschaft und Ansätze für mittelständische Strukturen, wie sie 1990 vorgefunden wurden, zu unterschiedlich. Sachsen hat sicherlich wesentlich günstigere Ausgangsbedingungen für den Aufbau einer Innovationsinfrastruktur nach westlichem Muster als z.B. Mecklenburg-Vorpommern. Selbst innerhalb eines Flächenlandes wie Brandenburg mit 90 Einwohner/km^2 gibt es z.B. zwischen dem Technologiegürtel um Berlin, insbesondere dem Standpunkt Teltow einerseits und Regionen wie z.B. der Uckermark andererseits, starke Disparitäten.

Erfahrungen und Modelle sind nicht automatisch übertragbar, schon gar nicht Erfolgsmodelle der alten Bundesländer wie die der Steinbeis-Stiftung in Baden-Württemberg, ZENIT in NRW oder der NATI in Niedersachsen. Eine gesicherte Erkenntnis ist, daß Technologietransfer im ganzheitlichen Ansatz in marktwirtschaftlichen Systemen kein Selbstläufer ist und der Organisation und der staatlichen Unterstützung bedarf. Man sagt "von Technologietransfer wird keiner satt". Das gilt insbesondere für eine Zeit radikalen wirtschaftlichen Umbruchs, mit der die Innovationslandschaft der NBL noch einige Zeit konfrontiert sein dürfte. Diese Organisation und staatliche Unterstützung wurde u.a. durch die sogenannten

ATI's, die "Agenturen für Technologietransfer und Innovationsförderung" übernommen, die 1991/92 auf Initiative des Bundesministeriums für Wirtschaft (BMWi) in den NBL implementiert wurden. Zu diesen ATI's gehört auch die T.IN.A.

Organisation, Struktur, Umfang und auch Inhalte wurden den o.g. unterschiedlichen Voraussetzungen in den Ländern differenziert angepaßt. In Sachsen gibt es vier, in MVP drei Agenturen. Brandenburg und Thüringen bevorzugen ein zentralistisches Modell. T.IN.A. ist die einzige Technologieagentur des Landes, die durch fünf Geschäftsstellen innovationsbereite Unternehmen auch in den entfernteren Winkeln erreichen soll. Sie hat die Rechtsform einer GmbH und ist die mehrheitliche Tochter des Landes. Weitere Gesellschafter sind die Industrie- und Handelskammer, die Handwerkskammer und die Wirtschaftsfördergesellschaft Brandenburg.

Trotz der differenzierten Voraussetzungen zwischen den Ländern gibt es natürlich auch Gemeinsamkeiten, die eine gewisse Verallgemeinerung der folgenden Bemerkungen erlauben. Zwischen den Agenturen in den NBL hat sich eine gewisse Vernetzung, beginnend mit den halbjährlichen Erfahrungsaustauschen, die einen Blick über den eigenen Zaun erlauben, bis zu der Arbeit im Rahmen von netzwerkähnlichen Strukturen wie das "Innovation Relay Centre" (IRC) oder der Verband der Innovations- und Technologieberatungsorganisationen VITO oder auch INSTI herausgebildet. Die Agenturen wurden anfangs durch das BMWi voll finanziert und gingen dann mehr und mehr in die Länderkompetenzen über. Inzwischen gibt es keine staatlich voll finanzierte ATI mehr. Ein Teil der Einnahmen muß über den Markt eingeworben werden.

Erwähnt sei, daß es neben dem ganzheitlichen, aber regionalen Ansatz, der mit den ATI's verfolgt wurde, auch branchen- bzw. technologiebezogene überregionale Transferzentren existieren, deren Mitarbeiter ebenfalls als Mittler fungieren, jedoch spezielle Technologien und Zielgruppen bedienen, beispielsweise für Lebensmitteltechnologien in Potsdam-Rehbrücke oder für Textiltechnologien in Chemnitz. Sie haben alle Forschungseinrichtungen oder -unternehmen im Rücken auf deren Quellen sie natürlich prioritär zurückgreifen. Damit sollen die vergleichenden Betrachtungen abgeschlossen werden, die nur der eingangs erwähnten Relativierung des Standpunktes aus Brandenburger Sicht dienen soll. Es könnte einen Tag füllen, alle Angebote zu nennen und zu kommentieren. Dies kann man aber auch in den zahlreichen Broschüren des BMWi und des Bundesministeriums für Bildung, Forschung, Wissenschaft und Technologie (BMBF) nachlesen. Diese Angebote und auch die Netzwerke zwischen den Anbietern sind dabei nur Mittel zum Zweck. Entscheidend ist, wie die Unternehmen in diese Netze integriert werden und diese Angebote den Bedarf decken. Doch worin besteht nun der Bedarf der Unternehmen?

Wenn Sie Unternehmen in den NBL nach den Erfolgsfaktoren der Innovation fragen, werden von zehn Kriterien sieben genannt, die mit Finanzierung, Förderung oder im weiteren Sinne mit Geld zu tun haben. Einerseits ist die

Finanzierung von Innovationen essentiell; die Gewichtung dieses Themas innerhalb des Konferenzprogramms belegt dies nachdrücklich. Auch wir sehen, daß in den Finanzierungsmechanismen selbst latente Innovationsnachholpotentiale liegen. Darauf komme ich noch mit einem Vorschlag zu sprechen. Andererseits zeugt es nicht gerade von selbstkritischer Einstellung, die Hemmnisse in äußeren Faktoren zu sehen. Die Bedarfsermittlung kann sich also nicht allein auf Umfragen bei den Bedarfsträgern stützen. Wie sehen das andere?

1995/96 hatten wir ein europäisches Expertenteam im Rahmen eines EU-SPRINT-Programmes in Südbrandenburg, das versuchte, die Bedarfe zu objektivieren. Die Teamzusammensetzung, neben Experten von TNO-Holland mit west- und ostdeutschen sowie Regionalakteuren besetzt, gewährleistete durch unterschiedliche räumliche und mentale Distanzen der einzelnen Berater eine bessere Objektivität. Das Projekt war unter 20 europäischen Regionen das einzige in Ostdeutschland. Es ist somit von überregionalem Interesse und sollte als eines der zeitlich ersten diese gewissen Modellfunktionen erfüllen.

Im Ergebnis des Projektes wurde in Abstimmung mit der Region und der Landesregierung eine Reihe von Maßnahmen beschlossen, von denen ich einige im Kontext mit dem Brandenburger Ansatz des Technologietransfers - ohne Rangfolgeansprüche - nennen möchte.

Technologietransfer kann nicht auf das unmittelbar in dem Produkt oder Verfahren manifestierte Know-how verkürzt werden. Der Know-how-Bedarf zu unternehmerischer Strategieentwicklung, Management des F/E-Prozesses, Marktwissen und Marketinginstrumenten, Kooperationsverhalten/-strategien, Finanzierungsstrategien und -instrumenten ist dem Bedarf an produktspezifischen Wissen gleichzusetzen. Dieses essentielle Begleitwissen sollte auf verschiedenen Wegen zugänglich gemacht werden. Das gilt im Besonderen für ostdeutsche Unternehmen, denen immer wieder ein gutes Fachwissen aber Defizite im Managementwissen bescheinigt werden.

An dieser Stelle setzt auch die Unternehmensberatungskompetenz durch die ATIs und Branchentransferzentren an. T.IN.A. als Projektträger des Landestechnologieprogramms prüft nicht nur die Anträge, sondern führt eine umfangreiche Antragsberatung durch. Dabei ist vielen antragstellenden Unternehmen nicht bewußt, daß die oft geschmähten Antragsformulare zusammen mit der Beratung eine äußerst wichtige methodische Hilfe für die Planung des darauf aufsetzenden Forschungs- und Entwicklungsprozesses darstellt. Erstantragsteller haben nicht immer F/E-Erfahrungen. Da die ostdeutschen F/E-Abteilungen die allerersten Betroffenen des Umbruchs waren, sind ihre damals besten Mitarbeiter oft nicht mehr verfügbar. Hier kommt entgegen, daß die ATI-Projektleiter zwar überwiegend als Generalisten eingesetzt sind, aber meist Spezialisten in der Wirtschaft waren und auch daher durch den Unternehmer akzeptiert werden. Darüber hinaus bekommt ein Generalist, durch dessen Hände viele Projekte gehen, eine erstaunliche Urteilsfähigkeit über das, was geht oder nicht geht. Wir halten also diese Beratungsleistung in Ostdeutschland noch längere Zeit für unentbehrlich.

Durch die hochgradige Vakanz der Industrieforschung nach Auflösung der ehemaligen Kombinate kommt den Hochschulen eine ganz besondere Bedeutung zu. Im Gegensatz zu dem radikalen Rückbau in der Wirtschaft konnten die Forschungskapazitäten der Hochschulen in Brandenburg um 25% aufgestockt werden. Das Land verfügt über neun Hochschulen, darunter eine Technische Universität in Cottbus, die über wirtschafts- und transferrelevantes Wissen verfügen. Es liegt im wirtschaftlichen Interesse beider Seiten, dieses Wissen zu aktivieren und nachfrageorientierte Forschung zu betreiben. Die Besonderheiten der NBL erweisen sich hierbei als vorteilhaft, da es bereits vor 1990 eine anwendungsorientierte Zusammenarbeit auf Basis sogenannter Pflichtenhefte zwischen Hochschulen und der Industrie gab. Die Aufgabe besteht darin, beide Seiten zu motivieren, zueinander zu führen und die förderlichen Rahmenbedingungen dafür zu setzen. Zu diesem Zweck wurde das System "TeTra Brandenburg" unter Einbeziehung von Vertretern aller Transferpartner entwickelt. Diese Zusammenarbeit kann in ein bis drei voneinander unabhängigen Modulen erfolgen. Das erste Modul besteht aus Aufschlußberatungen im Unternehmen durch den Wissenschaftler. Das möglicherweise noch unscharf artikulierte Problem wird in ein bis drei Tagesberatungen definiert und dessen Lösbarkeit beurteilt. Im günstigsten Fall führt das Ergebnis bereits zu einer Lösung. Im Allgemeinen werden Lösbarkeit, potentielle Löser, Lösungsweg und ein Angebot dazu das Ergebnis der Aufschlußberatung sein. Wichtig ist, daß die Technologieberatungsstellen der Hochschulen in Zusammenarbeit mit T.IN.A. die Transferpartner zusammenbringen und sie im Bereich der Organisation entlasten können.

Die eigentliche Problemlösung wird über umfangreichere Beratungsleistungen in dem zweiten Modul "Wissenstransfer" und/oder über die direkte Mitwirkung der wissenschaftlichen Einrichtung bei der Produkt- oder Verfahrensentwicklung des Unternehmens im Rahmen der F/E-Auftragsvergabe angegangen. Letzteres stellt das dritte Modul dar. Das Land beteiligt sich mit maximal 50% - in Ausnahmefällen bis zu 75% - an dem Innovationsrisiko, das ansonsten allein das Unternehmen trägt, innerhalb dieser Transferphasen. Diese Unterstützung wird im Rahmen der "Technologieinitiative Brandenburg" gegeben, in dem diese Modulen des "Transfers" und der "Technologieförderung" als aufeinander abgestimmtes System zusammengefaßt sind. Wichtig ist, daß der Kooperationsprozeß zwischen Hochschulen und Unternehmen durch die staatliche Unterstützung kräftig an Schwung gewinnt. Die als degressiver Anschub angelegte Förderung muß berücksichtigen, daß neben der Wirtschaft auch die Umstrukturierung der Wissenschaftslandschaft und der Forschungskapazitäten nicht abgeschlossen ist. Der Kooperationsaspekt "Unternehmen – Hochschulen" wurde hier aus den bereits genannten Gründen besonders herausgearbeitet. Es soll aber nicht unerwähnt bleiben, daß auch Forschungskooperationen von Unternehmen zu anderen Wissensträgern, wie weiteren wissenschaftlichen Einrichtungen, Unternehmern oder freiberuflichen Spezialisten, durch die Technologieinitiative gefördert werden.

In dem erwähnten EU-Projekt wurden Südbrandenburger Unternehmen einerseits als zu introvertiert und mißtrauisch, andererseits als zur Selbstüberschätzung neigend eingeschätzt. Dies ist nicht nur eine Frage der regionalen Mentalität, sondern ein ostdeutsches Entwicklungsproblem. Es geht vermutlich auf ein Fehlverständnis von Marktwirtschaft als Kampf jeder gegen jeden und auf anfänglich übertriebene Vertrauensseligkeit und falsche Minderwertigkeitsgefühle gegenüber westdeutschen Partnern zurück, die dann in das Gegenteil umschlugen. Die Entwicklung der Kooperationsfähigkeit und -willigkeit halten wir für eine prioritäre Aufgabe des Technologietransfers, die mit dem staatlichen Instrumentarium gezielt unterstützt werden sollten. Es gibt erfolgversprechende Kooperationsformen, die wir schlußfolgernd weiterverfolgen. Ich nenne aus Zeitgründen hierzu nur die Stichworte "Verbundprojekte" und "Unternehmenscluster".

Das EU-Expertenteam stellte ferner eine Vernachlässigung innerer Kreativitätspotentiale in den Unternehmen fest. Ausdruck dessen ist u.a. die erschreckende Patentstatistik. Das belächelte Neuererwesen der DDR muß nur auf seinen rationalen Kern zurückgeführt werden. Entsprechende Vorschläge aus dem Projekt sollen das betriebliche Vorschlagwesen, KAIZEN und die Förderung und öffentliche Anerkennung von Erfindern wirtschaftlich-vernünftiger Erfindungen unterstützen. Sie sind in bestehenden Projekten eingeordnet worden, wie dem "Erfinderzentrum Ost" oder dem Projekt "Inventionsmanagement", in dem das Erfindertraining wiederbelebt wird.

Um die mittelständischen Strukturen der NBL an den Westen in absehbarer Zeit anzugleichen, müßten hier jährlich 2.000 Industrieunternehmen gegründet werden. Das Gründerproblem ist kein alleiniges, aber ein besonderes des Ostens, wie diese Zahl verdeutlicht. Das haben die Initiatoren der Tagung in ihrem Programm ebenfalls berücksichtigt. Technologieorientierte Existenzgründungen gelten hier als Exoten. Große Hoffnungen werden nach dem Motto "Gründer aus den Hochschulen" auf deren Absolventen gesetzt. Statistiken aus den alten Bundesländern sind bekannt. Sie zeigen die Grenzen auf. Der "Durchschnittsabsolvent" sammelt etliche Jahre Industrieerfahrungen ehe er, falls überhaupt, einen Gründungsentschluß faßt. Wenn man die Entwicklungsbedingungen der Hochschulen, z.B. in Brandenburg, berücksichtigt, ist keine Gründerwelle in den nächsten Jahren von dort zu erwarten. Daher bleibt nur der Weg, durch Klima, Information und Angebote zukünftigen Gründern, woher sie auch kommen, Mut zu machen und bereits vorhandenen Ansätzen optimale Rahmenbedingungen zu geben. Hochschulen könnten dabei weitere Funktionen übernehmen. Unter dem Motto "Gründer in die Hochschulen" hat das Expertenteam gefordert, auch Gründungswilligen, die nicht Hochschulangehörige sind, für beschränkte Zeit zu bevorzugen, ihnen kostenlosen Zugang zu den Hochschulressourcen zu gewähren und einen Hochschullehrer als persönlichen Paten zur Seite zu stellen.

An der BTU Cottbus wird gegenwärtig durch das Modellprojekt "Existenzgründung Extra" über ein Jahr eine Reihe von Gründungsideen begleitet, wobei auch hier der ganzheitliche Betreuungsansatz im Mittelpunkt steht, die Durchgängigkeit der Betreuung bis zu evtl. Gründung gesichert und der gleichberechtigte Zugang Hochschulfremder gewährleistet sind.

Eine ganz wesentliche Ressource und Chance speziell in den NBL, die explizit selten angesprochen wird, sind die Entwicklungspotentiale in den kleinen Unternehmen selbst. Typisch dafür ist der Fall eines Reinigungsunternehmens, das 1990 mit der Gebäudereinigung als Dienstleister begann, dann Händler wurde, durch seine hervorragende Marktkenntnis die Nischen und Kundenbedürfnisse genauestens kannte und nun eine patentierte Maschine auf den Markt bringt. Auch derartige Entwicklungen vom nichtinnovativen Unternehmen zum Technologieführer verdient dieselbe Aufmerksamkeit wie der "Modellgründer" aus der Universität, zumal seine Markterfahrungen seine Überlebenschance erheblich erhöhen.

Technologietransfer bedeutet Finanztransfer. Die Situation in den NBL zu diesem Thema wird in anderen Konferenzbeiträgen ausführlicher behandelt. Hier sollen nur zwei typisch ostdeutsche Einzelaspekte angerissen werden. Geldgeber betonen immer wieder, daß Ihr Engagement zu 80% durch die Vertrauensbildung bestimmt wird. Das gilt noch stärker für Innovationen mit ihren Risiken. Ostdeutschen mittelständischen Unternehmen fällt es schwerer, sich und ihr Vorhaben vertrauensbildend darzustellen. Sie verkennen oft die Erwartungen des Geldgebers und dessen Rolle als Geschäftspartner. Die Geldgeberseite wiederum hat Schwierigkeiten mit der Risikoeinschätzung und betont um so mehr die Sicherheiten, was zu beiderseitigen Frustrationen führt.

Der zweite Aspekt liegt in der Vielschichtigkeit von Finanzierungspaketen, bestehend aus Krediten, Beteiligungen, Bürgschaften, Zuschüssen usw. Kein Unternehmer überschaut die Breite der Möglichkeiten und ihre Chancen.

Stark verkürzt dargestellt besteht unser Ansatz darin, in gründlich vorbereiteten Finanzierungsforen Unternehmen mit ihren Vorhaben und potentielle Geldgeber aus den o.g. Schichtungen zusammenzubringen, um zu einer Chancenverbesserung beizutragen. Zu der Vorbereitung gehört auch eine vertrauensbildende Gesprächsreihe zwischen beiden Seiten, in der "Klartext" gesprochen wird.

Die Botschaft lautet, daß es in Ostdeutschland darum gehen muß, die vorhandenen Möglichkeiten und Modelle auch zu nutzen, indem Vertrauen durch Gespräche und Informationen geschaffen und die Chancen für Engagements durch bessere Kooperationsinstrumente zwischen Unternehmen und Finanziers verbessert werden. Ich weiß, daß ich nur Teilaspekte des breiten Themas "Technologietransfer in den NBL" belichten konnte. Ich hoffe aber, wenigstens einige wichtige Aspekte ausgewählt und zum Verständnis der Situation, in der praktischer "Technologietransfer in den NBL" eingebettet ist, beigetragen zu haben.

Literatur

BÖHLER, H. ET. AL. (1989), Der Technologietransfer in einer strukturschwachen Region, Bayreuth, 95.

N. Unternehmensdynamik in Deutschland aus Sicht in- und ausländischer Investoren am Beispiel kleiner und mittlerer Technologieunternehmen in den Neuen Bundesländern

von Michael Groß

1. Einführung

Die Diskussion um die weitere Entwicklung des Wirtschaftsstandortes Deutschland wird in immer stärkerem Maße durch die anhaltende Tendenz zur Verlagerung kapitalintensiver Industriearbeitsplätze aus Deutschland in andere Regionen der Welt einerseits und die fehlende Kompensation durch neue, langfristig international wettbewerbsfähige Unternehmensstrukturen andererseits und die daraus abzuleitenden Wirkungen auf die Steuer- und Haushaltspolitik geprägt. Die Aufrechterhaltung des sozialen Netzes erfordert wachsenden Mitteleinsatz zur Finanzierung der zurückgebliebenen und nicht eingesetzten Potentiale im Bereich des Humankapitals, der durch Steuereinnahmenausfälle negativ begleitet wird.

Das Szenario erscheint simpel, abstrahiert von weiteren Einflußfaktoren, charakterisiert jedoch den Sanierungsfall "Unternehmen Deutschland", der in Teilbereichen weiter an Dynamik verliert.

Die Frage wie und in welcher Form wir den Rückzug der im Bestand befindlichen Industrien stoppen und das insgesamt hochqualifizierte Humankapital wirtschaftlich sinnvoll einsetzen können, gewinnt täglich und nicht nur in den Neuen Ländern an Brisanz.

2. Probleme des Aufbaus einer wettbewerbsfähigen technologieorientierten Wirtschaftsstruktur in den Neuen Bundesländern

Der Aufbau einer modernen und wettbewerbsfähigen Wirtschaftsstruktur in den Neuen Ländern hat Fortschritte gemacht, kann jedoch nicht als wirtschaftlich selbsttragend definiert werden, woraus das Erfordernis einer weiterhin, jedoch gezielteren Wirtschafts- und Investitionsförderung Ost abzuleiten ist. Dabei ist dem Feld der Technologieförderung eine besondere Rolle beizumessen.

2.1 Ausgangsbedingungen und Entwicklung des technologischen Potentials

Seit Einführung der Deutschen Mark am 01.07.90 und der damit verbundenen Neubewertung der ostdeutschen Industrieunternehmen im Zuge der Aufstellung der DM-Eröffnungsbilanzen ist ein dramatischer Strukturwandel zu konstatieren, der aus der vollständig fehlenden nationalen und internationalen Wettbewerbsfähigkeit der jeweiligen Unternehmensstrukturen resultierte. Die unter DDR-Wirtschaftsverhältnissen gängige Vorgabe unternehmenskonkreter Abgaben, defizitärer Exportstimulierungen und Investmittelzuweisungen, die sich letztlich nur in

Teilbereichen an den internationalen Marktanforderungen und damit verbundenen Reproduktionserfordernissen der Unternehmen orientierte, brachte jegliche Unternehmensdynamik zum Erliegen und führte zum Zusammenbruch ganzer Industrieregionen, verbunden mit einer erheblichen Freisetzung qualifizierten Personals aus F/E-Bereichen und Management. Allein im Bundesland Brandenburg sank die Anzahl der in Forschungs- und Entwicklungsabteilungen der Industrie Beschäftigten von ca. 14.000 im Jahre 1989 auf unter 2.000 im Jahre 1996. In Ostdeutschland insgesamt verblieben von ehemals ca. 90.000 Beschäftigten 1989 weniger als 15.000 (1996).

Das Potential der ehemals in diesen Bereichen Beschäftigten ist weiterhin im Umfeld ehemaliger oder verbliebener industrieller Kerne bzw. in zwischenzeitlich entstandenen neuen Unternehmen präsent und nicht als "Gründer in Turnschuhen" zu bezeichnen. Es existieren Erfahrungen und Marktkontakte nicht nur in Richtung "Osten" und - entgegen anderen Darstellungen - Fähigkeiten zur Führung von kleinen und mittleren Unternehmen, verbunden mit eigener Risikoübernahme. Parallel zu dieser Entwicklung wurden zahlreiche Management Buyouts (MBO) registriert, die durch Beteiligungsgesellschaften begleitet wurden. Dieser Aspekt wird auch vom Beteiligungsmarkt insgesamt widergespiegelt:

Tab. N1: Langfristige Entwicklung des Beteiligungsvolumens in den Neuen Ländern (Gesamtmarkt)

Jahr	Gesamt-portfolio	Zuwachs gegenüber Vorjahr		Anzahl Beteiligungen	Zuwachs gegenüber Vorjahr		Beteiligungsvolumen
	Mio. DM	Mio. DM	%	Stück	Stück	%	Mio. DM
1990	1,00			1			
1991	77,21	+ 76,21	+ 7,62	37	+ 36	+ 3,60	2,09
1992	455,65	+ 378,44	+ 490,14	101	+ 64	+ 172,97	4,51
1993	498,49	+ 42,84	+ 9,40	253	+ 152	+ 150,49	1,97
1994	732,82	+ 243,33	+ 47,01	400	+ 147	+ 58,10	1,83
1995	743,34	+ 10,52	+ 1,44	497	+ 97	+ 24,25	1,50
1996	771,23	+ 27,89	+ 3,75	550	+ 53	+ 10,66	1,40

Quelle: BVK Statistik 1996

Gemessen am Gesamtportfolio und an den Bruttoinvestitionen aller Beteiligungsgesellschaften per 31.12.96 in Höhe von 6,6 Mrd. DM entfallen auf die Neuen Länder folglich nur 11,6%, die überwiegend MBO's (50%) und weniger den Early-stage-Bereich als Basis für völlig neuartige Strukturen betreffen.

2.2 Technologisches Potential und daraus resultierende Finanzierungserfordernisse

Nach den vorliegenden Statistiken sowie den o.g. Angaben, hat sich der Anteil des F/E-Personals in den ostdeutschen Unternehmen von 1990 bis 1996 auf ca. 10-15% reduziert und die Ausgaben für F/E wurden erheblich gekürzt. Das freigesetzte F/E-Personal aus den Neuen Ländern und zunehmend auch aus den Alten Bundesländern drängt im Ergebnis auf den reichhaltigen F/E-Projektfördermarkt und sucht, parallel zu fallenden Förderquoten Kofinanzierungen für F/E- und verstärkt Markteinführungsvorhaben bei Beteiligungsgebern, die sich wie die Seed Capital Brandenburg (SCB) als Frühphasenspezialisten verstehen. Insofern kann die SCB nach 3½-jähriger Tätigkeit auf ca. 370 Anfragen, d.h. durchschnittlich 100 Beteiligungsanfragen pro Jahr, verweisen, wobei eine leicht fallende Tendenz im quantitativen und eine stark steigende im qualitativen Bereich konstatiert werden kann. Der Ansatz zur Gründung neuer Technologieunternehmen betrifft dabei prioritär die Branchen
- Mikrosystemtechnik/Mikroelektronik,
- Meß- und Automatisierungstechnik,
- Medizintechnik,
- Informationstechnologie,

und in wachsendem Maße auch den Bereich neuer chemischer Verfahren sowie der Biotechnologie, die einerseits Know-how des freien F/E-Potentials absorbieren sowie andererseits völlig neue Wachstumsbranchen darstellen und aus Investorensicht steigende Bedeutung besitzen. Das vorhandene Potential konzentriert sich damit auf den Aufbau der neuen Industrie in Form von kleinen und mittleren Technologieunternehmen, in Analogie zu den Entwicklungen in den USA und Westeuropa.

2.3 Anforderungen an Kapitalgeber

Der Prozeß der Etablierung der neuen, wachstumsorientierten Unternehmensgeneration muß finanzierungsseitig stärker als bisher unterstützt werden. Während man gegenwärtig für den Aufbau eines Technologieunternehmens, beginnend mit der F/E- und ersten Markteinführungsphase, ca. 1,0 - 2,5 Mio. DM an Startkapital im Rahmen eines Finanzierungsmix aus
- Zuschüssen   (20-40 %),
- Seed Capital   (20-40 %)   = Eigenkapital,
- Banken   (10-20 %),
- Eigenmittel   (10-20 %)

für die Unternehmensfinanzierung insgesamt ansetzt, zeigen internationale und eigene Erfahrungen, daß die Eigenkapitalquote auch nach Abschluß der stark risikoorientierten F/E-Phase weiter auf einem hohem Niveau von 25-35% zu halten ist, um den steinigen Weg der Markteinführung, in Kombination mit weiteren Fremdmitteln, zu finanzieren.

Das bedeutet im Klartext, daß eine zweite und dritte Finanzierungsrunde i.d.R. ein Erfordernis zur Gewährleistung des erfolgreichen Markteintritts darstellt. Dieser Thematik haben sich vordergründig die Venture Capital-Gesellschaften und prioritär die öffentlich getragenen Institutionen zu stellen, um die notwendige Anschlußfinanzierung zu sichern und ggf. notwendige Anpassungsentwicklungen abzudecken.

Reserven dafür gibt es genug, da per 31.12.96 von den DM 9,20 Mrd. verfügbarem Kapital allein der 86 ordentlichen BVK-Mitglieder bisher nur DM 6,1 Mrd. investiert wurden. Der Anteil der Early-stage-Investitionen an den Bruttoinvestitionen liegt mit 14% nach Expansionsfinanzierungen (55%) und MBO/MB (22%) an dritter Stelle und sollte als klare Alternative zu den mehr als 600 Förderprogrammen in Deutschland entwickelt werden. Der Prozeß der zusätzlichen Einwerbung privaten Kapitals einschließlich risikominimierender Haftungsfreistellungen des Bundes sollte forciert und umgesetzt werden. Insofern stellt die Aufwertung des Kapitalmarktes für Technologiewerte, analog zum Neuen Markt im Börsenbereich, ein wesentliches Element zur Schaffung neuer Innovationskerne dar, die auch auf die nationale Industrie mit internationaler Ausrichtung wirken.

3. Anforderungen an die Wirtschaftspolitik des Bundes und der Länder zur Erhaltung der Wettbewerbsfähigkeit des Standortes Deutschland

Neben der Tatsache, daß das Unternehmen Deutschland moderne Profitcenter mit zeitgerecht qualifiziertem Management benötigt, wird die sofortige Neustrukturierung der Förderschwerpunkte und der wirtschaftlichen Rahmenbedingungen immer dringender. Dabei spielen die Eckpunkte der staatlichen Förderung im Zuge der Aufwertung der Technologieunternehmen eine besondere Rolle.

Aufwertung und inhaltliche Neugestaltung der Technologieförderung sind als wesentliches Teilelement der staatlichen Wirtschaftsförderung anzusehen. Dabei sind folgende Maßnahmen zu berücksichtigen:

1. Anders als bei der bisher üblichen Praxis sollte der Förderung von KMU, insbesondere Technologieunternehmen, gegenüber millionenschweren Zuwendungen an die Großindustrie eindeutig Priorität eingeräumt werden. Damit entsteht die Chance, das im Vorfeld erbrachte beträchtliche Bildungsinvestment in wettbewerbsfähige Strukturen zu leiten und auf breiter Basis für alle Branchen zu entwickeln. Diese Unternehmen entwickeln und produzieren für ein "Global Village" und nutzen den dafür ausgebauten Standort Deutschland/Europa.

2. Der Handel mit Technologiewerten wird Normalität und in abgestufter Form, entsprechend den Entwicklungsphasen der Unternehmen, den Kapitalmarkt insgesamt aktivieren, woraus abnehmende Haushaltsbelastungen aufgrund reduzierter Zuschußprogramme resultieren.

3. Die steuerliche Förderung von Technologie-Fonds oder direkten Technologieinvestments sollte festgeschrieben werden und bisher übliche Steuer- und Abschreibungsmodelle ersetzen.
4. Die Effizienz der Förderpolitik steigt durch Zusammenfassung und sinnvolle Zentralisierung von Projektträgern auf Ebene der Fachministerien (Bsp. Irland- 1 Institution).
5. Zuschüsse für Technologieunternehmen werden analog zum Futour-Programm im Regelfalle mit staatlichem oder privatem Beteiligungskapital gekoppelt, um generell eine marktorientierte Unternehmensentwicklung zu sichern, einschließlich der erforderlichen geschlossenen Gesamtfinanzierung sowie Beratung der neuen Unternehmen.
6. Der Handel mit Technologiewerten am Neuen Markt ist zu fördern, die Börseneinführung von Technologieunternehmen inhaltlich zu vereinfachen und finanziell zu entlasten.

O. Modernisierung der regionalen Wirtschaftsstruktur? High-Tech-Gründungen in Österreich

von Jürgen Egeln und Peter Schmidt

1. Zur Bedeutung technologieorientierter Unternehmensneugründungen

Im Zuge der späten 70er und frühen 80er Jahre gewann die Frage nach der Rolle, die Neugründungen im Innovationsprozeß bzw. im technologischen Entwicklungsprozeß spielen, zunehmendes Interesse sowohl in der politischen, als auch in der wissenschaftlichen Diskussion. Gerade für den technologischen Wandel wurde sogenannten technologieorientierten Unternehmensneugründungen eine nicht zu unterschätzende Rolle zugeschrieben. Unterstützt wurde die These des bedeutenden Einflusses Anfang der 80er Jahre für Großbritannien für den Zeitraum nach dem zweiten Weltkrieg. ROTHWELL (1982) konnte die Bedeutung von kleinen und jungen Unternehmen für den technologischen Wandel empirisch bestätigen. Seither heben eine Vielzahl anderer Studien immer wieder die Bedeutung von Neugründungen in diesem Kontext hervor (vgl. z.B. ACS/AUDRETSCH, 1990; AUDRETSCH, 1995; NERLINGER, 1997 und 1998).

Grundsätzlich läßt sich die These auf die frühen Arbeiten von Joseph A. Schumpeter zurückführen, der die Bedeutung der schöpferischen Zerstörung für den wirtschaftlichen Wandel, ausgelöst durch innovative Aktivitäten von Entrepreneurs, besonders betont[1]. In den 80er Jahre läßt sich schließlich geradezu eine Euphorie hinsichtlich der Bedeutung sogenannter technologieorientierter Neugründungen (High-Tech-Gründungen) konstatieren, die sich beispielsweise in der raschen Diffusion sogenannter Gründer- oder Innovations- oder Technologiezentren manifestiert, die solche Neugründungen besonders stimulieren sollen.

Bei abgewogener, etwas weniger euphorischer Betrachtung, weisen aber junge bzw. kleine Unternehmen – wie auch Großunternehmen – sowohl Vor-, als auch Nachteile im Innovationsprozeß auf (ROTHWELL/DODGSON, 1996, 310ff). Die Vorteile neuer technologieorientierter Unternehmen liegen generell in eher "qualitativen" Dimensionen (Flexibilität, keine internen Bürokratien, rasche Informationskanäle etc.), während die Nachteile sich in einer generell geringen Ressourcenausstattung bzw. im schlechteren Zugang zu Ressourcen (z.B. Fremdkapital, Risikokapital, Humankapital) manifestieren.

Die Beziehung zwischen jungen bzw. kleinen Unternehmen und etablierten Großunternehmen sollte allerdings nicht als eine substitutive sondern vielmehr als eine komplementäre gesehen werden, gerade auch im Hinblick auf die Bedeutung der Unternehmenstypen für den technologischen Wandel (vgl. ROTHWELL/ DODGSON, 1996). Diese komplementäre Beziehung manifestiert sich auch in der Tatsache, daß - speziell in neuen, noch unerprobten Technologien - Großunternehmen strategische Beteiligungen an jungen, hochinnovativen Unternehmen bzw. Neugründungen eingehen, auch wenn sich kurz- und mittelfristig kaum Erträge erwarten lassen. Diese jungen High-Tech-Unternehmen erfüllen somit eine bedeutende "Testfunktion" für Großunternehmen. Die zunehmend kürzer werdenden Lebenszyklen von Produktgruppen und Technikfeldern machen es immer wichtiger in kurzer Zeit innovative Neuerungen zu entwickeln. Da gerade neue technologieorientierte Unternehmen in dieser Rolle Vorteile zu haben scheinen, hängen die Leistungsfähigkeit und die Wettbewerbsfähigkeit von Volkswirtschaften auch zunehmend davon ab, inwieweit sie hinreichend viele start-ups diesen Typs hervorbringen.

Dieser Beitrag diskutiert regionale und strukturelle Aspekte von technologieorientierten Unternehmensneugründungen in Österreich. Die Ergebnisse sind im Kontext eines Projektes entstanden, das die beiden Autoren für das Zentrum für Europäische Wirtschaftsforschung (ZEW) in Kooperation mit dem Österreichischen Forschungszentrum Seibersdorf (ÖFZS) durchgeführt haben (EGELN/GASSLER/ SCHMIDT, 1999).

2. Abgrenzung technologieorientierter Wirtschaftszweige

Die Abgrenzung und Definition von technologieorientierten, oder auch innovativen Branchen wird in der Literatur sehr unterschiedlich vorgenommen (vgl. NERLINGER/BERGER, 1995 oder EGELN/GASSLER/SCHMIDT, 1999, Kap. 5). Verbreitet ist die Abgrenzung nach der durchschnittlichen Forschungsintensität[2] der Branchen auf möglichst disaggregiertem Niveau. Je nach Höhe der Forschungsintensitäten und des Wirtschaftszweiges werden verschiedene Technologieklassen definiert: *Spitzentechnologie* (Branchen des Verarbeitenden Gewerbes, Forschungsintensität größer als 8,5 Prozent), *Höherwertige Technologie* (Branchen des Verarbeitenden Gewerbes, Forschungsintensität zwischen 3,5 und 8,5 Prozent) und *technologieorientierte Dienstleistungen* (Branchen des Dienstleistungssektors, Forschungsintensität größer als 8,5 Prozent).

Ziel dieses Beitrages ist es, die regionale Verteilung von high-tech-Gründungen sowie die Bedeutung bestimmter Regionstypen für die Innovationsdynamik im technologieorientierten Segment des österreichischen Gründungsgeschehens zu untersuchen. Hierbei sollen eventuelle regionale Cluster oder regionale Spezialisierungen identifiziert werden. Weiterhin wird untersucht, inwieweit ein struktureller Wandel hin zu mehr technologieorientierten Branchen stattgefunden hat.

Gerade die Fragestellungen "Spezialisierung" und "Strukturwandel" machen es aus Sicht der Verfasser sinnvoll, die technologieorientierten Neugründungen nicht nur nach ihrem Grad an Forschungsintensität zu differenzieren, sondern zusätzlich inhaltlich abgegrenzte **Technologiegruppen** zu unterscheiden. Hierfür werden die Branchen aus den Sektoren Verarbeitendes Gewerbe und Dienstleistungen, deren durchschnittliche Forschungsintensitäten über 3,5 Prozent liegen (mithin alle Branchen die den oben erwähnten drei Technologiebereiche zugehörig sind), zu den inhaltlichen Technologiegruppen **Maschinenbau, Chemie/Pharmazie, Information/Kommunikation, Wissenschaft/Beratung, Elektronik/ Elektrotechnik und Optik/Feinmechanik. In Tab. O1 sind die zu den jeweiligen Technologiegruppen zählenden Branchen auf der Fünfstellerebene der Wirtschaftszweigsystematik WZ 79 aufgelistet.

Tab. O1: Inhaltliche Technologiegruppen der technologieorientierten Branchen

WZ 79 Codes	Branchen der jeweiligen **Technologiegruppen**
	Maschinenbau
248	Luft- und Raumfahrzeugbau
24210	Herstellung von Metallverarbeitungsmaschinen u.ä.
24240	Herstellung v. Maschinen für die Nahrungs- und Genußmittelindustrie, Chem. Industrie usw.
24421	Herstellung von Hütten- und Walzwerkeinrichtungen
24225	Herstellung von Bau-, Baustoff- u.ä. Maschinen
24280	Herstellung von Zahnrädern, Getrieben, Lagern u.ä.
2427	Herstellung von Maschinen für weitere bestimmte Wirtschaftszwige
24290	Sonstiger Maschinenbau
24410	Herstellung von Kraftwagen und Kraftwagenmotoren
	Chemie/Pharmazie
20100	Herstellung und Verarbeitung von Spalt- und Brutstoffen
20031	Herstellung von pharmazeutischen Erzeugnissen
20010	Herstellung von chemischen Grundstoffen
2002	Herstellung von chemischen Erzeugnissen für Gewerbe, Landwirtschaft
20035	Herstellung von fotochemischen Erzeugnissen
20040	Herstellung von Chemiefasern
	Elektronik/Elektrotechnik
25010	Herstellung von Batterien, Akkumulatoren
2503	Herstellung von Geräten und Einrichtungen der Elektrizitätserzeugung, -verteilung u.ä.
2504	Herstellung von elektrischen Leuchten und Lampen

WZ 79 Codes	Branchen der jeweiligen **Technologiegruppen**
25050	Herstellung von Elektrohaushaltsgeräten
25071	Herstellung von Rundfunk-, Fernseh- und phonotechnischen Geräten und Einrichtungen
	Optik/Feinmechanik
25211	Optik (ohne Augenpoptik, Foto- und Kinotechnik)
25270	Herstellung von medizin- und orthopädiemechanischen Erzeugnissen
25215	Augenoptik
25220	Herstellung von Foto-, Projektions- und Kinogeräten
2525	Feinmechanik
	Information/Kommunikation
2506	Herstellung von Zählern, Fernmelde-, Meß- und Regelgeräten usw.
24350	Herstellung von ADV-Geräten und -Einrichtungen
24310	Herstellung von Büromaschinen
78920	Datenverarbeitung
	Wissenschaft/Beratung
75110	Hochschulen
75130	Sonstige wissenschaftliche Einrichtungen
75140	Selbständige Wissenschaftler
784	Technische Beratung und Planung

Quelle: Eigene Gruppierung auf der Basis von NERLINGER/BERGER (1995)

Die Technologiegruppen Maschinenbau, Chemie/Pharmazie, Elektronik/Elektrotechnik und Optik/Feinmechanik werden ausschließlich aus Branchen definiert, die dem Verarbeitenden Gewerbe zuzurechnen sind. Wissenschaft/Beratung enthält nur Dienstleistungsbranchen, während die Technologiegruppe Information/Kommunikation sowohl Industriebranchen als auch die Dienstleistungsbranche Datenverarbeitung enthält.

Die hier gewählte Gruppierung technologieorientierter Branchen ermöglicht zum einen genau den strukturellen Wandel innerhalb einer inhaltlichen Branche hin zu höherer Technologieintensität zu studieren, und zum anderen Gründungscluster der verschiedenen Technologiegruppen zu bestimmen – sollten sie in Österreich denn existieren.

3. Die Datenbasis

Die in dieser Untersuchung verwendeten Gründungsdaten für Österreich entstammen dem Gründungspanel-Österreich des ZEW und umfassen den Zeitraum 1990 bis 1994 jeweils einschließlich. Das Gründungspanel-Österreich des ZEW basiert auf Unternehmensdaten, die dem ZEW jeweils in halbjährlich übermittelten Wellen von der Kreditauskunftei CREDITREFORM zur Verfügung gestellt werden. CREDITREFORM verfügt in Österreich über acht Niederlassungen (Wien, St. Pölten, Salzburg, Linz, Villach, Graz, Innsbruck, Bregenz).

Zur Datenerhebung führt CREDITREFORM systematische Recherchen in verschiedenen anfrageunabhängigen Informationsquellen (Firmenbuch, Vereinsregister, Grundbuch, Meldungen über Konkurs- und Ausgleichsverfahren) durch. Daneben werden ebenfalls anfrageunabhängig Inkassomeldungen, Printmedien, Bilanzen und Geschäftsberichte sowie Lieferanten- bzw. Kontrollrückfragen berücksichtigt. Eine weitere wichtige Quelle für die Erfassung neuer Daten stellen zusätzlich die durch Anfragen hinsichtlich der Kreditwürdigkeit ausgelösten Recherchen dar.

Der Erfassungsgrad des Unternehmensbestandes ist hinreichend umfangreich, so daß davon ausgegangen werden kann, daß die in dieser Arbeit benutze Datenquelle einen annähernd repräsentativen Überblick über die Neugründungsaktivitäten Österreichs bietet. Dies betrifft insbesondere publikationspflichtige Neugründungen. Der Grad einer möglichen Untererfassung nicht publikationspflichtiger Unternehmensgründungen ist nur schwer präzise abzuschätzen. Da die Wahl der Rechtsform und damit die Publizitätspflicht eines neuen Unternehmens vom Schwerpunkt der wirtschaftlichen Tätigkeit abhängt, ist von geringfügigen branchenspezifischen Unterschieden im Erfassungsgrad der Unternehmensgründungen von Seiten CREDITREFORMs auszugehen. Hierdurch werden allerdings die Möglichkeiten von räumlichen Vergleichen in keiner Weise eingeschränkt, da eine systematische regionale Verzerrung dieser Erfassungsgrade zwischen den einzelnen Niederlassungen von CREDITREFORM aufgrund der einheitlichen Erfassungsmodalitäten ausgeschlossen werden kann.

Ein wesentlicher Vorteil der hier verwendeten Datenbasis besteht darin, daß aufgrund der Geschäftsausrichtung von CREDITREFORM (Bonitätsprüfung, Marketingauswertungen) de facto nur wirtschaftsaktive Unternehmen erfaßt werden, so daß keine Scheingründungen (also Gründungen, deren Ziel nicht eine Leistungserstellung ist, sondern in der Nutzung von steuerlichen und anderen Vorteilen liegt, die aus einer Gewerbeanmeldung entstehen können) mit erfaßt werden.

4. Die regionale Verteilung

4.1 Die verwendeten Regionstypen

Die regionale Verteilung der technologieorientierten Unternehmensneugründungen in Österreich im Zeitraum 1990 bis 1994 wird anhand einer an funktionale Kriterien orientierten Regionstypisierung vorgenommen. Die Bezirke Österreichs werden gemäß ihres unterschiedlichen Agglomerationsgrads zusammengefaßt zu "Kernstädten" (die Landeshauptstädte sowie Villach und Wels), zu den direkt an diese angrenzenden "Umlandbezirken" (die annähernd die suburbanen Verdichtungsräume Österreichs darstellen) und zu den "sonstigen Bezirken" (bei denen es sich um ländliche Regionen abseits der Verdichtungen handelt).

Wien, als einziger Stadtstaat Österreichs, ragt nicht zuletzt schon wegen seiner Größe deutlich aus den anderen Kernstädten Österreichs heraus. Die wirtschaftliche Bedeutung Wiens, auch hinsichtlich des Gründungsgeschehens in Österreich, ist derart, daß Wien die Befunde für eine Regionskategorie vollständig dominiert, wenn es denn einer solchen angehört. Aus diesem Grund wird für die Städte zusätzlich zum Regionstyp "Kernstädte" noch der Typ "Metropole" als eigene Kategorie eingeführt, dem nur Wien zuzurechnen ist.

4.2 Die technologieorientierten Gründungen insgesamt

Um der unterschiedlichen Größe der betrachteten Regionstypen im Hinblick auf Bevölkerung, Unternehmensbestand, Wirtschaftskraft u.ä. Rechnung zu tragen, wird die regionale Verteilung der technologieorientierten Gründungen untersucht anhand des Anteils, den Unternehmensgründungen diesen Typs an der Gesamtheit der Neugründungen in den jeweiligen Regionstypen haben. In Tab. O2 sind diese Anteile aufgelistet.

Tab. O2: Prozentanteil technologieorientierter Neugründungen an allen Neugründungen nach Regionstypen im Zeitraum 1990 bis 1994

Regionstypen	Technologieorientierte Gründungen insgesamt
Metropole (Wien)	9,683
Kernstädte	10,300
Umlandbezirke	8,753
Sonstige Bezirke	6,578
Österreich gesamt	**8,680**

Quelle: ZEW Mannheim, Forschungszentrum Seibersdorf

Deutlich wird, daß in den Städten die Technologieorientierung der Gründungen wesentlich ausgeprägter ist als in den sonstigen Bezirken und auch im Umland, daß immerhin noch einen über dem Österreichdurchschnitt liegenden Anteil von technologieorientierten Gründungen aufweist. Die Metropole Wien hat einen etwas geringeren Anteil als die sonstigen Kernstädte insgesamt.

Die Abnahme der Anteile von den Städten über das Umland hin zu den sonstigen Bezirken scheint die "urban-incubator"-Hypothese (vgl. DAVELAAR/ NIJKAMP 1987) zu bestätigen. Sie postuliert, daß in städtischen Regionen ein überproportionaler Anteil an technologieintensiven Neugründungen vorzufinden ist. Begründet wird dies mit der überdurchschnittlichen Ausstattung (groß-)städtischer Regionen bezüglich innovationsrelevanter Infrastruktur, dem Vorhandensein hochqualifizierter Arbeitskräfte und vor- und nachgelagerten Industrien, mit der hier vorhandenen hohen Informations- und Kontaktdichte, die "face-to-face"-Kontakte erleichtert sowie mit der räumlichen Begrenztheit von positiven externen Effekten (vgl. FELDMAN, 1994). Gleichzeitig bieten Agglomerationen auch eine ausreichende Marktgröße direkt vor Ort. Gerade die räumliche Nähe zu den Absatzmärkten ist insbesondere in der Frühphase des Produktzyklus' von großer Bedeutung, da hier die rasche und flexible Reaktion auf Kundenwünsche einen wesentlichen Wettbewerbsvorteil darstellt (vgl. PALME, 1989).

Die Tatsache, daß der Anteil von technologieorientierten Gründungen in Wien geringer ist als in den übrigen Städten – und mithin ein Widerspruch zur urban-incubator-Hypothese vorzuliegen scheint, kann seine Ursache in der besonderen strukturellen Zusammensetzung der Unternehmensneugründungen in Wien haben. Hier ist der Anteil von Gründungen aus dem Wirtschaftsbereich Handel außergewöhnlich hoch (vgl. EGELN/GASSLER/SCHMIDT, 1999, Kap. 4), sie machen mit 40,5 Prozent den weitaus größten Teil aller Gründungen aus. Technologieorientierte Gründungen, wie sie in dieser Arbeit definiert sind, kommen im Sektor Handel überhaupt nicht vor, so daß allein durch diesen Struktureffekt der Technologieanteil relativ gesenkt wird.

Das deutliche Muster mit dem Verdichtungsgrad abnehmender Technologieintensität des Gründungsgeschehens bleibt allerdings nicht erhalten, wenn anstelle der Gesamtheit der Hochtechnologiegründungen einzelne Technologiegruppen betrachtet werden.

4.3 Differenzierte Technologiegruppen

Anhand der oben eingeführten Regionstypen werden in diesem Abschnitt die Anteile von Gründungen der in Kapitel 2 abgegrenzten technologieorientierten Technologiegruppen diskutiert. In Tab. O3 sind die Anteile von Gründungen der jeweiligen Gruppen an allen Gründungen für die Regionstypen dargestellt.

Tab. O3: Prozentanteil technologieorientierter Neugründungen an allen Neugründungen nach Technologiegruppen und Regionstypen im Zeitraum 1990 bis 1994

Regionstypen	Maschinenbau	Elektronik	Chemie Pharmazie	Optik, Feinmechanik	Information Kommunikation	Wissenschaft / Beratung
Metropole (Wien)	0,378	0,280	0,196	0,210	6,376	2,242
Kernstädte	0,646	0,309	0,239	0,491	4,827	3,789
Umlandbezirke	0,826	0,470	0,169	0,319	4,076	2,893
Sonstige Bezirke	0,881	0,320	0,220	0,253	2,413	2,490
Österreich gesamt	**0,687**	**0,335**	**0,209**	**0,314**	**4,309**	**2,826**

Quelle: ZEW Mannheim

Für die technologieorientierten Branchen aus dem Bereich des **Maschinenbaus** nehmen die Anteile an allen Gründungen mit abnehmendem Agglomerationsgrad über die Regionstypen zu. Den höchsten Anteil weisen die sonstigen Bezirke auf, gefolgt von den Umlandbezirken und den Kernstädten. Den geringsten Anteil hat die Metropole Wien. Dieser Technologiegruppe entstammen die "traditionellsten" der technologieorientierten Branchen. Es handelt sich dabei um neue Industrieunternehmen mit einem relevanten Bedarf an Fläche zur Produktion. Auch bei den Neugründungen aus diesem Bereich, scheinen die Anforderungen an den jeweiligen Produktionsstandort von höherer Bedeutung zu sein als die positiven externen Effekte der Agglomeration oder die Größe des Absatzmarktes in räumlicher Nähe.

Die neuen High-Tech-Unternehmen aus dem **Wirtschaftsbereich Elektronik/Elektrotechnik** haben ihren höchsten Anteil in den Umlandbezirken der Städte. Auch bei den hier betrachteten Unternehmen handelt es sich um Produktionsunternehmen, welche die entsprechenden Nachteile städtische Standorte vermeiden, aber sich nicht außerhalb der Agglomerationrräume im weiteren Sinne neu gründen. Die Ursache hierfür kann darin liegen, daß die Unternehmen dieser Kategorie mehr als die Unternehmen des Maschinenbaus auf die Nähe zu Forschungseinrichtungen und Hochschulen angewiesen sind, die sich in Österreich vornehmlich in den Städten befinden.

Die Technologiegruppen **Chemie/Pharmazie** und **Optik/Feinmechanik** weisen die geringsten Anteile von High-Tech-Unternehmen an allen technologieorientierten Gründungen in Österreich auf. Der Schwerpunkt dieser Technologiegruppen im Gründungsgeschehen liegt jeweils in den Kernstädten. Die Begründung hierfür kann an der Tatsache liegen, daß technologieorientierte Unternehmen aus diesen Bereichen sehr stark auf die Ergebnisse der industriellen Forschung angewiesen sind. Unternehmen mit entsprechenden FuE-Abteilungen sind oft große Unternehmen dieser Bereiche, die ihre Standorte in den Städten haben – allerdings nicht in der Dienstleistungs- und Handelsmetropole Wien. Die räumliche Nähe zu den entsprechenden Großunternehmen scheint für innovative Neugründer in diesen Bereiche durchaus bedeutsam zu sein.

Von allen Technologiegruppen haben die technologieorientierten start-ups, die der Kategorie **Information/Kommunikation** zuzurechnen sind, mit Abstand die größten Anteile. Hier handelt es sich um Unternehmen, die zum Teil Produkte auf den Markt bringen, die ganz am Anfang ihres Produktlebenszykus stehen. Diese Unternehmen sind in hohem Maße auf den unmittelbaren Kontakt zu ihren Nachfragern angewiesen und suchen die Nähe zu großen räumlich nahen Absatzmärkten. Von gewerblicher Seite sind es hauptsächlich die Dienstleister, die für Unternehmen dieser Technologiegruppe als Nachfrager wichtig sind. Diese Anforderungen spiegeln sich in der Standortwahl von Neugründungen aus diesem Bereich deutlich wider. Beginnend mit der Kategorie "Metropole" nehmen die Anteile von technologieorientierten Informations-/Kommunikations-Unternehmen über die Kategorien "Kernstädte" und "Umland" zu den "sonstigen Bezirken" kontinuierlich ab. Neben den genannten Nachfragegründen spielt gerade in der zu dieser Gruppe zählenden Branche "Datenverarbeitung" die Nähe zu Hochschulen und Forschungseinrichtungen jedweder Art eine wichtige Rolle.

Ebenfalls gemäß der urban-incubator-Hypothese präsentiert sich im Prinzip die Verteilung der Anteile aus der Technologiegruppe **Wissenschaft/Beratung**. Hier allerdings fällt der Anteil von Wien, unter dem der Kernstädte liegend, aus dem Rahmen. Im Kern gelten hier alle Argumente, die für die Gruppe Information/Kommunikation genannt worden sind in gleichen Maße. Der relativ geringe Anteil der Metropole Wien in diesem Bereich mag seine Ursache darin haben, daß hier der Bestand mit Unternehmen dieser Gruppe schon sehr hoch ist, wenig Raum für neue Unternehmen somit, insbesondere deswegen, weil gerade in dieser Technologiegruppe der Absatzmarkt, mehr als bei allen anderen hier diskutierten Technologiegruppen, lokal begrenzt ist.

5. Strukturwandel zu mehr Technologieorientierung?

Eingangs dieses Beitrags wurde technologieorientierten Neugründungen eine wesentliche Rolle im regionalen Innovationsprozeß zugesprochen. Ihre Aufgabe ist dabei, zur Modernität von Wirtschaftsregionen beizutragen, den Strukturwandel hin zu "zukunftsfähigen" Branchen zu befördern. Aus diesem Grunde ist über die oben vorgenommene Beschreibung der Verteilung technologieorienterter Unternehmensneugründungen im Raum hinaus zu fragen, wieweit ein solcher Beitrag zum strukturellen Wandel festzustellen ist.

Zur Beantwortung dieser Frage wird die Technologieorientierung der Neugründungen im Verhältnis zu der des Unternehmensbestandes betrachtet. Dies geschieht durch die Bildung von Strukturquoten, die wie folgt definiert sind:

$$SQ_i = \frac{\frac{TNG_i}{\sum NG_i}}{\frac{BTU_i}{\sum BU_i}} \quad \text{oder verbal:}$$

$$\text{Regionale Strukturquote} = \frac{\text{Anteil der techonolgieorentierten Gründungen an allen Gründungen}}{\text{Anteil des techonolgieorentierten Unternehmensbestands am gesamten Unternehmensbestand}}$$

Eine Strukturquote von 1,0 bedeutet somit, daß der Anteil der technologieorientierten Gründungen an allen Gründungen ebenso groß ist wie derjenige, den technologieorientierte Unternehmen am Unternehmensbestand haben, die regionale Wirtschaftsstruktur hinsichtlich der Technologieorientierung sich also durch die Unternehmensneugründungen nicht ändert. Bei einer Strukturquote über 1,0 hingegen findet ein Strukturwandel in Richtung einer Technologieorientierung statt, wogegen in Regionen mit einer Strukturquote unter 1 der Anteil technologieorientierter Unternehmen durch das Gründungsgeschehen abnimmt.

Tab. O4: Strukturquoten nach Technologiegruppen und Regionstypen im Zeitraum 1990 bis 1994

Regionstypen	Maschinenbau	Elektronik	Chemie, Pharmazie	Optik, Feinmechanik	Information/ Kommunikation	Wissenschaft und Beratung	**Alle technologieorientierten**
Metropole (Wien)	0,513	0,613	0,312	0,567	1,926	1,091	**1,281**
Kernstädte	0,827	0,827	0,536	1,333	1,962	0,981	**1,242**
Umlandbezirke	0,700	1,146	0,303	1,379	2,002	1,710	**1,433**
Sonstige Bezirke	1,344	0,938	0,887	1,681	2,862	1,890	**1,849**
Österreich gesamt	**0,866**	**0,864**	**0,480**	**1,187**	**2,164**	**1,340**	**1,451**

Quelle: ZEW – Mannheim

Tab. O4 zeigt die Strukturquoten sowohl für die Gesamtheit der High-Tech-Gründungen als auch für die sechs Technologiegruppen in den Regionstypen und Österreich gesamt.

Als Gesamteffekt aller technologieorientierte Gründungen in ganz Österreich ergibt sich eine Strukturquote von 1,45 (größer als 1). Dies bedeutet, daß insgesamt ein Strukturwandel in Richtung einer steigenden Technologieorientierung zu verzeichnen ist. Dies gilt für alle Regionstypen Insgesamt ist der Anteil technologieorientierter Unternehmen bei den Neugründungen um ca. 45 Prozent höher als im Bestand.

Niveaueffekt

Der Blick auf die Rangfolge der Strukturquoten zwischen den Regionstypen (rechte Spalte der Tabelle) zeigt jedoch, daß diese exakt umgekehrt ist wie im Falle der Anteile der technologieorientierten an allen Gründungen (Tab. O2). Es zeigt sich ein Niveaueffekt: Eine Region mit einem niedrigen Anteil technologieorientierter Bestandsunternehmen kann schon durch einen leicht höheren Technologieanteil bei den Gründungen einen hohen Strukturwandel (Strukturquote) aufweisen, wogegen der relativ hohe Anteil technologieorientierter Unternehmen in den städtischen Verdichtungskernen nur durch weit überdurchschnittliche Technologieanteile bei den Gründungen weiter zu steigern wäre. Dies ist hier der Fall: Während die "sonstigen Bezirke" mit einem Technologieanteil am Bestand von nur 3,6 Prozent deutlich unter dem der Städte liegen (die mit ca. 8 Prozent ein mehr als doppeltes Niveau aufweisen), reicht der ebenfalls niedrigste Anteil von 6,6 Prozent technologieorientierter Neugründungen aus, um den relativ stärksten Strukturwandel hervorzubringen, der mit einer Strukturquote von 1,849 anzeigt, daß in den sonstigen Bezirken bei den Neugründungen 85 Prozent mehr Unternehmen technologieorientiert sind, als im Bestand.

Die exakt gegenläufigen Ränge des Bestandsanteils und der Strukturquote könnte durch einen Spearman'schen Rangkorrelationskoeffizienten abgebildet werden, der in diesem Fall mit dem Wert -1,0 eine vollkommen gegenläufige Rangfolge anzeigt. Quantitativ exakter kann mit dem Korrelationskoeffizienten nach Bravais-Pearson (vgl. GREENE, 1997) gemessen werden, der etwa für den Vergleich der neun Bundesländer mit einem Wert von -0,904 ein analoges Ergebnis zeigt. Abb. O1 zeigt diesen Effekt grafisch, in der die Strukturquote (Y) regressionsanalytisch auf den Technologieanteil im Bestand (X) zurückgeführt wird.

Abb. O1: Zusammenhang zwischen Strukturquoten und Technologieorientierung im Unternehmensbestand nach Bundesländern

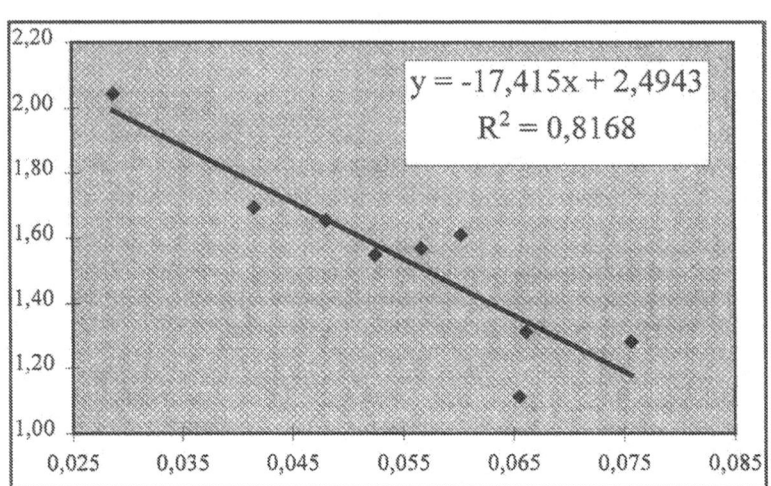

Quelle: ZEW - Mannheim

Unterschiede zwischen den Technologiegruppen
Auch bei der Betrachtung von Strukturquoten sind deutliche Unterschiede zwischen den Technologiegruppen zu verzeichnen. Die höchsten Werte finden sich in der Gruppe **Informations/Kommunikation**. Die Strukturquote von 2,164 besagt, daß die relative Technologieorientierung bei den Gründungen mehr als doppelt so hoch ist wie im Bestand. Wie bei der Betrachtung der Technologieanteile ist in dieser Gruppe auch bei den Strukturquoten in eindeutiges Stadt-Rand-Gefälle zu erkennen, hier aus den beschriebenen Gründen mit umgekehrtem Vorzeichen.

In der Technologiegruppe **Wissenschaft/Beratung** findet sich mit einer gesamten Strukturquote von 1,34 ebenso der zweithöchste Wert aller Gruppen, wie dies bei der Betrachtung der Anteile der Fall war. Dem hohen Anteil von 3,8 Prozent aller Gründungen in den Kernstädten steht eine Strukturquote von 0,981 gegenüber, die anzeigt, daß der Anteil dieser Technologiegruppe im Bestand der Kernstädte noch etwas höher ist.

Auch die Technologiegruppe **Optik/Feinmechanik** weist in der Gesamtbetrachtung eine Strukturquote von über 1 auf. Allerdings ist diese in Wien mit 0,567 nicht nur deutlich geringer, worin sich auch der unterdurchschnittliche Anteil dieser Gruppe an allen Gründungen in Wien widerspiegelt, sondern liegt auch unter 1, so daß in dieser Gruppe die Neugründungen in Wien die Technologieorientierung verringert.

Dies ist auch in den drei anderen - eher "traditionellen" - Technologiebereichen zu verzeichnen. In den Technologiegruppen **Maschinenbau** und **Elektronik/Elektrotechnik** findet eine eher moderate Verstärkung der traditionellen

Struktur statt, indem der Anteil der technologieorientierten Gründungen um ca. 13 Prozent unter dem im Bestand liegt. Eher höhere Quoten sind in den Rand- und sonstigen Bezirken zu verzeichnen, wogegen in der Metropole die Technologieorientierung der Gründungen nur bis zur Hälfte des Bestandes beträgt. Durchweg unter dem Bestandsanteil bleiben die Gründungen in der Technologiegruppe **Chemie/Pharmazie** mit wiederum der niedrigsten Strukturquote in Wien. Allerdings ist an dieser Stelle für die "traditionellen" Technologiebereiche zu fragen, wieweit durch den relativ hohen Anteil an Forschungs- und Entwicklungsausgaben (vgl. Abschnitt 2) tatsächlich *moderne* Wirtschaftszweige charakterisiert werden.

Die Gültigkeit der urban-incubator-Hypothese kann auf Basis der Strukturquoten kaum überprüft werden, vielmehr zeigen diese einerseits Niveaueffekte auf, über diese hinaus geben sie jedoch Hinweise auf Entwicklungsdefizite, vor allem in städtischen Bereichen, die auf Basis der absoluten Gründungszahlen oder auch der relativen Anteile einzelner Technologiegruppen durch die große Zahl der städtischen Gründungen überspielt werden. Wieweit die letztgenannten "traditionellen" Technologiebereiche noch eine Zielgröße regionaler Wirtschaftspolitik darstellen sollten, geht über die hier betrachtete Fragestellung hinaus.

6. Determinanten technologieorientierter Neugründungen

In diesem Kapitel werden mögliche Determinanten der regionalen Verteilung technologieorientierten Gründungen in einer Regressionsanalyse untersucht. Dies hat mehrere Vorteile. Zum einen ermöglichen Regressionsmodelle kausale Analysen, indem die Ausprägung einer *erklärten Variable* (hier technologieorientierte Unternehmensneugründungen) in Abhängigkeit von *unabhängigen Erklärungsgrößen* modelliert wird. Zum anderen können in Regressionsmodellen multivariate Zusammenhänge untersucht werden, welche die gleichzeitige Messung des Einflusses mehrerer unterschiedlicher Einflußgrößen auf die zu erklärende Variable ermöglichen. Der Einfluß jeder Erklärungsgrößen kann dabei in Form einer *ceteris-paribus*-Analyse einzeln gemessen werden.

Als Erklärungsgrößen für die regionale Gründungsaktivität werden dabei Merkmale aus den Bereichen:
- regionale Unternehmens- bzw. Wirtschaftsstruktur
- Gründerpotential und Humankapital
- Infrastruktur
- räumliche Faktoren, Erreichbarkeit.

betrachtet. Für die Regression wird ein nichtlineares Zähldatenmodell verwendet, das auf einer Negativ-Binomial-Verteilung basiert (Neg-Bin-Analyse).

Eine detaillierte Untersuchung von Determinanten des regionalen Gründungsgeschehens in Österreich wird in (EGELN/GASSLER/SCHMIDT, 1999) durchgeführt. Dort findet sich eine ausführliche Beschreibung der Arbeitshypothesen über die verschiedenen Erklärungsgrößen, der Schätzmethodik und von Regressionsergebnissen für verschiedene Wirtschaftszweige.

Tab. O5: Negativ-Binomial-Regressionsanalyse für technologieorientierte Gründungen

	Koeffizient	t-Wert	Signifikanz
Bezugsgröße			
log. Bevölkerung von 15-65	0,624	7,47	++
Beschäftigtenanteile			
Weibliche Beschäftigte	3,671	0,56	
Beschäftigte sonstige WZ	-0,002	0,00	
Beschäftigte Verarbeitendes Gewerbe (WZ 2)	2,704	0,81	
Beschäftigte Handel (WZ 4)	3,407	1,00	
Beschäftigte Verkehr u. Nachrichten (WZ 5)	-5,499	-1,69	-
Beschäftigte Banken, Versich., sonst. Dienstl. (WZ 6, 7)	5,532	1,57	
Siedlungsstruktur			
Kernstadt	-0,355	-0,91	
sonstige Kreise	0,038	0,19	
Wien	0,576	1,00	
Infrastrukturausstattung			
Interaktion Autobahn und Kern-Umland-Typ (KU) Sonstige	0,226	1,88	+
EC-Anschluß in Wien und Kernstädten	0,121	0,35	
EC-Anschluß im KU-Typ Umland	-0,290	-0,90	
EC-Anschluß im KU-Typ Sonstige	0,043	0,26	
Technologiepark in Wien und Kernstädten	0,182	0,79	
Technologiepark im KU-Typ Umland	-0,150	-0,38	
Technologiepark im KU-Typ Sonstige	0,005	0,03	
Indikatorvariable Lage an Ost - Grenze	-0,156	-1,02	
Bevölkerung			
log. Bevölkerungsdichte pro qkm Katasterfläche	0,009	0,09	
Veränderung Wohnbevölkerung 81/91	0,057	0,91	
Wanderungsrate 81/91	-0,086	-1,21	
Altersgruppen 30 - 40 in Prozent 1991	5,746	0,45	
Altersgruppen 40 - 50 in Prozent 1991	36,923	4,07	++
Altersgruppen 50 und älter in Prozent	5,926	0,79	
Regionale Arbeitsnachfrage			
Arbeitslosenquote im Bezirk	-12,714	-2,43	--
Humankapital			
Angest/Beamte Hochschule/verwandte Lehranstalt	12,781	1,97	++
Angest/Beamte mit Abschluß einer höheren Schule	-7,366	-1,85	-
Angest/Beamte mit abgeschlossener Lehre, Facharbeiter	2,257	0,73	
Anteil AHS + BHS an der Schülerzahl im Bezirk	-0,645	-1,33	
Unternehmensstruktur			
Beschäftigungsanteil in sehr kleinen Betrieben	-1,795	-1,24	
Beschäftigungsanteil in kleinen Betrieben	-2,069	-0,88	
Beschäftigungsanteil in Großbetrieben	2,267	2,01	++
Spezialisierung (Herfindahl - Index)	-7,946	-2,51	--
log. Produktivitätivität	-0,117	-0,62	
Einkommensstruktur			
log. Median-Einkommen Männer 1991	-0,691	-0,50	
log. Median-Einkommen Frauen 1991	2,238	1,74	+
log. Lohn- und Gehaltssumme	0,407	1,20	
Bundesländerindikatoren			
Burgenland	-0,326	-0,95	
Kärnten	-0,204	-0,89	
Niederösterreich	-0,323	-1,39	
Salzburg	-0,117	-0,47	
Steiermark	-0,377	-2,20	--
Tirol	0,071	0,26	
Vorarlberg	0,469	1,14	
(Regressionskonstante)	-27,465	-2,16	--

Quelle: Eigene Berechnung

Tab. O5 zeigt die Ergebnisse der Regressionsschätzungen für technologieorientierte Gründungen. Interpretiert werden können vor allem die Vorzeichen der Koeffizienten für die Erklärungsgrößen sowie deren Signifikanz. Ein positives Vorzeichen bedeutet, daß ein höherer Wert (eine Steigerung) der Erklärungsgröße tendenziell zu einem Ansteigen der Gründungszahlen führt. Dies ist in der Tab. O5 mit einem oder zwei "+" Zeichen gekennzeichnet, wobei zwei Zeichen eine höhere Signifikanz zeigen. Negativer Einfluß ist analog mit "-" Zeichen bezeichnet.

Die Schätzergebnisse zeigen neben der Bezugsgröße "Bevölkerung im erwerbsfähigen Alter"[3] mit der höchsten statistischen Signifikanz als zweitwichtigste Einflußgröße den Anteil der **Bevölkerung zwischen 40 und 50 Jahre**. Diese Gruppe hatte sich bereits in EGELN/GASSLER/SCHMIDT, 1999 (Kapitel 6) als relevant für alle Gründungen gezeigt, so daß (weiterhin) davon auszugehen ist, daß vor allem Personen dieser Altersgruppe als Unternehmensgründer tätig werden.

Weiterhin zeigt sich die Humankapitalausstattung, hier der Anteil der Beschäftigten mit **Hochschulabschluß** als ebenso förderlich für High-tech-Gründungen wie der **Anteil der Beschäftigten in Großbetrieben**. Letzteres spricht eher für die "späten" als für die "frühen" Schumpeter-Hypothesen, also die Annahme, daß in den professionellen FuE-Labors der Großunternehmer regionales Innovationspotential entsteht (s.o.). Diese Innovationsdynamik führt dann zu (spin-off) Gründungen im Umfeld.

Dagegen weist die Meßgröße für **regionale Spezialisierung** ein negatives Vorzeichen auf, was bedeutet, daß für innovative Gründungsaktivitäten eine gemischte Regionalstruktur förderlicher ist als die Dominanz einzelner Branchen. Auch die **regionale Arbeitslosenquote** als möglicher Indikator für die Arbeitsnachfrage im Bezirk wirkt negativ auf High-Tech-Gründungen, scheint also eher die regionale Nachfrage widerzuspiegeln, wogegen das **Median-Einkommen** der Frauen als Indikator für Konsum-Nachfrage zwar eine schwache positive Signifikanz aufweist, aber in Zusammenhang mit der Tatsache, daß weder das Einkommen der Männer noch die Lohn- und Gehaltssumme eine Signifikanz aufweist wenig inhaltliche Aussage beinhaltet.

Die regionalpolitisch relevanten **Infrastrukturmerkmale** zeigen mit Ausnahme des schwach positiven Einflusses eines Autobahnanschlusses in sonstigen Bezirken keinerlei Einfluß, was (vor allem im Fall von Technologieparks) ein für öffentliche Entscheidungsträger enttäuschendes Ergebnis sein dürfte. Es ist hier allerdings in Frage zu stellen - und eher zu verneinen - ob die Meßgenauigkeit dieser Indikatoren für die Aussage ausreicht, regionale Infrastrukturausstattung habe keinen Einfluß auf das Gründungsgeschehen. Vielmehr dürfte es notwendig sein, in weitergehende Untersuchungen aussagekräftigere Indikatoren für Regionalstruktur-relevante Infrastrukturausstattung der Bezirke zu suchen.

7. Schlußbemerkungen

Die hier vorgenommene Betrachtung des Hochtechnologiesegments des österreichischen Gründungsgeschehens für den Zeitraum 1990 bis 1994 verdeutlicht, daß es **den** technologieorientierten Regionstyp in Österreich nicht gibt. Je nach dem welche der diskutierten Technologiegruppen betrachtet werden, liegen die Schwerpunkte in anderen Raumkategorien.

Die relative Verteilung der technologieorientierten Neugründungen im Raum entspricht im Kern der *urban-incubator-Hypothese*: mit sinkendem Grad der Agglomeration sinkt ihr Anteil. Diese Verteilung führt allerdings nicht zu einem Auseinanderdriften der Regionstypen hinsichtlich der Technologieorientierung der Unternehmen. Die suburbanen und peripheren Regionen haben – trotz ihrer geringeren Anteile – höhere Strukturquoten als die urbanen, mithin einen ausgeprägteren Strukturwandel hin zur Hochtechnologieorientierung. Das deutet darauf hin, daß in Österreich bezüglich der Technologieorientierung eine Konvergenz der Regionen vorliegt (vgl. auch EGELN/GASSLER/SCHMIDT, 1999).

Dieses Gesamtergebnis wird ganz wesentlich von der Technologiegruppe Information/Kommunikation geprägt. Diese Gruppe ist sowohl quantitativ als auch hinsichtlich der Intensität des Strukturwandels die wichtigste der betrachteten Technologiegruppen.

Die Technologieorientierung der eher "traditionellen", industriellen Technologiegruppen folgt einem unterschiedlich ausgeprägten Suburbanisierungsmuster. Sowohl die Anteile, als auch die Strukturquoten sind außerhalb der Städte größer als innerhalb. Das gilt insbesondere für die Gruppen Maschinenbau und Elektronik/Elektrotechnik, die eine Zunahme der Technologieorientierung außerhalb der Städte, bei insgesamt abnehmender Technologieorientierung aufweisen.

Die Analyse der Determinanten der regionalen Verteilung von High-Tech-Gründungen bietet wenig Anhaltspunkte für Politikansätze, welche die Stimulierung der Technologieorientierung von Gründungen zum Ziel haben. Hervorgehoben werden muß aber der hochsignifikante Einfluß des Akademikeranteils an den Beschäftigten. Technologieorientierung bedeutet immer auch Wissensintensität. Die Wichtigkeit des Humankapitals für eine entsprechend moderne Entwicklung der Unternehmenspopulation ist offenkundig. Diese allgemeine Schlußfolgerung sollte auch die Regionen auffordern, Humankapital und die Möglichkeiten des Transfers von Wissen vor Ort zu fördern. Dies unterstützen auch die Ergebnisse der deskriptiven Analyse der Hochtechnologieanteile in den Regionstypen. Die urbanen und suburbanen Regionen, welche die höchsten Anteile aufweisen, sind auch die humankapitalintensiven Regionen Österreichs (vgl. PALME, 1995). Der Bereich Wissen, Qualifikation, Humankapital – ein Bereich mit ausgesprochenen externen Effekten – ist ein wichtiger Ansatzpunkt für eine Politik der Technologieorientierung.

Endnoten

1 Es muß jedoch festgehalten werden, daß Schumpeter in seinen späteren Arbeiten den großen monopolistischen Unternehmen mit formalisierten F&E-Abteilungen eine überragende Rolle für den technologischen Fortschritt zuschreibt.

2 Mit durchschnittlicher Forschungsintensität wird der branchendurchschnittliche Anteil von FuE-Aufwendungen am Umsatz bezeichnet.

3 Diese Erklärungsgröße operationalisiert das *Gründerpotential*. Ihr positiver Einfluß ist von daher eher technisch als inhaltlich zu interpretieren. Dort, wo mehr potentielle Gründer leben, finden auch mehr Gründungen statt.

Literatur

ACS, Z.J. und AUDRETSCH, D.B. (1990), Innovation and Small Firms, MIT: Cambridge, Mass.

AUDRETSCH, D.B. (1995), Innovation and Industry Evolution, MIT: Cambridge, Mass.

DAVELAAR, E.J. und NIJKAMP, P. (1987), The Urban Incubator Hypothesis. Old wine in new Bottles?, in: FISCHER, M.M. und SAUBERER, M. (Hrsg.), Gesellschaft - Wirtschaft – Raum, Beiträge zur modernen Wirtschafts- und Sozialgeographie, AMR-Info, vol. 17, 198-213.

EGELN, J.; GASSLER, H. und SCHMIDT, P. (1999), Regionale Aspekte von Unternehmensneugründungen in Österreich, erscheint demnächst in der Reihe ZEW-Wirtschaftsanalysen, Baden-Baden.

FELDMAN, M. (1994), The Geography of Innovation, Dordrecht.

GREENE, W.H. (1997), Econometric Analysis, 3rd ed., New Jersey: Prentice Hall.

NERLINGER, E. und BERGER, G. (1995), Regionale Verteilung technologieorientierter Unternehmensgründungen; ZEW- Discussion paper 95 23, Mannheim.

NERLINGER, E. (1997), Innovative Unternehmensgründungen in Deutschland: Ein Überblick über aktuelle Forschungsergebnisse und Trends, erscheint in: BÖGENHOLD, D. und SCHMIDT, D. (Hrsg.), Neue Gründerzeiten? Die Wiederentdeckung kleiner Unternehmen in Theorie und Praxis, Bremen.

NERLINGER, E. (1998), Standorte und Entwicklung junger innovativer Unternehmen, ZEW-Wirtschaftsanalysen 27, Baden-Baden.

PALME, G. (1989), Entwicklungsstand der Industrieregionen Österreichs, *WIFO-Monatsberichte*, 61, 331-344.

PALME, G. (1995), Struktur und Entwicklung österreichischer Wirtschaftsregionen, *Mitteilungen der Österreichischen Geographischen Gesellschaft*, Bd. 137, 393-416.

ROTHWELL, R. (1982), The role of technology in industrial change: Implications for regional policy, *Regional Studies*, vol. 16, 361-369.

ROTHWELL, R. und DODGSON, M. (1996), Innovation and Size of Firm, in: DODGSON, M. und ROTHWELL, R. (Hrsg.), The Handbook of Industrial Innovation, Cheltenham und Brookfield: Edward Elgar.

SCHUMPETER, J.A. (1912), Theorie der wirtschaftlichen Entwicklung, Leibzig.

P. The Revival of Entrepreneurship in the Netherlands

by Sander Wennekers[*]

1. Introduction

Entrepreneurship is a multi-dimensional concept. Several definitions have been proposed in the economic literature[1]. Reviewing this literature, two dimensions stand out most clearly. These are autonomy and newness. Entrepreneurial individuals can exert an autonomous influence on the economic process through private small enterprise or through e.g. business units within large firms. A major manifestation of entrepreneurship undoubtedly is newness through new products or new entry[2].

However defined, entrepreneurship fulfils highly important functions in the economic process. From a static viewpoint its basic function is the organisation and allocation of resources. From a dynamic perspective (the Schumpeterian view) entrepreneurship is a major determinant of change and thereby of long term economic growth.

In recent years policymakers and economic researchers alike have given renewed attention to the role of entrepreneurship in economic development. At the same time in many countries the number of enterprises has been rising. Within Europe the Netherlands have attained a prominent position in terms of (net) enterprise creation[3].

The present paper aims to discuss this remarkable record of new entrepreneurship in the Netherlands in recent years.

First the paper aims to illustrate the extent to which the Netherlands experienced a revival of entrepreneurship in the eighties and nineties. To that purpose a practical approach has been adopted. The number of self employed and owner-managers as a percentage of the labour force will be used as an indicator of the level of entrepreneurship, and may also serve as a proxy for the "autonomy dimension" of entrepreneurship. The birth rate of new firms will be used as a proxy for changes in the disposition towards entrepreneurship, and may at the same time serve as a proxy for newness.

Secondly, it will be attempted to identify and discuss some possible causes of this revival. This will hopefully be the starting point of a future more in depth analysis of the rise and decline of entrepreneurship.

2. Has There Been a Revival?

2.1 The Number of Entrepreneurs 1972-1993

In the Netherlands between 1972 and 1978 the number of entrepreneurs declined in an absolute sense while the labour force kept growing. After a rebound another absolute decline in the number of entrepreneurs followed during the strong recession of the early eighties. In absolute terms the number of entrepreneurs in 1986 was slightly lower than in 1972. It is estimated[4] that the number of entrepreneurs in percentage of the labour force declined from 9.5% to 8% during this period. In the EU-15 this share probably even increased somewhat during the same period.

In the mid eighties there has been a clear break in these trends in the Netherlands. Since 1986 the number of entrepreneurs has increased at a remarkable pace (about 4.5% annually in the years 1986-1993), easily exceeding the vigorous growth of the labour force. Tentative figures for recent years indicate that the growth rate of entrepreneurship has remained high, while showing some tendency to decelerate.

In the European Union at large the growth of the number of entrepreneurs has only slightly accelerated in the mid eighties and has decelerated in the early nineties. Meanwhile growth of the labour force in the Union was also relatively slow. The available statistics are illustrated in figure 1.

Fig. P1: The Number of Entrepreneurs[5] in the Netherlands and the EU-15, 1972-1993, (index 1972=100)

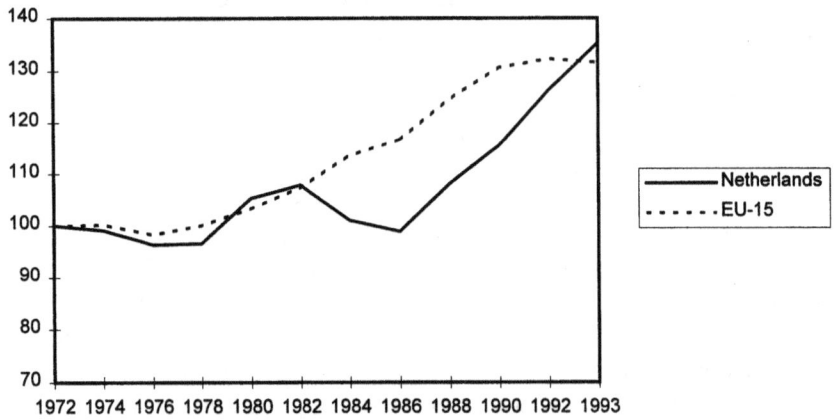

Source: Estimates EIM, based on OECD Labour Force Statistics.

Revival Following Decline
Before there can be a revival, there first must be a decline. In concluding one might say that both phenomena were probably remarkably strong in the Netherlands in comparison with the European Union at large where developments were more steady. However, the average growth rate of the number of entrepreneurs over the overall period 1972-1993 was about the same in the Netherlands and the EU.

Because the Netherlands were facing a relatively high growth of their labour force, in the end their share of entrepreneurship in the labour force remained behind that in the European Union at large.

2.2 Birth Rates 1987-1994

So a strong increase of the level of Dutch entrepreneurship since the mid eighties seems undeniable. Of course such a net growth of entrepreneurship may reflect both changes in birth rates and death rates of enterprises. We are particularly interested to see how net growth shows up in the gross formation of new enterprises, because gross entry is the best proxy for newness.

Reliable statistics on the formation of new enterprises in the Netherlands are now available for the years 1987-1994. Birth rates of new enterprises have exploded in this period. Whereas in 1987 about 24.000 new entrepreneurs started a new enterprise, seven years later almost 40.000 of such new start-ups could be noted. This is a 60% increase. At the same time the number of subsidiaries of existing enterprises even more than doubled. In table 1 gross entry is defined[6] as the sum of new start-ups and new subsidiaries, in percentage of the stock of enterprises. Gross entry increased from 9.1% to 11.5%, whereas exit rates only increased from 4.7% to 5.7%. Thus net entry in this period increased from 4.3% to 5.8%.

Tab. P1: Entry and Exit in the Netherlands, 1988-1994

	gross entry in % of stock	exit in % of stock	net entry in % of stock
1988	9.1	4.7	4.3
1989	9.5	4.5	5.0
1990	9.4	4.5	4.9
1991	9.8	4.6	5.2
1992	10.2	4.9	5.3
1993	10.4	5.3	5.2
1994	11.5	5.7	5.8

Source: EIM, based on Chambers of Commerce.

International Comparison
An international comparison of these figures is hampered by large differences in definitions and sources. In the Fourth Annual Report of the European Observatory for SMEs, EIM made an attempt to apply a harmonised definition to several European countries. In this paper we will compare the Netherlands with twelve European countries for which these data were available, based on average figures for the period 1988-1994.

On average gross entry in the Netherlands was about 10%, while net entry was 5%, leaving net entry at 5% in 1988-1994. By international standards average gross entry was only just above the average (9.5%) of the European countries for which these data were available. However, the exit or death rate was remarkably lower (5% versus about 7.5%).

So the revival of Dutch entrepreneurship can be decomposed into gross entry rates accelerating to a level somewhat above average and death rates of enterprises remaining significantly below average.

2.3 Conclusions

Two preliminary conclusions now suggest themselves:
1. Since the mid eighties the Netherlands have shown a remarkable growth of the absolute level of entrepreneurship as well as of the gross and net formation rate of new firms. Taking into consideration the scant information on stagnant entrepreneurship rates in the seventies and early eighties, it is probably warranted to speak about a revival of both dimensions of entrepreneurship (autonomy and newness) following a long period of stagnation and even decline.
2. Although the direction of developments in the Netherlands is not unique and seems to reflect a broad tendency in the Western world, it seems likely that the Dutch revival has been particularly strong. It is therefore useful to study the possible causes of this relatively strong resurgence.

3. Possible Causes of the Revival

3.1 Introduction

An analysis of the causes of this remarkable resurgence has not yet been undertaken. However, basing itself on partial evidence from the literature[7] and on reasoned speculation, the present paper aims to present some hypotheses.

First of all there seems to have been a marked revival of the entrepreneurial climate and of the interest of young people to consider entrepreneurship as a career choice.

At the same time some influential trends in the international business environment were also active in the Netherlands. Most notable are the technological developments favouring small scale production. Besides there is a tendency towards market fragmentation into niches creating opportunities for innovative entrepreneurs. Finally the advent of the service economy may have stimulated entrepreneurship.

Next specific aspects of the labour market situation may have been a push factor influencing the revival of entrepreneurship. One can think of the high growth of the labour force and of the high unemployment rate.

Additionally there have been major changes in the institutional framework in the Netherlands, increasing financial incentives for entrepreneurship and lowering entry barriers. Finally specific policies supporting new enterprises may play a part.

3.2 Entrepreneurship Culture

In the seventies the socio-economic climate in the Netherlands, as in many other OECD countries, had become less conducive to entrepreneurship. Economic policy was relatively preoccupied with the demand side of the economy and with problems of equality, and less so with the question of how to promote the productive potential of the economy. In many countries in Northwestern Europe entrepreneurship had a negative image during the seventies[8].

In the early eighties there was a shift in attitudes, which was partly triggered by high unemployment and stagflation. Public debate became much more concerned with the supply side. Gradually entrepreneurship came in vogue again. In the early nineties the Dutch government even launched a publicity campaign promoting entrepreneurship ("Onderneem 't maar"). On the other hand the educational system still pays remarkably little attention to entrepreneurship as a career option.

Probably more deeply rooting cultural attitudes are also at work in influencing start ups. The attitudes towards uncertainty and towards individualism (see HOFSTEDE, 1984) as well as the achievement motivation in a culture (see LYNN, 1991) seem relevant for entrepreneurship. It is up for further study to investigate how these fundamental attitudes may influence entrepreneurship, either directly or indirectly through interaction with other (changing) factors in the business environment.

3.3 Other International Trends

Technological shift favouring entrepreneurship
Dominant technological trends, many of them having to do with applications of information technology (IT), seem to favour small scale production through cheaper capital goods and a decreasing minimum efficient scale and through possibilities for flexible specialisation. This shift is well documented (see e.g. LOVEMAN/ SENGENBERGER, 1991). This shift has created many opportunities for new innovative entrepreneurs both in manufacturing and services. One might even hypothesize that the IT revolution will imply structural change and substantial reallocation of resources, thereby inducing an intense demand for entrepreneurship (see CASSON, 1995).

On the other hand in some sectors technological developments sometimes create entry barriers due to high capital and R&D costs (see ENSR, 1993).

Differentiation of consumer demand
Demographic, cultural and economic trends in the consumer markets have caused an increased diversification of consumer preferences and an increased demand of tailor-made and individualized goods and services. Thereby an extremely large number of niches has been created, offering opportunities to new entrepreneurs but also to large firms endeavouring mass customization.

The service economy
The rise of the service economy is slow but steady. This is also reflected in the sectoral distribution of new business start ups. Between the mid eighties and the mid nineties the business services and the personal services in the Netherlands experienced high growth rates of the number enterprises. In the future however an upscaling of average firm size in many services sectors is to be expected (ENSR, 1996).

Deglomeration
For many years already a tendency can be observed for large firms to externalize activities which either do not belong to their core business or which are considered less profitable or more risky. This may have stimulated start ups of both subsidiaries and new enterprises.

3.4 Labour Market Situation

Given the disposition towards entrepreneurship, a high growth of the labour force[9] implies a higher supply of potential entrepreneurs. As we have seen the Netherlands have experienced a high rate of labour force growth since the mid eighties. This may in itself have boosted start-ups. However, after accounting for labour force growth the increase in the number of entrepreneurs in recent years has still been remarkably large.
    The relationship between unemployment and start ups is not clearcut (ENSR, 1996). However, high unemployment such as came about in the early eighties may certainly have stimulated start-ups.

3.5 Institutions and Policies

Financial incentives structure
From a theoretical point of view some major financial incentives for entrepreneurship are expected profitability of enterprise (relative to expected wage income) and the replacement rate.
    As is well known the Netherlands have followed a course of strong nominal and real wage moderation for over 15 years now. Also the perspective of life long employment has become less steady than it used to be. At the same time wage moderation has improved profitability of business. So the risk-reward profile of wage employment has deteriorated vis-a-vis that of self employment. This may be hypothesized to have been a supply factor in stimulating entrepreneurship. On the other hand decreasing job security of new hirings may also make employers less inclined to subcontract work to self-employed people (see OECD, 1992).
    The replacement rate between the minimum social security benefits and the average wage has decreased, thereby indirectly offering a financial incentive for unemployed to start their own business.

Deregulation and anti cartel legislation
First of all some new developments in the fields of competition policy seem to be quite relevant for business start-ups. The deregulation of business licensing in many industries has lowered the barriers to entry. Also the tendency towards privatisation and the recent prohibition of cartel agreements are expected to create new opportunities for nascent entrepreneurship. It must however be noted that most of these changes have been introduced only recently.

Entrepreneurship support policies
In the context of this short paper it is impossible to give full credit to the many specific government policies supporting new enterprises. In the eighties already many schemes existed supporting SMEs in general. In recent years several new specific policy measures have been introduced aiming to facilitate new entrepreneurship. Most notable are credit facilities for starting enterprises within the framework of the so-called SME Guarantee Scheme, as well as fiscal facilities (tax exemptions) for young enterprises. Also subsidised facilities such as courses, information and advice are available for starting entrepreneurs. Finally the provision of capital by informal investors has recently been stimulated by a new fiscal scheme. This seems particularly relevant for start-ups and growing small enterprises which have less access to the venture capital market.

However, some of these measures have been introduced so recently that they can hardly have contributed to explaining the strong rise in start-ups which we have seen between 1987 and 1994.

3.6 Conclusions

In this section a large number of possible explanations of the Dutch revival of entrepreneurship has been discussed. At first sight several of these factors seem to carry some evidence. Thus a monocausal explanation seems to be very unlikely.

First it must be noted that this revival of entrepreneurship in the Netherlands was most prominent in absolute terms. However, even after accounting for labour force growth the revival of entrepreneurship rates in recent years has probably been stronger than in the EU at large.

Several technological and economic trends seem to have contributed to the revival in the Netherlands. On the other hand it must be noted that these trends are also active in other countries. It seems unlikely that they can explain why the revival has been so strong in the Netherlands.

The deterioration of the risk-reward profile of wage employment versus that of self employment has probably been particularly strong in the Netherlands and may be a factor in explaining the Dutch revival of entrepreneurship.

Cultural factors may also play a part. In the Netherlands the public mood seems definitely to have become more entrepreneurial. This casual observation however awaits more firm corroboration. It is also up for further research to see how cultural factors have interacted with economic developments.

Finally, some other factors such as institutional changes lowering entry barriers and support policies for new enterprises may have elements which are specific to the Netherlands. However, many of these changes were introduced only recently, so they can hardly have contributed substantially during the years which we have discussed. It remains to be seen whether they will boost entrepreneurship in future years.

In the end it still remains somewhat a riddle why the Dutch revival was so strong. Maybe the revival partly seems so strong because it also reflects the relative depth of the preceding decline.

Endnotes

* The author is indebted to Aad Kleijweg, Sjaak Vollebregt and Wim Verhoeven for their comments and contributions
1 HEBERT/LINK, 1989; BULL/WILLARD, 1993.
2 BUIS/THURIK/WENNEKERS, 1997.
3 ENSR, 1996.
4 In the OECD labour force data there are some breaks in the time series which hamper the analysis and prevent firm conclusions.
5 These figures are not corrected for possible breaks in the time series.
6 For reasons of international comparability this definition also includes new firms resulting from mergers and demergers; see ENSR 1996.
7 An overview of possible determinants of variations in in self employment rates is presented in e.g. ACS/AUDRETSCH/EVANS, 1994, in BAIS/VAN DER HOEVEN EN VERHOEVEN, 1995 and in ENSR, 1996. Possible causes of a related phenomenon, i.e. the increasing share of the SME-sector, is discussed in e.g. LOVEMAN/SENGENBERGER, 1991 and in CARREE/DEN HERTOG/ THURIK, 1993/4.
8 See LYNN, 1991.
9 A full analysis would necessitate to consider changes in not only the level but also the composition of the (potential) labour force. This includes the aging of the baby boom, the increase of the female participation rate and the increase of the educational level of the labour force. Also see EVANS/LEIGHTON 1989.

References

ACS, Z.J.; AUDRETSCH, D.B. and D.S. EVANS (1994), The Determinants of Variations In Self-Employment Rates across Countries and over Time, mimeo (fourth draft).

BAIS, J.; VAN DER HOEVEN, W.H.M. and W.H.J. VERHOEVEN (1995), Determinanten van Zelfstandig ondernemerschap; een Internationale Vergelijking, mimeo, Zoetermeer: EIM.

BUIS, F.; THURIK, A.R. and A.R.M. WENNEKERS (1997), Entrepreneurship, Economic Growth and What Links Them, EIM Strategische Verkenningen, forthcoming, Zoetermeer: EIM.

BULL, I. and G.E. WILLARD (1993), Towards a Theory of Entrepreneurship, Journal of Business Venturing, Vol. 8, 183-195.

CARREE, M.A.; DEN HERTOG, R.G.J. and A.R. THURIK (1993/4), Het Aaandeel van het Midden- en Kleinbedrijf, Bedrijfskunde, Vol 65, 412-419.

CASSON, M. (1995), Entrepreneurship and Business Culture; Studies in the Economics of Trust, Vol. 1, Edward Elgar.

ENSR (1993), The European Observatory for SMEs, First Annual Report, Zoetermeer: EIM.

ENSR (1996), The European Observatory for SMEs, Fourth Annual Report, Zoetermeer: EIM.

EVANS, D.S. and L.S. LEIGHTON (1989), The Determinants of Changes in U.S. Self-Employment, 1968-1987, Small Business Economics, Vol. 1, 111-119.

HéBERT, R.F. and A.N. LINK (1989), In Search of the Meaning of Entrepreneurship, Small Business Economics, Vol. 1, 39-49.

HOFSTEDE, G. (1984), Culture's Consequences: International Differences in Work-Related Values, Sage Publications.

KLEIJWEG, A. (1990), Determinanten van de ontwikkeling van het Aantal Ondernemingen, Research Publikatie 33, Zoetermeer: EIM.

LOVEMAN, G. AND W. SENGENBERGER (1991), The Re-emergence of Small-Scale Production: an International Comparison, Small Business Economics, Vol. 3, 1-37.

LYNN, R. (1991), The Secret of the Miracle Economy; Different National Attitudes to Competitiveness and Money, Crowley Esmonde Ltd.

OECD (1992), Recent Developments in Self-Employment, Employment Outlook, Paris.

Abbildungsverzeichnis

Abb. A1:	Arbeitslosenrate in ausgewählten Regionen, 1970-1995	10
Abb. A2:	Einflußfaktoren auf Unternehmensneugründungen	17
Abb. A3:	Unternehmensneugründungen, Beschäftigungseffekte und soziale Sicherungskosten	22
Abb. A4:	Unternehmensgründungen und Liquidationen in Deutschland	24
Abb. A5:	Insolvenzrate in Europa	25
Abb. A6:	Innovationshemmnisse von KMU und Großunternehmen	28
Abb. B1:	Technischer Fortschritt und Einkommensverteilung am Beispiel der Patentproduktivität und des Bruttomonatsverdienstes 1993 nach Bundesländern	39
Abb. B2:	Vergleich der mutmaßlichen Marktpotentiale etwa im Jahr 2005 gegliedert nach größeren Anwendungsbereichen	43
Abb. B3:	Zu erwartende technologische Verflechtung im Hinblick auf neue Qualifikationsanforderungen im Arbeitsangebot	46
Abb. B4:	Zu erwartende Wissenschaftsbindung im Hinblick auf neue Qualifikationsanforderungen im Arbeitsangebot	47
Abb. B5:	Zahl der Technikgebiete mit Bedeutung für einzelne Wirtschaftszweige und ihre technologische Heterogenität	48
Abb. C1:	Das Problem der industriellen Diffusion von Neuerungen	58
Abb. C2:	Akteure und Barrieren im Innovationstransfersystem	60
Abb. C3:	Fördernde Faktoren des Transfers aus Sicht erfolgreicher Nutzer	65
Abb. C4:	Gründe für die Nicht-Nutzung von Transferleistungen	66
Abb. O1:	Zusammenhang zwischen Strukturquoten und Technologieorientierung im Unternehmensbestand nach Bundesländern	178
Fig. P1:	The Number of Entrepreneurs in the Netherlands and the EU-15, 1972-1993	186

Tabellenverzeichnis

Tab. A1:	Handel und Direktinvestitionen im OECD-Raum	3
Tab. A2:	Kapitalverkehr in den OECD-Ländern	4
Tab. A3:	F&E-Ausgaben in der Triade	6
Tab. A4:	Branchenbezogene Spezialisierung bei Innovationen	7
Tab. A5:	Grad der technologischen Spezialisierung in Branchen	7
Tab. A6:	Indikatoren für die Internationalisierung der Produktion und von F&E-Leistungen bei Industrieunternehmen in ausgewählten Ländern	8
Tab. A7:	Börsenkapitalisierung in ausgewählten OECD-Ländern	13
Tab. A8:	Motive für Existenzgründer in Ostdeutschland	15
Tab. A9:	Finanzierungsschwerpunkte von Beteiligungsgesellschaften in Deutschland (1995)	20
Tab. A10:	Risikokapital in der EU und den USA, 1995	26
Tab. G1:	Anzahl und Bereich der KMU-Förderprogramme des Bundes, der Länder und der Europäischen Union 1996	100
Tab. G2:	Alternativrechnungen zur Höhe der Subventionen für den Mittelstand	102
Tab. G3:	Unternehmensgründungen und -liquidationen in Deutschland 1973-1996	104
Tab. G4:	Entwicklung von Erwerbstätigkeit und Selbständigkeit in den OECD-Ländern 1975-1995	106
Tab. G5:	Ausgaben des Bundes und der Länder für Mittelstandsförderung auf der Basis der Haushaltspläne 1995	111
Tab. N1:	Langfristige Entwicklung des Beteiligungsvolumens in den Neuen Ländern (Gesamtmarkt)	162
Tab. O1:	Inhaltliche Technologiegruppen der technologieorientierten Branchen	169
Tab. O2:	Prozentanteil technologieorientierter Neugründungen an allen Neugründungen nach Regionstypen im Zeitraum 1990 bis 1994	172
Tab. O3:	Prozentanteil technologieorientierter Neugründungen an allen Neugründungen nach Technologiegruppen und Regionstypen im Zeitraum 1990 bis 1994	174
Tab. O4:	Strukturquoten nach Technologiegruppen und Regionstypen im Zeitraum 1990 bis 1994	176
Tab. O5:	Negativ-Binomial-Regressionsanalyse für technologieorientierte Gründungen	180
Tab. P1:	Entry and Exit in the Netherlands, 1988-1994	187

Autorenverzeichnis

Prof. Dr. David Audretsch
Gorgia State University, Atlanta

Manfred Boersch
Volksbank Hamm e.V., Hamm und
IHK, Dortmund

Jürgen Egeln
Zentrum für Europäische
Wirtschaftsforschung (ZEW),
Mannheim

Dr. Reto Francioni
Deutsche Börse AG, Frankfurt/M.

Dr. Cornelius Graack
Europäisches Institut für
Internationale Wirtschafts-
beziehungen (EIIW) e.V., Potsdam

Dr. Michael Groß
Seed Capital Brandenburg GmbH,
Frankfurt/O.

Dr. Hariolf Grupp
ISI/Fraunhofergesellschaft, Karlsruhe

Dr. Michael Heise
DG Bank, Frankfurt/M.

Dr. Gabriele Knödgen
Ministerium für Wirtschaft,
Mittelstand und Technologie des
Landes Brandenburg, Potsdam

Michael Krause
Universität Bochum und Institut für
angewandte Innovationsforschung
(IAI) e.V., Bochum

Dr. Bernhard Lageman
RWI, Essen

Wolfgang Mainz
Kronenbrot KG Franz Mainz,
Würselen und Bundesverband Junger
Unternehmer, Bonn

Utta Ott
Kreditanstalt für Wiederaufbau
(KfW), Frankfurt/M.

Dr. Klaus Pohl
T.IN.A Technologie- und Innova-
tions-Agentur Brandenburg GmbH,
Cottbus

Dr. Bernd Rosenfeld
Verein Technologiezentren im Land
Nordrhein-Westfalen e.V., Bochum

Prof. Dr. Peter Schmidt
Bremer Institut für empirische
Handels- und Regionalstruktur-
forschung der Hochschule Bremen

Prof. Dr. Erich Staudt
Universität Bochum und Institut für
angewandte Innovationsforschung
(IAI) e.V., Bochum

Prof. Dr. Paul J.J. Welfens
Universität Potsdam und Europäi-
sches Institut für Internationale
Wirtschaftsbeziehungen (EIIW) e.V.,
Potsdam

Sander Wennekers
EIM Small Business Research and
Consultancy, Zoetermeer

C. Graack

Telekommunikationswirtschaft in der Europäischen Union

Innovationsdynamik, Regulierungspolitik und Internationalisierungsprozesse

1. Aufl. 1997. XXII, 404 S. 67 Abb., 35 Tab.
(Wirtschaftswissenschaftliche Beiträge Bd. 150)
Brosch. DM 120,-; öS 876,-; sFr 106,- ISBN 3-7908-1037-1

Durch die Entwicklung innovativer Übertragungstechnologien, Deregulierungsinitiativen auf nationaler und supranationaler Ebene und die schrittweise Privatisierung der ehemaligen staatlichen Netzbetreiber haben sich die Voraussetzungen für den Markteintritt von Newcomern in der Telekommunikationswirtschaft geändert. Dieses Buch zeigt die neueren Entwicklungen innerhalb der Telekommunikationswirtschaft, insbesondere mit Blick auf die Länder der Europäischen Union auf, analysiert aus theoretischer und regulierungspolitischer Sicht und formuliert effiziente Politikoptionen. Weiterhin werden internationale Impulse, Verflechtungen und Deregulierungsinterdependenzen verdeutlicht und die sich hieraus ergebenden Veränderungen und Anpassungstendenzen in der europäischen Telekommunikationswirtschaft aufgezeigt.

Physica-Verlag
Ein Unternehmen des Springer-Verlags

Preisänderungen vorbehalten.

Springer-Verlag, Postfach 31 13 40, D-10643 Berlin, Fax 0 30 / 8207 - 3 01 / 4 48 e-mail: orders@springer.de

GPSR Compliance

The European Union's (EU) General Product Safety Regulation (GPSR) is a set of rules that requires consumer products to be safe and our obligations to ensure this.

If you have any concerns about our products, you can contact us on

ProductSafety@springernature.com

In case Publisher is established outside the EU, the EU authorized representative is:

Springer Nature Customer Service Center GmbH
Europaplatz 3
69115 Heidelberg, Germany

www.ingramcontent.com/pod-product-compliance
Lightning Source LLC
Chambersburg PA
CBHW071719100426
42873CB00016B/341